河出文庫

自然界に隠された美しい数学

I・スチュアート
梶山あゆみ訳

河出書房新社

冷たい表面上で氷の結晶が成長するとき、面全体に均一に広がるのではなく、シダの葉が乱雑に集まって輝く森になる。なぜこんな複雑な模様をつくるのだろうか。水というのは、単に2個の水素原子と1個の酸素原子が結合しただけのものではない。むしろ、部屋中に大勢のダンサーがいて、それぞれが回りながら踊っていると考えたほうがわかりやすい。水が凍って氷になると、ダンサーの動きは止まる。しかし、どれだけ激しく踊っていたかによってダンサーが止まる位置は違ってくる。そのため、氷の結晶構造には少なくとも16種類が知られている。雪の結晶はそう簡単に秘密を明かしてくれそうにない（1章参照）。

軟体動物のオウムガイの殻。いくつものカーブした小部屋に仕切られていて、その小部屋は貝殻が渦を巻くにつれてサイズが大きくなっていく。殻全体は完璧な対数らせんを描く。なかの生物がどうやって殻をつくるか、また殻がどのように成長するかを理解するうえで、この数学的なパターンが手がかりになる（2章・10章参照）。

雪の結晶には6回の回転対称性があり、60度ずつ回転させても形が変わらない（上）。また、6方向に対して鏡映対称性も示す（中）。万華鏡（下）は鏡映対称を利用して対称性の高い模様をつくりだす。2枚の鏡を60度の角度に固定して万華鏡に入れると、6回ではなく3回対称に、また6方向ではなく3方向の鏡映対称になる（5章参照）。

量子の世界を目に見えるかたちに表現したもの。物理学の実験中に素粒子が運動した軌跡を示している。らせん運動は磁場によって生まれるもので、ここから粒子の電荷がわかる（5章参照）。

平らな池の水のさざ波が円対称なのは、あらゆる方向に同じ速度で広がっていくからだ。水跳ねも最初は円対称だが、水の壁が立ちあがるにつれて円対称は崩れ、もっと対称性の低い、それでいてかなり規則的な王冠形になる。尖った角《つの》が均等な間隔をあけて何本も配置されている（6章参照）。

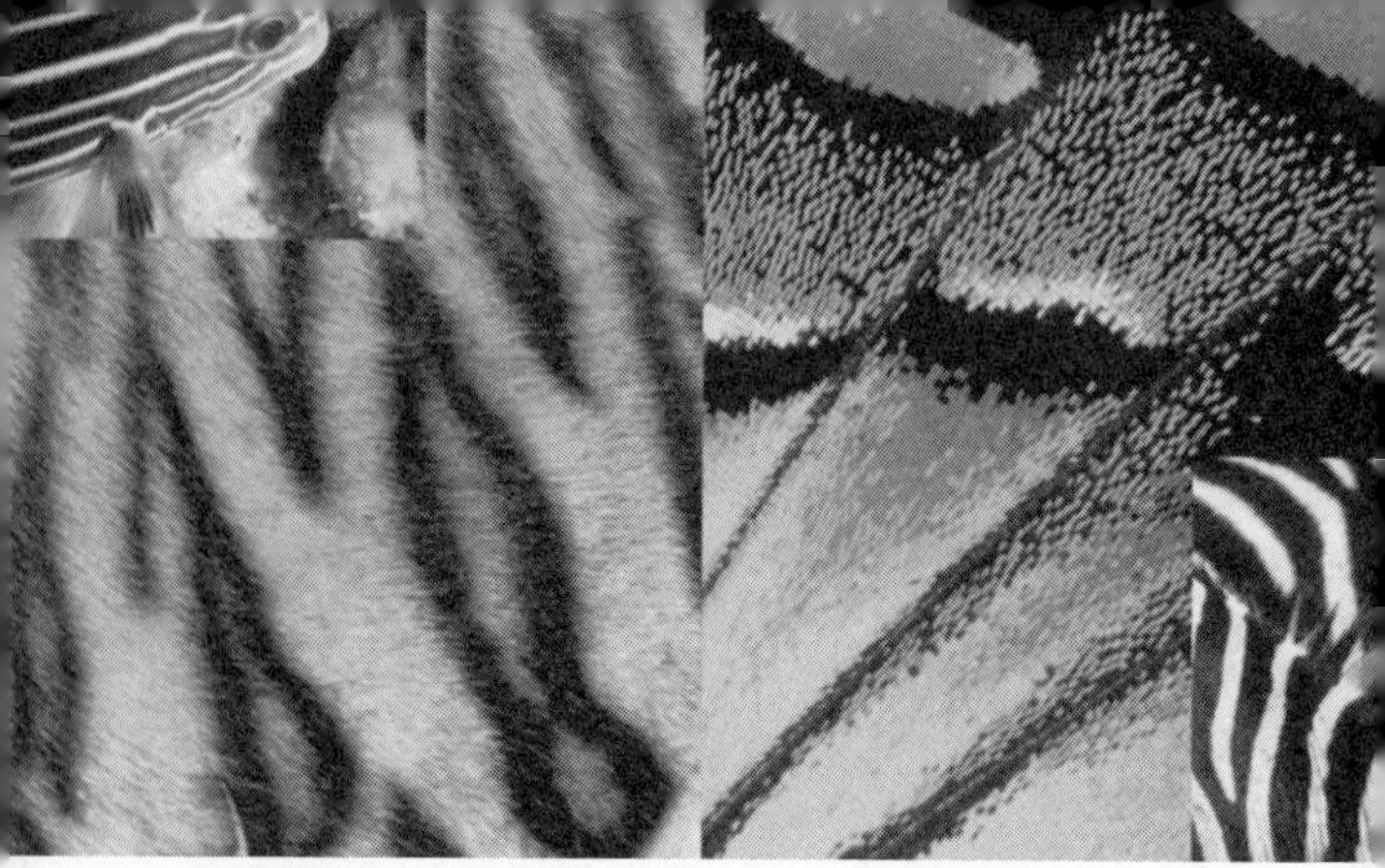

動物の世界にも格子のような対称性は見られるが、結晶の場合ほど規則正しくはない。縞模様は（数学的な理想モデルで考えると）平面上の最も単純な格子模様といえる。異なる色の帯が交互にくり返されているだけだ。自然界ではいたるところに縞模様が見られる。トラ、魚、チョウ、シマウマ。数学の助けを借りれば、縞模様をはじめ動物のさまざまな模様がどうやってできるのかがわかる。また、生物にこれほど縞模様が多い理由も見えてくる（8章参照）。

自然のパターン・カタログに載っているのはもちろん縞模様だけではない。同じくらい一般的なのが斑紋で、ヒョウ、エイ、クジャクなど多種多様な動物に見られる。縞模様のときと同じ数学を使えば、斑紋がどうやってつくられるかも説明できる。また、同じ動物の別々の箇所に縞と斑点が両方現れることがよくあるが、それがなぜかもわかるうえ、どちらがどこに生じるかも明らかにできる（8章参照）。

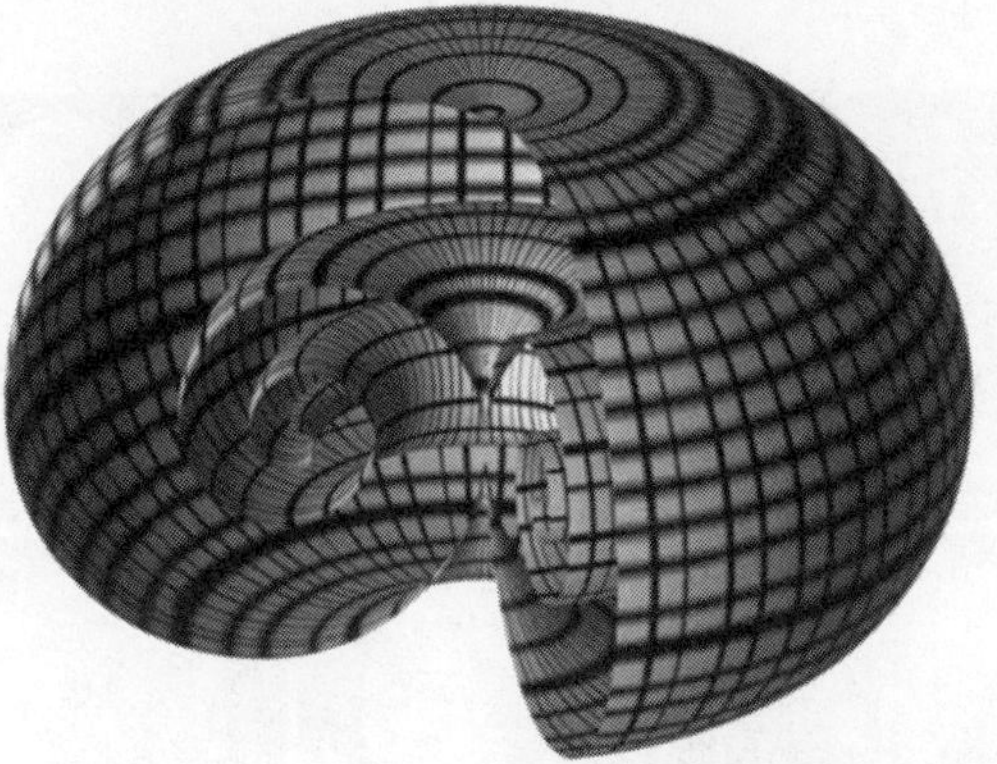

アメーバは「移動体」となって動きまわることもできる。その際に利用するのが三次元のスクロール波で、これはある種の化学反応でも観察できる（8章参照）。

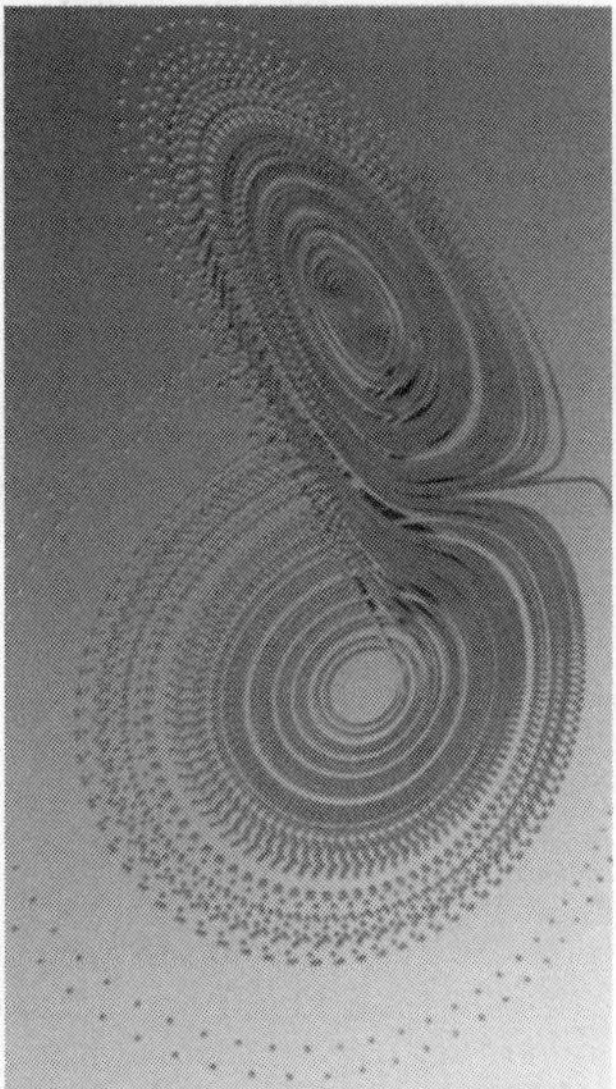

カオスはでたらめに見えるものの、じつはパターンを隠しもっている。カオス的な系にはアトラクターがつきものだ。アトラクターとは、系の変化のおもな特徴をとらえた複雑な図形をいう。この図はローレンツ・アトラクターと呼ばれるもので、気象パターンのカオスモデルからとったものだ（14章参照）。

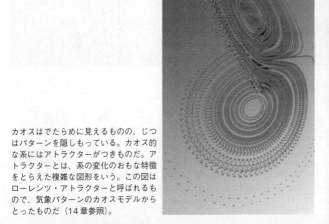

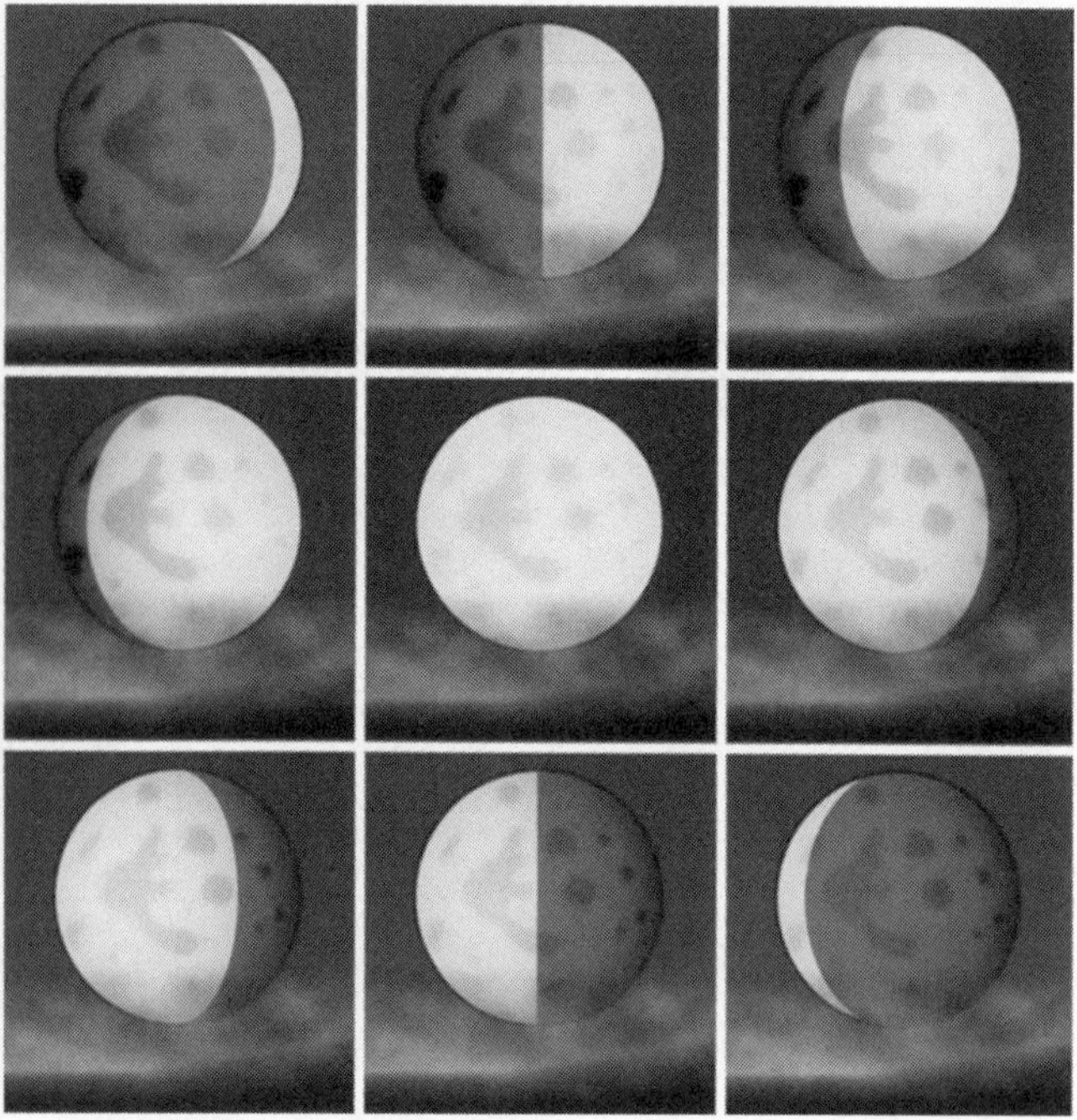

自然は周期的に動くことが多い。月の満ち欠けが起きる周期は、恐竜が地球を闊歩していた頃からたいして変わっていない（上）。季節は、冬から春、そして夏、さらに秋という周期で移りかわる（下）（11 章参照）。

目次 ◎ 自然界に隠された美しい数学

自然界に隠された美しい数学

はじめに

本書『自然界に隠された美しい数学』は私自身の旅の記録である。生まれた日からずっとこの旅を続けてきた。といっても、話を古い順に綴って本にしたわけではない。むしろ科学的な考えをいくつも集めて並びかえたものといえる。この本には雪の結晶以外のものも登場する。雪の結晶のなりたちを説明する科学や数学のもとをたどれば、自然がどうやって形をつくるかというもっと大きな問いにいやおうなく突きあたるからだ。でも、旅が終わるまでには雪の謎にかならず答えを出すと約束しよう。

私は物心ついたときから自然のなかの形や模様に心惹《ひ》かれてきた。いちばん古い思い出は六歳のときのこと。友だちが浜辺で拾ったといって、五つの角《つの》のついた風変わりな星を見せてくれた。化石になったウミユリの茎のかけらである。もっと欲しいと何週間も探したが、結局は見つからずじまい。それでも、渦巻き形の化石をいくつか手に入れる。アンモナイトだ。これもじつに素敵な形をしていた。

何年かたって、こういう形は数学で説明できるのだと教わった。そのことに初めて自分で合点がいったのは叔父のくれた本を読んだときである。そこにはミツバチの巣と正六角形のつながりが解説されていた。やがてさらに長い年月が過ぎてから理解した。自然界には数学的な規則正しさが見られること。それは土台となる物理の法則が数学に基づいているからだということを。だが、人生もなかばにさしかかったとき、それが答えの半分でしかないことに気づく。原子や銀河のスケールで見ればたしかに法則は数学で説明できる。だが、私たちのまわりにある形や模様は人間的なスケールのものだ。そのふたつはどのようにつながっているのか。そこにはどういう仕組みが働いているのか。すぐに答えの出る問題ではない。

雪の結晶はそのいい例だろう。相反する特徴が同居していてじつに不思議だ。ある一面で見れば、六方向に対称性をもっているので数学でいう正六角形に似ている。だが、つくりはもっと凝っている。木の枝のようなものが広がっているため、（ありきたりな言い方ではあるが）どれひとつとして同じ結晶はない。規則性と無限の多様性。このふたつが混じりあう奇妙な現象はどういうからくりによるものか。規則性が数学の法則から生じるのなら、多様性はどこからくるのだろう。多様性が嵐雲や宇宙の複雑さから生じるのなら、規則性はどこからくるのか。

もっと哲学的にいえばこうなる――数学の法則に厳密に従いながらも自在に姿形を変えられるとは、いったいこの宇宙はどんな宇宙なのだろう。厳密な法則があらゆるものを押しつぶして単純な立方体に変え、未来永劫同じ形のままにしておいてもよさそうなものだ。なぜそうしないのだろう。こう考えると雪の結晶の謎は深みを帯びてくる。地球はずいぶん小さくて、ありふれた惑星にすぎない。私たちの世界はさらにその表面でしかなく、しかも人間がとらえられるスケールに限られている。それなのに途方もなく豊かだ。ありとあらゆるところに形や模様があふれている。虹、水跳ね、羽毛、カタツムリの殻、砂粒。かと思えば、パターンをもたず、不規則で予測のつかないものもまたいたるところにある。天気、滝、イエバエ、山。ネコもそうだ。

あきれるほど多種多様なものが混じりあう不思議な世界。これは何を意味しているのだろう。

別のスケールに目を移すと、謎はいっそう深まっていく。顕微鏡で覗けば、たとえ池の水一滴であっても森と同じくらい多様なのがわかる。それでいて、望遠鏡で宇宙を眺めれば、これ以上ないという壮大な規模で確かなパターンが見てとれる。銀河の堂々たるらせんはもちろん、宇宙自体の形もそうだ。

規則性のあるものとないもの、一様なものと多様なものが、いたるところで混ざりあう。この一見矛盾した現実を完全に解きあかせるなどと豪語するつもりはない。ただ、背後にあるメカニズムの一端が、現代の科学と数学によって明るみに出されつつあるのは確かだ。とりわけ重要なのが対称性という概念である。対称性は形に特徴を与える。なぜ、どのようにしてその形が生じたかではなく、それがどういう種類の形であるかを教えてくれる。もちろん、対称性だけで自然界の規則性をすべて説きあかすことはできない。けれども、カオスや複雑性といったほかの概念と組みあわせればひとつの共通した枠組みとなって、思いがけないほどさまざまな規則性を説明することができる。何より重要なのは、不規則に見えるものの説明もつくことだ。パターンがなさそうなところに秩序が隠れているのは珍しいことではない。その秩序を探りあてるための頭の道具が数学なのである。

数学者にとって数学とは、大いなる美しさを備え、知的な満足を与えてくれるものだ。一般の人にとってはその反対。意味のない計算とややこしい記号が織りなすおもしろみのない世界でしかない。本書では「計算」の部分は完全に飛ばして、数学がいかに美しいかを示そうと思う。計算はたしかにある。陰で働いている。だが、そういうこまごました煩わしい物事は科学者や数学者に任せておけばいいので、本来の居場所である裏舞台からは出さないようにしておく。計算自体にも美しさはあるが、それを味わえるのは訓練を積んだ専門家だけだ。しかし、数学的な形や模様の美しさであれば私たちの誰もが理解できる。そのことを証明するのに自然界の形を例としてもち出すのはけっしてごまかしではない。なぜなら、自然界に見られる形から私たちは数学を手に入れたのだから。

二〇〇一年四月、イギリス・コヴェントリーにて

イアン・スチュアート

第1部

原理とパターン

1章　雪の結晶にひそむ謎

雪の結晶はどんな形をしているだろう。コートの袖に舞いおりたひとひらの雪。街灯の光を受けてきらめいている。雪は静かに漂いおちる。一片は小さく、壊れやすいが固く、そして冷たい。おかげで助かった。つかまえた雪片が溶ける前に観察できる。でも、しだいに耳が凍えてきた。

肉眼で見ても、雪片がただのでたらめな塊でないのはわかる。一定の形をもっている。ポケットから虫眼鏡——この観察のために買ったもの——を取りだして覗いてみれば、息を呑むような眺めだ。私の雪片はシダに似て、透明な結晶でできている。もっと正確にいうなら、六枚のシダの葉が根元でつながったような形で、六枚ともまったく同じに見える。規則性と不規則性、秩序と無秩序、パターンと無意味な乱雑さとが入りまじった、じつに不思議な形だ。六方向にほぼ完璧な対称性を備え、同じ形を六つコピーしたように見えながら、その形はユークリッド幾何学でお目にかかる図形とはまるで違っている。でたらめな形とはいわないが、形の名前はどんな辞書にも載っていない。この種の形を表現するのに科学者は「樹枝状（dendrite）」という言葉を使う。しかし、それはあくまで形の種類を指すものであって具体的な形を示すものではない。dendriteとはもともとギリシア語で「木」を意味する言葉からきている。木はどんな形をしている？　木の形だ。でも、雪は木でもなければ、シダでも羽毛でもない。

　雪の結晶は雪の結晶であり、雪の結晶の形をしている。

隣にまたひとひら雪が舞いおりた。これもやはり六方向に対称である。シダとは似て非なる不思議な形をしているところも同じだ。しかも最初の結晶とは形が違う。どうやら「雪の結晶の形」という言葉には大きな謎があるようだ。

　雪の結晶にはひとつとして同じものがないとよくいわれる。だが、数学者としての私には、これがとりたてて気のきいた表現には思えない。というより、ひどく大げさな物言いなのがわかる。この宇宙にあるどんなふたつの物体も、詳しく調べればかならずどこかが違っているものだ。まあ、二個の電子なら話は別かもしれないが、それすら怪しいのではないだろうか。しか

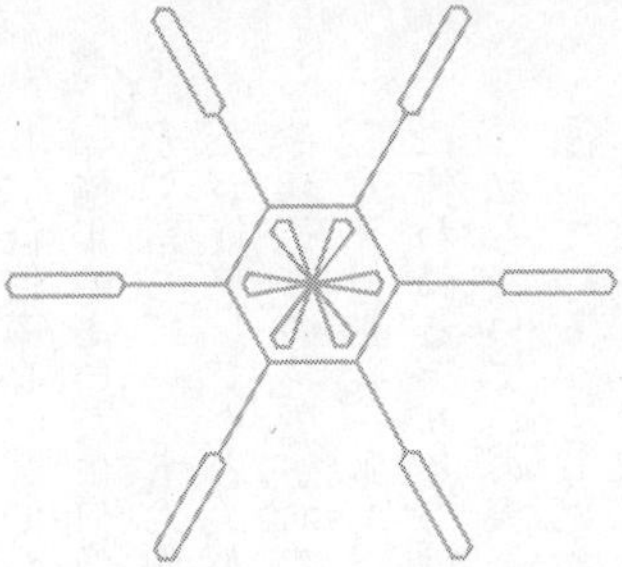

遠くから眺めると、雪には有無をいわせぬ荘厳な美しさがある。近くから大写しで見つめれば、ひとひらの雪は小さな幾何学の宝石であることがわかる。そこに、自然のパターンがもつ複雑さと美しさの謎を解く鍵がある。

し、低倍率レンズでわかる程度の違いだけを問題にするなら、そして地球が生まれて四〇億年のあいだに何個の雪片が降ったかを考えるなら、瓜ふたつの雪片があるときどこかで落ちていてもおかしくないだろう。とはいえ実際に計算をしてみると、ありそうもない気がしてくる。かりに私の目が細かい特徴の違いを一〇〇個見分けられるとして、それぞれの特徴がある場合とない場合を組みあわせたら、全部で一ノニリオン――一〇〇万×一兆×一兆――個もの形ができることになる。いずれにしても、雪片をつくるのに使われるデザインは相当に多彩なので、今夜は双子が見つかることはなさそうだ。

私もたいていの人と同じように、百科事典を読める歳になってからは雪の結晶の形を知っているつもりだった。だが、今までは本で写真を見るだけか、ときおり実物にちらと目をくれる程度だった。虫眼鏡をもって外に出て、実際に雪を観察したのは今日が初めてである。そして驚いた。まさに百科事典に載っていたとおりではないか。シダの葉に似ていて、どことなく六角形が見え隠れする。数学者が思いえがく典型的な正六角形だ。なかには本当に六本の辺で囲まれた正六角形の結晶もあり、しかもどれも同じ形に見える。これなどは「ひとつとして同じものがない」のキャッチフレーズの括《くく》りからもともと外されていたのかもしれないし、キャッチフレーズ自体が詩的な誇張だったのかもしれない。だが、それ以外は正六角形の遠い親戚とでもいうべき姿。私が心惹かれるのはそういう結晶である。

雪の結晶のような形をつくるなんて、いったいこの宇宙はどんな宇宙なのだろう。なんとも不可思議である。けれども、雪のなかに立ちつくして凍えているうち、ひとつのことがはっきりしてきた。氷だ。答えは氷とかかわりがある。雪は氷でできているのだから、氷と何かの関係があるにちがいない。

家の冷蔵庫の氷は立方体である。もっとも、正確に立方体というわけではなく、要は四角いサイコロ形をしているにすぎない。ともあれ、そこに六角形はないし、もっと大事なことに、羽毛のようなシダの葉の形が見られない。冷蔵庫の氷は型に入れてつくるので、適切な型を買いさえすればテディベア形の氷でフリーザーをいっぱいにすることもできる。もちろん六角形の氷もだ。だが、それではいんちきをしていることになる。雲のなかに雪片をつくる型があるとは思えない。人の手を介することなく、氷どうしが自然とつながって雪になるのだ。それでも答えは絶対に氷と関係している。

霜と氷

幼い頃の記憶をたぐると、寝室の窓の内側についた氷が目に浮かぶ。羽毛のような、葉っぱのような模様のついた氷。霜だ。

私たちが住んでいたのはテラスハウスのいちばん端で、出窓がついていた。冬には石炭をたいて部屋を暖めた。夜のあいだに火は弱まって消える。空気中の水蒸気が冷たい窓に触れて水になる。やがて冬の夜がふけていくうちにその水が凍る。そして朝になるとそこにあるのだ、一面のシダの葉の群れが。まるでアンリ・ルソーが描くシュールなジャングルのように。もちろん、当時の私がそんなふうに思ったわけではない。でも、とてもきれいで、とても謎めいていた（3ページ参照）。

最近はセントラルヒーティングが普及しているのでこういう霜にはなかなかお目にかかれない。だが、凍てつく夜に車を外に止めておいたら、次の朝にはフロントガラス一面に、ことによると車全体に同じ模様が見られるはずである。どうやら氷は誰の力を借りなくともシダの葉に似た模様をつくるのが好きらしい。何か冷たい面にとりつけさえすればそこで結晶を成長させる。もちろん、雲のなかに窓はない。窓ガラスについた霜も六角形ではなく、不規則な葉っぱのジャングルにすぎない。それでもこの氷のシダは出発点としては悪くなさそうだ。いったいどうしてこんな形ができるのだろうか。

氷はいろいろな形になる。雲のなかでさえ、針にもなれば管にもなり、（めったにないが）三角形にもなる。ピラミッド形、弾丸形、鼓《つづみ》形はいうまでもない。雹《ひょう》にもなる。いや、雹にもなる、などという生易しいものではない。あれは数年前、ミネソタ州のミネアポリスで、昼だというのににわかに空がかき曇ってまっ暗になった。するとゴルフボール大の雹が落ちてきて車をへこませ、道行く人を逃げまどわせた。雹の重みに加え、折からの強風も手伝って、大木が何本も倒れたほどである。このときは春だった。ミネソタの冬は長く、ありとあらゆる形の氷を避けては通れない。雪の吹きだまりに、つららに……。ミネソタは大部分が湖なのだから、冬のあいだは大部分が氷といってもいいくらいだ。

氷とは何か。凍った水だ。では、水とは？　化学の教科書によれば、水は二個の水素原子と一個の酸素原子が結びついた単純な分子である。だが、この単純さにだまされてはいけない。なにしろ水は液体のなかでもとりわけとらえがたく、最も不可思議である。じつにさまざまな化学物質を溶かすことができ、私たちのような生物を形づくる重要な物質でもある。

広大な宇宙のどこかには別の形態の生物がいると私は思っている。中身はまったく違っていても、自分で自分をつくる複雑な生命という意味では地球の生物と根本的なところで共通点をもつ。このエイリアンたちはＤＮＡで遺伝情報を伝えるのではないかもしれないし、炭素でできているのでもないかもしれない。水を必要としない可能性もある。いや、惑星や大気もいらないかもしれない。体が物質でできてすらいないとも考えられる。想像してみてほしい。絡みあう磁気の渦でできた生物が恒星の表面で暮らす光景を。だが、そういう生物と遭遇するまでは（もちろん私たちは宇宙でひとりぼっちかもしれないが）、私たちが知っているような生物が生きていけるのは水の不思議な性質によるところが大きい。

ＮＡＳＡ（米航空宇宙局）が木星の衛星エウロパに関心をもっているのはこのためだ。エウロパの地表は厚さ数キロの氷の層に覆われているので、一見すると生命を宿しそうな場所には思えない。ところが、氷の下には水の海があるらしく、その証拠もしだいに集まってきた。水は一〇〇キロもの深さになるといわれる。それが本当なら、地球の海をすべて合わせたより大量の水である。エウロパの核は木星の潮汐力に揉まれて温かく保たれているので、エネルギー源もあるわけだ。地球でも南極の氷原の下四キロもの深さにボストーク湖が埋まっている。ボストーク湖は地球でも有数の大きな湖で、そこには細菌がすんでいることもわかっている。だとしたら、一見不毛なエウロパの氷の下にもいないとはかぎらないだろう。

水は一風変わった化学物質である。液体の状態だけでなく、気体（水蒸気）も固体（氷）も、すべての状態を私たちに見せてくれる。ただ、素直なふるまいをするのはどうやら気体のときだけのようだ。

ケプラーの問いかけ

雪の結晶はどんな形をしているだろう。遠い祖先の姿が思いうかぶ。鋭い目をした原人がひとり、まとった毛皮に小さな白いかけらが積もったのを見て首をかしげている。雪の結晶が六方向に対称であることは何千年も前から文献に記されてきた。私の蔵書のなかには手垢のついた『六角形の雪片について』も一冊ある。ドイツの天文学者ヨハネス・ケプラーが、後援者であるヨハネス・マテウス・ヴァッカー・フォン・ヴァッケンフェルスへの新年の贈り物として一六一一年に書いたものだ。ケプラーは飽くことなくパターンを探しもとめた。ザクロの種にも惑星の運動にも数学の法則を見出した。ケプラーが見つけた法則の一部は、今なお現代の科学的思考にしみ込んでいる。同じ形の物

ミツバチの巣の巣室。シマウマの鮮やかな太い縞。砂にしばしば現れるさざ波模様。6方向に対称な雪の結晶。これらを見ると、深遠で美しい数学の法則が私たちの宇宙を支配しているのがわかる。

体を立体的な空間にできるだけ高い密度で詰めこむとき、その物体の配置にはひとつの重要な特徴が現れる。ザクロの種を見れば、その特徴を身をもって示しているのがわかるだろう。ザクロの場合、限られた空間に多くの種を無駄なく詰めこむことに進化は狙いを定めてきたのだ。また、ケプラーは惑星の運動を見て、その軌道、つまり楕円軌道をきわめて正確に導きだした。彼は一六〇九年から一九年にかけて、惑星の公転周期や軌道上の速度が中心星からの距離で決まることをつきとめる。その約半世紀後、ケプラーの発見を踏まえてアイザック・ニュートンが万有引力の法則を打ちたてた。この法則はその後二五〇年ものあいだ、修正を加えられることもけちをつけられることもなく生き残る。唯一アインシュタインに叩かれただけだ。今でもニュートンの法則は、人間を月に送る程度なら正確さに何の問題もない。ケプラーは惑星間の間隔についても法則を見出した――少なくとも見出したと思った――のだが、こちらのほうは時の試練に耐えなかった。そもそも、この法則がなりたつには惑星の数が六個でないと困るのに、本当は九個あるのを私たちは知っている［本書執筆後の二〇〇六年に冥王星が準惑星に分類変更されたため、現在の惑星数は八個］。いくつか誤りはあったものの、科学に関するケプラーの的中率には目を見張るものがある。約四〇〇年前といえば、物理学はまだガリレオの目に宿るかすかな光にすぎなかった。そんな時代に、数学者と神秘主義者の顔をあわせもつケプラーは雪の結晶の謎を問いかけている。「雪が降りはじめると、最初に見られる雪片がかならず六角の小さな星形なのには明確な理由があるはずだ。これが偶然だというなら、どうして五角形や七角形で落ちてこないのだろう。突然の風で吹きよせられて、もつれるように塊で落ちてきた場合は別として、広い範囲に分散して降る場合は決まって六角形だ。なぜだろうか」。長年ケプラーは自然界のさまざまなパターンを観察し、それを数学で表現しようとしてきた。その経験を生かし、雪の結晶がなぜ六方向に対称なのかについてじつに説得力のある理由を見つけた。シダの葉のような模様や、形の無限の多様性に関しては、さしものケプラーにもお手上げである。だが、基本的な六方の対称性なら彼にも扱うことができた。

私はケプラーのもっと先まで進んでみたい。雪の結晶だけでなく、自然界のあらゆるパターンを理解したい。うまくいかないかもしれないが、できるかぎり遠くまで行ってみたいのだ。自然界にはまだいくつもの謎がある。カタツムリの殻のらせん形。ヤスデが動くときに波打つ脚。巣室が密集したハチの巣。色とりどりの虹の弓。トラの縞模様。

ぎざぎざした山の斜面。宇宙から見た青と白の地球。天にかかる天の川。四兆個の恒星と、そのひとつでしかない私たちの太陽。おぼろげに浮かびあがるアンドロメダ銀河の渦巻き。宇宙そのものの形と、宇宙をつくる粒子の奇妙な性質。

自然のパターンはどこからきたのか。何がそのパターンをつくっているのか。本書でとりあげるテーマのなかにはケプラーが夢想だにしなかったものもあるはずだ。でも、こうした疑問は彼も気に入ってくれるにちがいない。そしてきっと驚くはずだ。その答えが彼の愛した雪の結晶とこれほど密接に結びついていることに。雪の結晶の秘密を探りに私はこれから旅に出る。旅の途中で、この素晴らしい宇宙にひそむもっと深遠な謎も見えてくるだろう。さあ、君たちも一緒に来たまえ。

2章　自然界のパターン

数学者は普遍性を探しもとめる。たった一個の三角形を調べて内角の和が一八〇度になっても、彼らは何とも思わない。だが、それがすべての三角形にあてはまるとしたらすごいことだと考える。普遍性を探すときにはサンプルがたくさんあったほうがいい。そうすれば、サンプルどうしを比較対照して、探しているものの本質を抜きだすことができる。雪の結晶には、自然がどうやってパターンをつくるかが現れている。だが、それはひとつの例にすぎない。雪の結晶の秘密を明るみに出すには、幅広くサンプルを探す必要がある。

パターンを探すのに地球ほどうってつけの場所はない。太陽系のほかの惑星にはせいぜい岩石しかないのに対し（しかも熱いか冷たいかのどちらかで「ちょうどいい」のはほとんどない）、地球には動物と植物がある。有機物の世界も無機物の世界も、目を引くパターンをこれ見よがしに示している。たとえばチョウと虹は、どちらも同じ色範囲

自然が好む模様のひとつに縞がある。シマウマの縞もあれば魚の縞もある。海にも縞があり、それを私たちは波と呼ぶ。縞模様では、間隔が等しい平行線の連続としてほぼ同じパターンがくり返される。このように、縞が現れる場所はさまざまでも、幾何学的にとらえれば共通点がある。そこには、共通する数学の法則が隠れているのだろうか。それとも、単なる偶然の一致だろうか。

を用いている。だが、おびただしい種類の色や模様を苦もなくひけらかしている点では、動植物の世界に軍配があがる。無機物の世界はどんなに頑張っても歯が立たない。

動物の模様としてよく見かけるのは縞である。ときに縞模様は非常に規則的で、思わず数学と結びつけたくなる。黒と白、黄色と紫色が、交互に平行な縞をなしているのだ。規則的に見える縞は熱帯魚や貝殻に多い（ちなみに熱帯魚にはたいていの模様がそろっている）。エンペラー・エンゼルフィッシュ［和名タテジマキンチャクダイ］などは、皇帝《エンペラー》の名にふさわしい豪華な衣装をまとっている。目もあやな金と紫がかすかにアーミン［かつて王侯貴族に珍重された白いオコジョの毛皮］の光沢を帯び、ほぼ体全体に伸びた白黒の細縞がひときわ目を引く。縞は完全に規則正しいわけではなく、Y字形に枝分かれしたり、些細なふぞろいが見られたりするものもある。だが、全体的には非常に規則的な印象を受ける。貝殻の場合は二通りの縞模様があって、渦が巻く方向に沿って縞が入るか、渦巻きとは垂直に縞が入るかのどちらかがほとんどだ。アライグマのように、尾にきれいな縞をもつ動物もいる。

だが、縞模様の動物といってまっ先に思いうかぶのはやはりシマウマとトラだろう。シマウマの縞は鮮やかでよく目立つ。縞は平行にはなっておらず、数学的と呼べるほどの明快な規則がありそうにない。脚や尾が胴体とつながる場所では縞がおもしろい向きになる。シマウマには三種類――サバンナシマウマ、グレビーシマウマ、ヤマシマウマ――があって、それぞれ独自の縞模様をもっている。トラの縞はなおのこと明快さに欠ける。脇腹に並ぶ縞はまるで書道家が筆で描いたかのようで、さながら歩く名筆といった姿だ。詩人のウィリアム・ブレイクは「虎」と題した詩のなかで、トラが「恐るべき対称性」をもっているという印象的な言葉を残している。これはおそらく優美で力強い形を指したものだろう。しかし、数学者にとっては縞もトラの対称性に含まれている。しかも、この場合の「対称」は「均整がとれている」という比喩的な意味だけではない。

無機物の世界にも独自の縞がある。波はたいてい長く平行な横列となって浜辺にうち寄せる。白と黒のかわりに、波の山と谷が縞になる。砂漠の奥深くでは砂が模様をつくる。いちばんわかりやすいのは「横列砂丘」と「縦列砂丘」だ。その地域で優勢な風が一方向から吹く場合、その風に対して垂直方向に砂の峰が並んで縞になる。これが横列砂丘だ。また、風向きがそれほど一定していない場合は、風に対して斜めの角度に砂丘が並んで縞ができる。これが縦列砂丘だ。縞は岩石にも顔を出す。オーストラリアには世界で唯一、ゼブラロックという岩石の堆積する場所がある（ダム湖に水没しかけているのが残念でならない）。見た目は縞模様のキャンディのようだが、その縞は石の歴史を物語っている。河口の入り江、もしくは浅い海の底で、一層一層堆積していった記録なのだ。それにひきかえ波や砂丘の場合は、縞ができるのにそこまで長い時間はかからない。とくに海の波は今この瞬間の力学を映しだしている。

毛皮の縞、肌の縞、砂の縞、水の縞――どれもずいぶん違って見える。だが、実際にも大きく違っているのだろうか。見た目が縞だという以上の共通点はないのだろうか。それとも何かの統一性がひそんでいるのか。どんな縞をつくる場合にも働く共通のメカニズムがあるのだろうか。私の旅を成功させて、雪の結晶の秘密を探りあてるためには、自然のパターンに多少の差異があってもそれをすべて取りこめる説明がなくてはならない。自然界の縞をいくつか眺めても統一性が見つからないとしたら、どこを探したらいいだろう。

砂に刻まれたパターン

縞と一緒にもっと複雑な模様が見つかることがよくある。たとえば、引き潮のときに砂に残った波の跡や、砂漠の砂丘などだ。砂漠はその独特で魅力的な構造から、さながらパターンづくりの実験室である。とはいえ、砂にパターンができる仕組みについてはあまり明らかになっていないのが実情だ。

砂丘の物理学は一見すると単純である。風が砂漠を吹きわたるとき、ある場所で砂粒を拾って別の場所に落とす。ところがすでに砂丘ができているとそこで空気の流れが変わるため、砂が削られたり溜まったりする量や、砂が落ちる場所も違ってくる。空気が流れるパターンと砂が積まれるパターンとが互いに働きかけながら変化していくわけだ。

その結果として生まれるものはじつに興味深く、単純明快とはほど遠い。平行の縞のようなわかりやすいパターンはほんの手始めにすぎない。たとえば、大きな砂丘が細かいさざ波模様に覆われていたりする。平行に並んだ横列砂丘の稜線自体が波打つこともあり、その曲がりくねったパターンはバルハン稜線と呼ばれる。砂山が崩れて三日月形の砂丘ができる場合もある。これをバルハン砂丘といい、三日月の二本の角《つの》がともに風下を向くのが特徴だ。逆に三日月の角が風上を向くものもあって、これを放物線型砂丘と呼ぶ。風向きが一定しない場合は砂漠じゅうにいくつものドーム型砂丘ができることもある。ひとつひとつのドームはなめらかで丸い古墳のようだ。風がさまざまな方角から吹いているとドームが星形になり、数百キロにわたって砂漠にちりばめられる場合もある。

砂漠にはこのように無数のパターンができるが、そのなりたちを数学で説明した理論は意外なほど少ない。物理的な現象は単純そうなのに、数学に置きかえとなると一筋縄ではいかないのだ。砂は個々の砂粒が集まってできているので、空気や水のようにいくらでも細かく分けられる流体とは違う。そのため、数学者が得意とするトリック——無

自然は砂粒のようなありふれた物質も材料にして、優美なパターンを描く。風で無秩序に舞いあがる砂から、砂丘の秩序が生まれる。砂丘とは、いわば巨大な砂の波だ。砂漠全体に広がり、一見するとその場に固定されて丘や谷をつくっているようでありながら、じつは列をなして砂漠を行進していく（右)。砂漠の砂は、単純なものから複雑なものまで多種多様な模様をつくる（中央)。砂丘は、ゆっくりと進む海の波のようだ。波に似て、細かいさざ波にもなれば（左)、大きな波頭も立てる。砂の数学と物理学は謎に満ちているが、いくつかのパターンの大まかな特徴については明らかになりつつある。

限に分割できる連続体として対象をとらえて理想化したモデルをつくること——があまり通用しない。砂丘の形を考える場合にも、混相流［固体、液体、気体のうちふたつ以上が混在する流れのことで、非常に複雑な現象を生じる］の問題が立ちはだかる。空気だけでなく砂がかかわってくるからだ。一方は正真正銘の流体。もう一方はいささかきめの粗い流体である。答えには砂と空気の境界がかかわってくる。だが、その境界は時間とともに変化する。それに、砂丘の形や位置を決めるうえで砂と空気の境界がいくら重要だとしても、砂漠に砂嵐が押しよせてきたら境界はぼやけて判然としなくなる。だから、あらかじめその境界を前提として考えを進めることができないのだ。

これではまったくお手上げではないか。いや、真正面からとりくもうとしたらたしかに望みはない。しかし、先ほども触れたように数学者は一般論で考えるのを好む。砂漠と似たようなパターンを示しながら、もっと扱いやすいシステムがほかにあるのではないか。海の波から横列砂丘の手がかりがつかめるかもしれない。砂丘からシマウマのことがわかるかもしれない。あるいは、まったく異なる方面からヒントがもたらされて、世界中の縞模様に共通する秘密が解きあかされるかもしれない。

攻撃の糸口としてひとつ有望なのは、そもそもどうして模様ができるかを考えることだ。砂漠がいくら広大だといっても、風の状態に大差はない。かりに風向きが一定でないとしても、その不安定さはどこもたいして変わりないはずだ。だとしたら、どうして風はケーキにナイフでクリームを塗るときのように砂を均等にならしてしまわないのだろうか。同じ考え方でいけば、なぜ海にはいつも波がふくれあがっているのだろう。あるいは、どうして水はこんなに跳ねかえるのか。でたらめな形で跳ねるならまだしも、それとわかる形をとるのはなぜだろう。私たちはまだ答えを探しはじめてもいないのに、すでに疑問にはひとつの共通点が見えてきた。大事なポイントをここで強調しておく。シマウマもトラも全身が体毛に覆われていて、その体毛は体のどの部分にあっても構造がほとんど変わらない。それなのに、どうして体毛の色素は見るからに規則正しく色つきの部分をつくるのだろうか。

なぜシマウマは全身灰色になってしまわないのだろう。

ハチの巣模様

生物の模様は縞だけではない。たとえば斑点。なぜトラには縞があり、ヒョウには斑点があるのか。もしかしたら動物の模様はほとんどどんな色形にもなれるのかもしれない。ゴクラクチョウの奇抜な羽毛がいい例だ。ことによると動物や鳥の遺伝子は、好きな模様をつくっていいと細胞に指示できるのではないか。ただ、不思議なことにたいていの細胞はその指示に従わない。単純なデザインの標準的なカタログのなかからほとんどの模様が選ばれる。縞、斑点、ぶち、などだ。複数のパターンを組みあわせて奇妙な模様をつくるものもいる。鳥や魚がその代表格だ。だとすれば、遺伝子は模様をまとめあげる役割を果たしはするものの、模様の内容を決める要素は別にあるのかもしれない。

カタログにはほかにどんな模様が載っているだろう。ひとつはハチの巣模様だ。いくつもの正六角形が整然と縦横に重なっていて、まさしく数学的な規則正しさがある。ハチの巣模様と雪の結晶に共通する魔法の数字は六だ。ケプラーもこの符合を見逃さなかった。ハチの巣の場合、この六角形は小さな部屋になっていて幼虫や蜂蜜を入れておくことができる。自分の目でハチの巣を見たときの驚きは今でも忘れられない。わが家にはスズメバチが定期的に巣をつくっていたのだが、あるとき、いつも駆除してくれる男が軒下から古い巣を外して見せてくれた。私は少し怯えながらも、その見事な紙細工を割ってみた。すると、ほぼ同じ大きさの六角形の部屋が美しく積みかさねられている。

ただし少しいびつなところがあった。どうやらハチたちは基本設計図などは見ないでいろいろな場所から同時に作業を始め、それぞれの担当箇所が出会うところは適当につなぎ合わせるらしい。

普通、ミツバチは巣室を垂直方向に積みかさねていくので、六角形のトンネルは水平方向に伸びている。スズメバチは巣室を水平方向に並べていくので、六角形のトンネルは垂直方向に伸びている。ミツバチやスズメバチはどうしてそんなに頭がいいのだろう。ハチは社会性の高い昆虫なので、一匹ではとうていできないようなことを集団になるとなぜかやってのける。私が思うに、ハチはそれほど頭がいいわけではない。何かが手助けしているからうまくできるのだ。模様のなかにはつくりやすいものとそうでないものがある。模様が現れるのはなぜかといえば、宇宙が根本的なところで単純な規則に従うからである。

だから、ハチ以外の生物がハチの巣模様をつくるとしても少しも不思議ではない。縄張りをもつ魚は実際につくる。じつは、ハチの巣構造ができる理由はこの魚の場合のほうがわかりやすい。たとえばアメリカのヒューロン湖にすむある種の小魚は、縄張りを守る本能が非常に強く、それぞれが直径三〇センチほどの円形の縄張りをもっている。一匹一匹は縄張りの中央に陣取り、近づく敵をことごとく追いかえす。同じ仲間の魚はたくさんいるうえ、縄張りどうしは間隔をあけずに接している。すると結果的に縄張りはハチの巣形に並ぶのだ。最初は信じられない離れ業に見えるが、トリックがある。ヒ

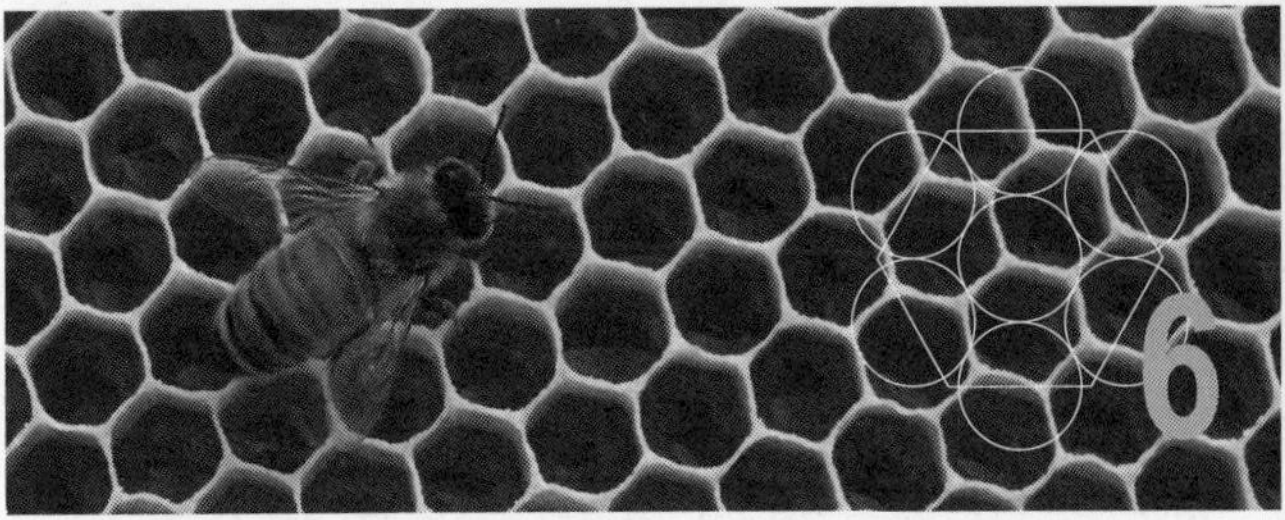

ハチの巣模様は縞模様ほどは頻繁に見かけないものの、自然界ではやはりおなじみのパターンである。基本構造に数学の法則があることは縞模様の場合よりわかりやすい。幾何学の教科書から抜けでたような正六角形でできているからだ。ハチの巣模様にはパターン形成の重要な特徴も現れている。同一の基本単位が何度もくり返し用いられている点だ。ハチの巣構造にすれば、円に近い形を隙間なく、効率よく並べることができる。そして自然には、そういう作業を求められる場面がたくさんあるのだ。したがって、正六角形と、それに関連するハチの巣模様は、物理学の切り口からも生物学の切り口からもパターン形成に重要な役割を果たしているといえる。

ントは「隙間なく並べる」だ。同じ大きさの円——たとえばコイン——をたくさんテーブルに置いて、それらができるだけ小さな面積に集まるように動かしていくと、最終的にコインはハチの巣形に並ぶことになる。実際には完全な正六角形になるわけではなく、それは魚の縄張りにもミツバチの巣にもあてはまる。それでも正六角形にきわめて近いのは事実だ。平面内に円を詰めこむ場合、ハチの巣模様にするのがいちばん効率がいいと約一〇〇年前に証明されている。なぜかといえば、一個の円のまわりに同じ大きさの六個の円を置くと、無駄な隙間があかずに六個すべてが内側の円に接し、しかも円どうしが重なることがないからだ。この基本構造をあらゆる円のまわりでくり返すとハチの巣模様になる。

　このことからわかるように、単純で局所

的な規則に従うだけで規則正しい大規模なパターンをつくることができる。自然界のパターン・カタログにひそむひとつの原理がそこから垣間見えないだろうか。ケプラーはとうの昔に気づいていた。円を隙間なく並べると規則正しい模様になるというのが、雪の結晶に関する彼の本の重要な指摘のひとつである。魚は縄張りを隙間なく並べる。ハチは巣という構造を進化させて幼虫を隙間なく並べている。

では、雪の結晶は何を隙間なく並べているのだろうか。

凝固した小球

ケプラーも同じ疑問を抱いた。雪は水蒸気が固体化してできることは彼も知っていたので、水蒸気が凝固するときに決まったパターンをとるのではないかと考えた。「水蒸気は寒くなったのを感じるとすぐに凝固して、決まった大きさの小球になるとしよう。……また、この水蒸気の小球には、他の小球との接触のしかたに一定の様式があるとする」。ケプラーはこの前提から、雪の結晶が基本的に平らではなく立体であると勘違いし、誤解をもとに実りのない探求を始める。しかし、すぐに平面図形に立ちもどって自らの誤りを勝利へと導く。「六角形が選ばれているのは、形をつくるうえでの物質の必要性にもよっている。六角形にすれば隙間が生じないため、水蒸気を集めて雪を形づくる作業がより順調に進むからである」

ケプラーはこのあと最後の段落で、雪の結晶の幾何学的な規則性を鉱物の結晶の幾何

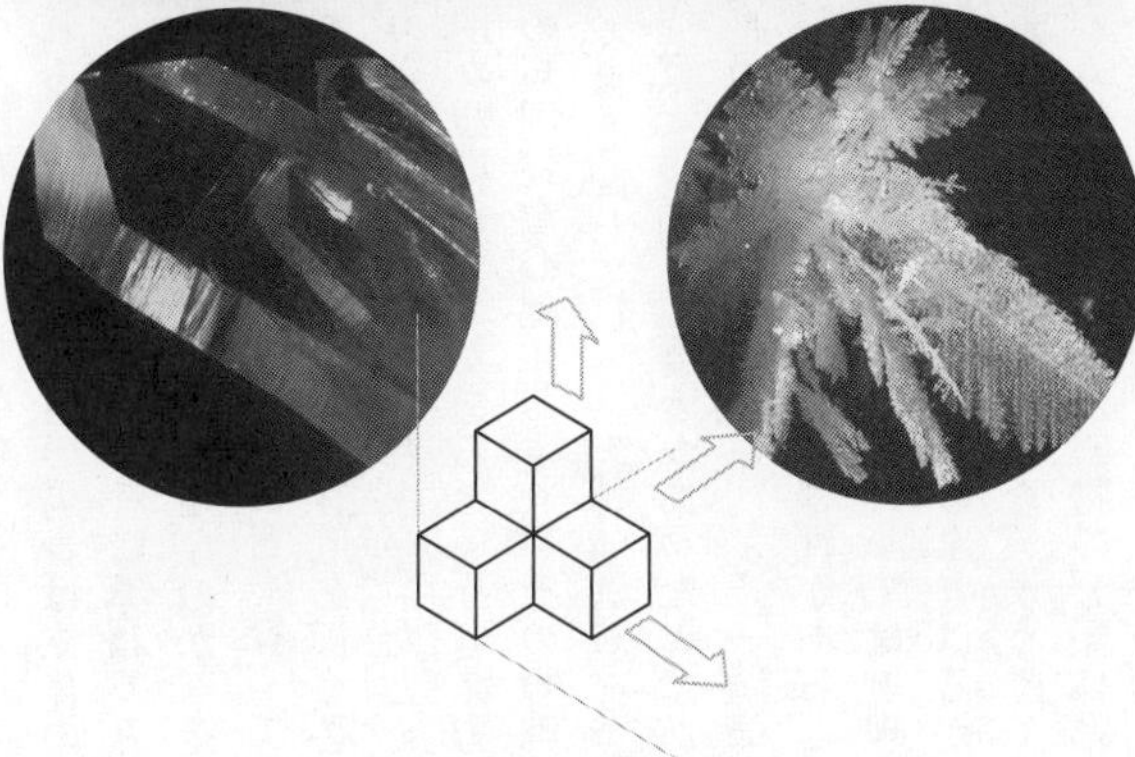

結晶を見ると、いやでも好奇心をそそられる。規則的だが、規則的すぎるほどではない外見。美しい色。ときおり見られる奇妙なほどに入りくんだ形。いくつかの結晶が集まって一緒に成長していくさま。見事な光の反射。科学者が結晶を理解しはじめたのは、それが何でできているかを度外視して、構成要素（それが何であれ）の並び方に的を絞ってからだった。結晶が規則正しい形をしているのは、結晶をつくる原子配列の規則正しさを反映したものである。結晶では、同一の基本単位が決まったパターンに並び、そのパターンが３方向の空間軸に沿ってくり返されている。

学的な規則性と結びつけている。「したがって、形をつくる能力は、液体に含まれる物質の違いによって変わると考えられる。金属の硫酸塩の場合は立体の菱形が一般的であり、硝石には硝石独自の形がある。だとするなら、化学者に尋ねてみればいい。雪の結晶中に塩が含まれているかどうか、それはどんな種類の塩なのか、そしてその塩が別の場所ではどのような形をとるのかを」。ケプラーは雪の秘密を探っていくうち、結晶の構造というより大きな問いに突きあたった。私たちも同じ道を行く必要がある。

　結晶の形が規則正しいのは当たり前だと思うかもしれない。たとえば食塩の結晶は立方体である。しかし、結晶に数学的な規則正しさがあるという考え方にはかつては疑問の目が向けられていた。結晶の形の規則性を心配するより、その規則性なるものが本当にあるのか、まやかしなのかを人々は心配していた。「結晶学者」という言葉には、今でいう「占星術師」や「UFO研究家」に通じる響きがあったのである。フランスの博物学者ビュフォン伯爵などは一八世紀後半にこう述べている。「結晶学者の研究からわかるのは、彼らが普遍性を仮定する場所にことごとく多様性があるということだけだ」

　もう少し信用してあげてもよさそうなものだが、当時としては無理からぬことである。自然界で見つかる結晶の標本は、研究室で成長させるものよりはるかに不規則なのがつねだからだ。結晶に関する研究は遅々として進まなかった。ようやく一八世紀後半になって、ドイツ人地質学者のアブラハム・ヴェルナーが鉱物の分類体系を考案し、鉱物分《オリクトグ》類学《ノジー》と名づける。これは、鉱物の色、硬さ、密度などを観察することによって鉱物の種類を区別する学問である。一見異なるふたつの標本がじつは同じ――あるいはやはり異なる――鉱物だったと確認できるようになったおかげで、初めて規則性を探れるようになった。まもなく、結晶面どうしが接する角度に規則性があることがわかる。ひとつの物質の結晶はすべて、たとえ壊れたり欠陥があったりしてもいくつかの特徴的な角度を示す。それだけではない。同じ角度の組みあわせが別の鉱物にも見られることが少ないのだ。角度を測定して数字が得られれば、そのパターンのなりたちを考えることができる。雪の結晶のパターンでは角度が何より重要で、いたるところに六〇度と一二〇度が顔を出す。なぜだろうか。

パターンを探す数学者たちはすでに新しい領域に足を踏みいれていた。その領域が存在するかどうかも定かではなかった時代に。ケプラーのすぐあとにはイギリスの科学者ロバート・フックが続く。フックは一六六五年の著書『顕微鏡図譜（ミクログラフィア）』のなかで、円や球を隙間なく並べると結晶構造に似ることを絵で示した。およそ一〇〇年後、フランスの司祭でアマチュア鉱物研究家だったルネ・ジュスト・アユイは、方解石を割るとかならず菱形の破片ができることに気づき、ケプラーやフックの球にかわってこの菱形を構成単位として提唱した。結晶学者たちは血のにじむような努力を重ねて結晶を構成する基本単位の正体を探ろうとしたが、困難に打ちあたった。探している相手がどうやら信じがたいほど小さいらしかったからである。

壁を打ちやぶったのは数学者だった。基本単位が何かを気にするのはやめて、その並び方に目を向けることにしたのである。すると、それらが規則正しい格子状に並んでいることがわかった。格子とは、同一の基本単位が三方向にくり返し並んだ立体配置のことである。わかりやすい例としては、空間を立方体で埋めていくことを考えるといい。この場合、立方体がどう積まれていくかは説明するまでもなく、三方向は北、東、上となる。こうした切り口からとりくんだ結果、結晶がどのような対称性をとりうるかに応じて分類する方法が生まれ、それがやがては長年結晶学者を悩ませてきた問題の解決へとつながった。つまり、結晶を構成する基本単位は何かという問題である。答えは原子。あまりに小さい粒子なので、つい最近まではどんなに高性能の顕微鏡をもってしても見ることはできなかった。これは純粋数学によって物理学の飛躍的前進がもたらされた特筆すべき事例といえる。

らせんの渦巻き

昔の人たちは天然結晶の欠陥に首をかしげていた。変わりやすい環境で成長したために、壊れていたり形が不完全だったりするものが多かった。研究室でつくれば面が平らで幾何学的な多面体になる。だが、そういうパターンは少し角が鋭すぎて、生き物の世界にはあまり姿を見せない。むしろ、生物が好むパターンのひとつは曲線を特徴としている。らせんだ。

私たちは少なくとも二通りの意味で「らせん」という言葉を使っている。ひとつは平面らせんで、平面上で内から外に向かって渦を巻いている形。もうひとつは立体らせんで、らせん階段のように曲線が立体的にねじれた形だ。自然はどちらのらせんも利用していて、両方を組みあわせているケースもある。なかでもらせんがいちばんわかりやすいのが貝殻だ。

巻貝は非常に古い化石からも見つかり、その数も多い。アンモナイトにはたくさんの種類があるがどれもらせんを特徴としていて、その形は広く知られている。子供の頃に私は浜辺でよくアンモナイトを探し、よく岩のあいだに小さな渦巻きを見つけたものだ。波に洗われて土からはがれたのである。地元の博物館には直径一メートルを超えるような巨大なアンモナイトが展示されていた。もちろん私自身はそんなに大きなものと出会ったことはない。

いわゆる「アルキメデスのらせん」に近いアンモナイトもある。このタイプは渦の幅が最初から最後まで変わらない。しかし、ほとんどのアンモナイトは「対数らせん」と呼ばれる形をしている。対数らせんとは、渦が一巻きするごとに一定の比率で幅が広くなっていくものを指す。現存する巻貝のうち、この対数らせんで最も有名なのはオウムガイだろう。オウムガイの殻はじつに規則正しい形をしていて、内部がいくつもの小部屋に仕切られている（口絵4ページ参照）。オウムガイを調べれば、この種の貝殻のらせん形について、とくに対数らせんについての手がかりが得られる。

貝殻は軟体動物の体を保護するためにつくられる。貝殻が成長するときには、新しい貝殻になる材料が貝殻の縁に分泌されてつけ足される。なかの生物が年とともに大きくなり、今いる部屋に収まりきれなくなって、部屋を建て増しするわけだ。そのため、生物が成長する度合いに応じて渦巻きの幅がどれくらい大きくなっていくかが決まる。極端な例をあげると、かりに貝の本体があまり成長しないのにそれでも貝殻の建て増しを続けるとしたら（貝殻の成分を使いはたしてしまう気もするが）、アルキメデスのらせんになる。一方、一定期間ごとにサイズが二倍になるなどして急激に成長するのなら、対数らせんになる。アンモナイトやオウムガイの平面らせんは、なかにいる生物が単純な規則に従って成長した結果を反映したものといえそうだ。

　陸上ではカタツムリが同じような殻をつくる。カタツムリの殻には右巻きと左巻きがあり、種類によっては両方の巻き方が見られる（例外ではあるがじつに興味深い）。一九三〇年、巻きの方向を決める要因が何かをつきとめるため、生物学者のグループが一〇〇万匹のカタツムリを使って繁殖実験を行なった。原因は遺伝子にある。ただしそのカタツムリ本人の遺伝子ではなく、母親の遺伝子によって決まる。驚いたことにカタツムリは自分の殻の巻き方ではなく、自分の子供の殻の巻き方を決める遺伝子をもっていたのだ。そういう仕組みにすれば、カタツムリの胚がまだ八分割の早い段階から巻きの方向という大事な性質を確実に組みこむことができる。

　もうひとつ不思議なのは、カタツムリの殻や多くの貝殻が立体的に渦を巻くことだ。もちろん、どんな貝殻も立体に決まっている。私がいいたいのは、たとえば貝殻の部屋のまんなかに線を通したとすると、その線が平面上で渦巻くのをやめて垂直方向に巻きはじめるということである。こういう貝殻は化石にも見られる。腹足類のツリテラという巻貝は円錐形で、今から五〇〇〇万年以上前の始新世に生息していた。よく似た貝は現代でも生息していて、中身の生物つきで見つかる。ツリテラの外観をたとえるなら、全体はらせん階段で、その踏み板の幅が下にいくほど広くなった形といえる。この形もまた、貝が成長するときに単純な規則に従ったために生じたものである。今ある貝殻の縁に新しい部屋を足すのも、部屋が一定の比率で大きくなるのもほかの巻貝と同じだ。違うのは、新しい部屋を建て増しするときに前の部屋に対して斜めの角度でつけ足すことだけである。

フィボナッチの花

植物の世界ではいくつかの非常に特徴的なパターンが広い範囲に見られる。花の構造を調べてみると、ほぼ同じ形の花びらが茎の先端に丸く対称的に並んだものが多い。例外としていちばん目を引くのはランの仲間で、たいていは左右対称の形をしている。パターンを研究するうえで対称は重要な数学的概念であり、雪の結晶の形を探る私たちの旅でも大きな役割を果たす。そしてもうひとつ、自然界のなかでもとりわけ印象的な数字のパターンが植物に現れる。これは、根本的な真理というよりは経験的に見出された事実なのだが、植物の成長のしかたに驚くべき規則性があることを示している。

ピサのレオナルド、通称フィボナッチは、税関吏の父のもとに一一七〇年に生まれた。若い頃、父とともに税関で仕事をしたときに、インドとアラブで考案された新しい数字の表記法に触れる。それは現代の十進法の先駆けとなるもので、0、1、2、3、4、5、6、7、8、9の記号を用いていた。フィボナッチはこの数字が大いに気に入り、『算術の書（*Liber Abbaci*）』を書く（当時、abbaci とb一個で綴るときは今日でも使われているような「そろばん」を指し、abbaci とb二個で綴るときは計算のプロセスを指した）。一二〇二年に書かれたこの本がヨーロッパに初めてアラビア数字を紹介した。『算術の書』の約半分は外貨両替に関連する計算に割かれている。ところが、あまり実務的ではない例題のひとつがのちにさかんに研究されることとなった。表向きはウサギの問題である。最初は、成熟していない一つがいのウサギ（雄雌一匹ずつ）から出発する。一シーズンが過ぎたあとで二匹は成熟し、自然のなりゆきで一つがいの未成熟なウサギを産む。以後のシーズンには、すでに成熟していたウサギのつがいはすべて未成熟なウサギを一つがいずつ産む。前のシーズンに未成熟だったウサギも次のシーズンには成熟し、未成熟なウサギを一つがいずつ産む。どのウサギも死なないとするとウサギはどのように増えていくだろうか。少し考えてみるだけでひとつのパターンが浮かびあがる。時間の経過とともにつがいの数は1、1、2、3、5、8、13、21、34、55、89、144……と増えていく。三つ目以降の数字はどれもその前のふたつの数字の和になっている。

フィボナッチが記したウサギの数はのちに「フィボナッチ数」として知られるようになった。もちろん本物のウサギはフィボナッチの規則どおりに増えるわけではないし、永遠に生きるわけでもない。しかし、フィボナッチの規則を改良したものは今日でも動物の個体数の研究に用いられている。それだけではない。フィボナッチ数は汲めども尽きぬ驚きとひらめきのみなもととして、数学的精神の奥深くにまでしみ込んだのである。

植物にかかわるいろいろな数を探っていくと、いたるところでフィボナッチ数に出くわす。ユリの花びらは三枚。キンポウゲは五枚。ヒエンソウの多くは八枚。アラゲシュンギクは一三枚。アスターは二一枚。ヒナギクとヒマワリは三四枚か五五枚、あるいは八九枚のものが多い。大きなヒマワリになると花びらは一四四枚だ。花びらの数がフィボナッチ数でない花もあるが、そちらのほうが少数派である。しかも、この少数派の花びらの数を調べてみるとフィボナッチ数の二倍になっているか（たいていは品種改良で花びらの数を二倍にしたため）、1、3、4、7、11、18、29……という似たような数列のなかの数字になっているかのどちらかだ。この数列も最初のふたつが違っているだけで、フィボナッチ数列と同じ規則でなりたっているのがわかるだろう。もしもフィボナッチ数より花びらが一枚少ない花を見つけたら、一枚散ったせいだと考えて間違いない。

種子のらせん状の配置にもフィボナッチ数はしばしば現れる。そのいい例が松かさ（松ぼっくり）である。松かさのうろこは、向きの異なる二種類のらせんを組みあわせた形に並んでいて、そのどちらのらせんも本数がフィボナッチ数だ。たとえばドイットウヒの松かさは、一方向にらせんが五本、別の方向に三本。カラマツは八本と五本。ヒマワリの頭部の種子の並び方ではこのらせんのパターンが見事なまでに規則的である。小さいヒマワリの場合は一方向にらせんが三四本、別の方向に五五本。大きいヒマワリでは五五本と八九本、あるいは八九本と一四四本の場合もある。

深宇宙

パターンの謎は地球に留まらない。現代科学が誕生したのは天界にもパターンがあることに人々が気づいたからである。人間は数学の切り口から自然を解きあかそうとしてきたが、その試みが初めてさかんになったのは私たちが宇宙を理解しはじめたときだった。古代の人々は、夜空に光が散っているのを見てあれは何だろうと考え、それを説明するために宇宙論を編みだした。古代バビロニアでは、天空は海に浮かんだ硬い丸天井だと見なされていた。太陽はほかの神々とともにこの丸天井よりも上に住み、一日一回戸口を抜けて人間の前に姿を現すのである。古代エジプトでは天空を平らな天井ととらえ、星々はそこから吊りさげられた明かりだとした。位置の動かない星は糸で吊るされ、「さまよえる星」――つまり惑星――は神々の手で運ばれているのだと。今の目からはこうした説明は奇妙に映る。だが、どの説明も動きのパターンを理解しようと努めた結果だ。それはたしかに実在するきわめて重要なものだったのである。

土星の環（右）は、１枚の平たい円盤でできているのではない。環と環のあいだに隙間のあいた非常に繊細な構造をもつ。数少ない例外を除いて、環は円対称である。したがって、隙間の幅も１周のあいだずっと変わらない。重力はあらゆる方向に等しく作用するので、環を構成する氷や岩石がリング状に並ぶこととなった。私たちの太陽系に円に近い形がたくさん見つかるのも（左）、同じような理由による。

惑星の運動よりわかりやすいパターンもある。地球は（少しつぶれた）球形だ。太陽系の天体もその多くは球形である。太陽もしかり、月もしかり、火星もしかり。ほかの惑星も同じだ。最大級の小惑星——セレス、パラス、ベスタ、ジュノー——もやはり球である。一方、比較的小さい小惑星はどちらかというと巨大なジャガイモに近い。カスタリアなどはイヌの骨のような形である。土星をとりまく岩石と氷はまた別の種類の数学的な形をしている。環だ。初めのうち土星の環は、ボルトの下に挟むワッシャーのように、一枚の平たい円盤の中央に穴があいた形だと思われていた。その後、この円盤に隙間があいていることがわかる。隙間の形もリング状だ。惑星探査機ボイジャーが土星に接近して環の写真を地球に送ってきたとき、それがじつは何本もの細い環でできているのが明らかになる。その構造は複雑すぎて言葉ではとてもいい尽くせない。昔懐しいレコード盤の溝に似ているが、その溝がはるかに密に詰まっている。なかにはよじれた環や途切れている環、さらには円形でない環もあるものの、全体で見れば圧倒的に丸い。環をもつ惑星は土星だけではなく、木星、天王星、海王星にも環がある。ただし土星の環に比べるとはるかに不明瞭で、環を形づくる物質の量もずいぶん少ない。完全な環ではなく途切れたものもかなり見られる。

太陽のエネルギー源は核反応であり、その規模の大きさは水素爆弾がほんの子供に思えるほどだ。ある種の恒星では、一定時間内に送りだされる光の量が変動し、周期的に明るくなったり暗くなったりをくり返すことが多い。私たちの太陽にそういう変動は見られないが、かといって一定不変でもない。太陽は別の種類の変動を示す。振動するのだ。これを星震といい、星震が起きると太陽はベルのように「鳴る」。地震が起きたときの地球の反応と同じである。太陽の振動をとらえるには非常に高感度の装置が必要だ。実際に振動を測定してみると幾何学的なパターンが読みとれる。また、太陽には黒点という巨大な磁気の渦が点在していて、その数は一一年周期で増減をくり返す。ケプラーはそれより複雑な宇宙のパターンを発見し、「さまよえる星」にまつわる古くからの謎を解いた。それに先立つ一六世紀、デンマークの天文学者ティコ・ブラーエは、長年にわたり惑星の運動を正確に観察して詳しく記録していた。ケプラーはその遺産を受けつぐ。だが、パターン探しの達人として、数字の膨大な羅列だけでは飽きたらなかった。まだ誰も気づいていない規則性を暴きたかったのである。彼は惑星の動きに確かな二通りのパターンがあることをブラーエのデータから見出し、それを一六〇九年の著書『新天文学』のなかで説明した。第一のパターンは、惑星が楕円形の軌道上を動いていて、太陽の位置は楕円の中心ではなく焦点のひとつであること。第二のパターンは、太陽と惑星を結ぶ線が単位時間内に描く面積が一定であることだ。一六一九年には、『世界の調和』という著書のなかで三つめの発見を発表する。惑星の公転周期（一個の惑星が軌道を一周するのに要する時間）の二乗は太陽からの平均距離の三乗に比例するという法則だ。「動かない星々」を背景にして惑星がどうさまよっているかは、かつては単なる天の気まぐれだと思われていた。ところが、そこに隠れたパターンがあったとわかる。以来、私たちは天空のパターンを次々に見つけてきた。時間にかかわるものもあれば、空間にかかわるものもある。なかでも最大の驚きは宇宙に巨大ならせんがあったことだろう。それを私たちは銀河と呼ぶ。銀河にはらせん以外の形もあるものの、いちばん多いのは中心から二本の腕が伸びたらせん状の渦構造だ。渦巻銀河は風車《かざぐるま》のようにゆっくり回転していて、何千億個もの星で構成されている。銀河についてはすべてが解明されたわけではない。銀河どころか、望遠鏡で見えるものの多くを私たちは理解していないのだ。それも驚くにはあたらない。人間は無知から逃れられない生き物なのだから。科学の勝利などとうたってみても、それはまだ絶対的な知識にはなっていない。私たちは自然界や宇宙について日々少しずつ理解を深めているだけだ。

3章　パターンとは何か

ケプラーは大量の無意味なデータから惑星運動に関する三つの法則（前章参照）を引きだし、適切にまとめあげた。やがてこの三法則はアイザック・ニュートンを劇的な洞察へと導く。あらゆる物体にあてはまるたった一個の法則——万有引力の法則である。宇宙の二天体間に働く重力は、それが宇宙のどの場所にあってもひとつの数学的規則に従う。ケプラーの法則も論理のうえではこの規則をいい表したのと変わらない。しかもその規則は単純だ。物体間の距離が二倍になればそこに働く重力は四分の一になり、距離が三倍になれば重力は九分の一になる。それからもうひとつ。質量が二倍になれば重力も二倍になり、質量が三倍になれば重力も三倍になる。

万有引力の法則をはじめとするいくつかの大発見を受け、一八世紀の学者たちは自分たちの宇宙が時計仕掛けで動いていると確信するに至った。ひとたび宇宙が動きだしたら寿命が尽きるまで、一定不変の数学的規則にいやおうなく従うのだと。こうした思想は決定論と呼ばれる。決定論では、原則としてあらゆる事象が前もって決定されていると考える。もっとも現実問題として、どういう結果があらかじめ決められているかを私たちが知ることはできない。

天上には規則性が見られる。ところが、地上の人間の暮らしに同じ規則正しさが働いているようには思えない(隠れているにせよそうでないにせよ)。人間がかかわる物事は規則的なパターンに従うことがめったにないのだ。人は好き勝手にふるまい、予期できない結果をひき起こす。なにしろ私たちが「法律」と呼ぶものは、人間の行動を規則正しくすることをおもな目的としているくらいだ。私たちは法則のない世界に生きているかのように行動し、法律という規則を自らに課すことで規則性をつくりだしている。これはニュートン学説とは正反対の状況である。

では、宇宙にひそむ数学の法則を見つけたというのは私たちの思いすごしにすぎないのだろうか。あるいは、本当は物事の根底に規則正しさがひそんでいるのに、人間の世界にある特別な何かがそれを壊したり隠したりしてしまうのだろうか。自然界はすべてが数学の規則に基づいているのか。それとも私たちは、人間の数学とたまたま似ている部分のみを選んで、本当は典型例でも何でもないのに根本原理と決めつけているだけなのだろうか。

さらにいえば、宇宙に関する私たちの知識はすべて五感を通じてもたらされる。脳は目から信号を受けとると、それを処理して「トラだ!」「ハチだ!」という解釈に変え、

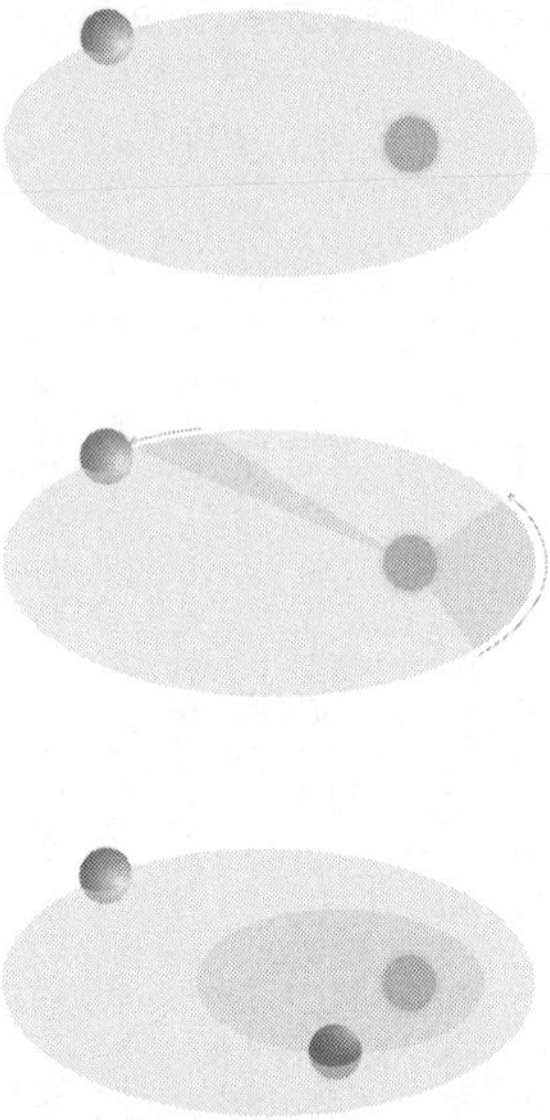

惑星の運動に関するケプラーの法則。第1法則（上）「惑星は、太陽をひとつの焦点とする楕円軌道上を動く」（1609年『新天文学』より）。第2法則（中）「太陽と惑星とを結ぶ線分が単位時間に描く面積は一定である」（1609年『新天文学』より）。第3法則（下）「惑星の公転周期の2乗は、太陽からの平均距離の3乗に比例する」（1619年『世界の調和』より）。

回避のための適切な行動を促す。そういう意味では私たちの五感はパターンを見出すために進化したといってもいい。人間の感覚はパターン探しがじつにうまいので、何もないところにもパターンを見つけだす。物理的には何の関連もない星々の配置に大熊や白鳥を見るのがいい例だろう。もしかしたら、自然界の根底に数学の法則があるというのは人間の想像の産物かもしれない。

この最後の文章には一理あると思う。だが、全面的に正しいとはいえない。私たちが自然界にどんな数学的構造を見出すかは、人間自身の特異性や制約によるところが大きいと私は思っている。恒星の表面で暮らし、知性を備え、体がプラズマの渦でできたエイリアンであれば、数や三角形といった概念をたぶんもたないだろう。そのかわり、流体の流れについては人間よりはるかに高度な考えをもっているはずだ。発達しすぎたサルの脳には単純な筋書きが理解しやすいかもしれないが、それがすべてとは考えにくい。

それでも、科学が描く筋書きはよくできた筋書きである。そのサルが空気より重い機械を組みたてて、海や森の向こうに飛ばす程度なら十分な筋書きだ。発達しすぎたサルを月に着陸させたり、サル自身の遺伝子の指示書を解読したりする分にはそれで事足りるのである。

現実が人間の想像の産物である可能性は、私たちの精神が現実の産物であるという事実の前には色あせるように思う。精神とは脳内の複数のプロセスが相互作用して生じるひとつのシステムだ。そのプロセスを実行するのはごく普通の物質であり、ほかの普通の物質と同じ法則に従う。プロセスの土台となる法則が、プロセスそのものよりはるかに単純でも少しもおかしくはない。精神の複雑さは相互作用が複雑に組みあわされて生まれるものだ。だから、まわりの宇宙には正真正銘のパターンが存在すると思う。そのパターンに進化が反応した結果として人間が数学を好むようになったのではないか。宇宙が数学と何の関連ももたないのであれば、そこで数学者が仕事をしているわけがない。

秩序と無秩序

二〇世紀後半に科学が発達すると、「パターン」というのがあまり明快な概念ではないことがわかってきた。新しい手法が次々に開発され、それまでは気づかなかった構造を引きだせるようになるにつれて、この概念もたえず変化している。たとえば、コンピュータ処理を用いて不鮮明な画像の画質を高める場合には数学的なパターンが用いられ

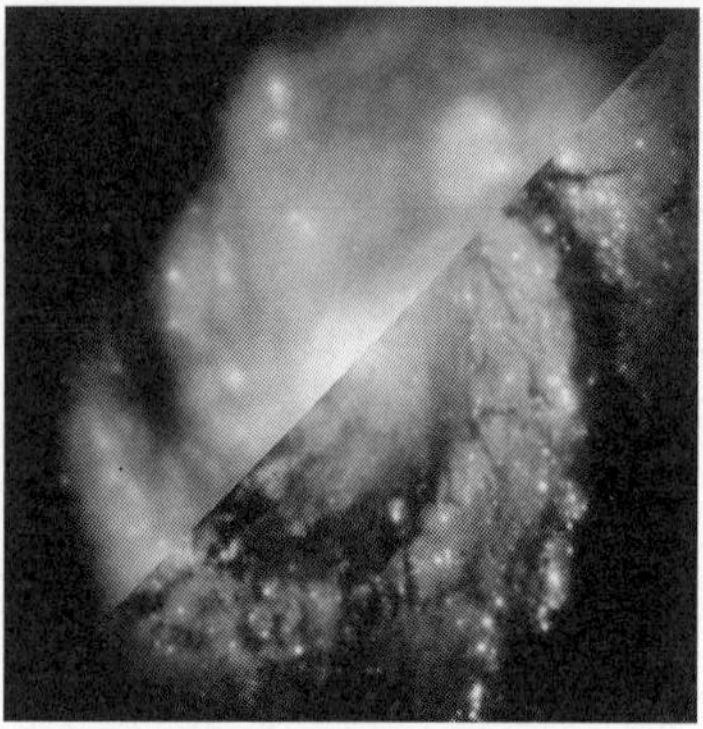

ときに宇宙は単純明快なパターンを示し、それを私たちは秩序と呼ぶ。かと思えば、すべてが不規則で支離滅裂に見える場合もあって、それを私たちは無秩序と呼ぶ。だが、秩序にしろ無秩序にしろ、人間の勝手な分け方にすぎない。自分たちの見方や精神の特徴と結びつけて、世界を切りわけただけだ。自然の生みだすものがきれいな渦巻銀河であれ、いびつな銀河であれ、そこに働く法則は同じである。置かれた状況が違っただけだ。

る。だが、人間の肉眼ではそのパターンを見つけだすことができない。できないからこそ画像が不鮮明に見えるわけだ。だからといって「パターン」という概念に意味がなくなったわけではない。ただ、自然界のパターン・カタログのなかで人間が利用できるページがしだいに増えているのは事実である。見るための新しい方法を覚えさえすればいいのだ。

パターンと似た言葉に「秩序」があり、その反対語に「無秩序」がある。さほど遠からぬ昔には、どちらの言葉も意味が明白なので正確な定義など不要と見なされていた。秩序と無秩序が違うことなど、昼と夜が違うくらいにわかりきったことだと。「無秩序」とは「でたらめ」のことであり、「でたらめ」とはパターンがないことである。だから無秩序なデータからパターンを引きだそうとするのは無駄だと考えられていた。今の私たちは知っている。無秩序の夜と、秩序の真昼の中間には、薄明かりの照らす広大なトワイライトゾーンがほぼ手つかずのまま広がっていることを。規則正しいパターンと、でたらめな寄せあつめのあいだには、秩序と無秩序をあわせもつふるまいが存在する。そしてそのふるまいは、秩序と無秩序の度合いに応じてじつにさまざまな種類に分かれる。

これは画期的な見方だ。だが、どれくらい画期的かを実感するにはもっと単純でわかりやすいパターンからとりかかったほうがいいだろう。そこからトワイライトゾーンへの入口が開けるはずだ。

私たちに認識できる最も単純なパターンは数のパターンである。古代ギリシアのピタゴラス学派は宇宙が数によって動いていると考えた。1、2、3、4、5といった整数である。彼らはひとつひとつの数字に神秘的な特性を与えた。たとえば、2は男性、3は女性、その合計である5は結婚を表す。ピタゴラス学派は自分たちの哲学の正しさを裏づけるために、非合理的な神秘主義や数秘術をたくさんもちこんだ。その一方で自然界を鋭く観察してもいる。音楽の和音に数のパターンを見出したのも彼らだ。彼らはほかにも重要なパターンを見つけている。数自体の構造にだ。

幾何学的に並んだ物体を数えるときには、とりわけ単純で見事なパターンが現れる。次の図のように1、4、9、16、25といった平方数を用いると、その名のとおり平方形（つまり正方形）に並んだ物体を数えることができる。

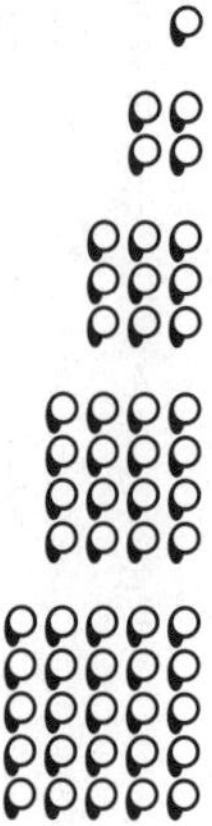

1、3、6、10、15、21といった三角数も、三角形に並んだ物体を数えることができる。ビリヤードで的球《まとだま》をセットするときの形だ。

ピタゴラス学派の代表的な発見のひとつは、隣りあった三角数を足すと平方数が得られるというものだ。たとえば、1＋3＝4、3＋6＝9、6＋10＝16、10＋15＝25である。なぜそうなるかは図形を使うとうまく説明できる。対角線に沿って正方形をふたつに分けると次のようになるからだ。

数学における「証明」の概念に初めて一歩近づいたのもピタゴラス学派である。算数と幾何学につながりがあることにも彼らは気づいていた。それぞれの分野が用いる材料は大きく違って見えるにもかかわらず、である。この種の「パターン」に私の大好きなものがある。ほとんど偶然の一致といいたくなるのだが（ただし数のどんな特性にも本当の偶然はありえない）、丸い砲弾をピラミッド形に積みあげてみるとそのパターンは現れる。いちばん上の層には砲弾が一個、二層めには四個という具合に、各層の正方形に含まれる砲弾を数えて順番に足していくと、その数字は一個、五個、一四個、三〇個……と増えていく。二四層めで砲弾の合計数は四九〇〇個に達するが、四九〇〇は平方数だ。なんなら四九〇〇個を70×70の正方形に並べ替えることもできる。じつは、砲弾の合計数が平方数になるのは（一層めを除けば）二四層めだけだ。この事実はかなり昔から知られていたが、証明されたのは一九三〇年代に入ってからである。このパターンがとりたてて重要だとは思わない。でも、おもしろいではないか。

対称性

ここまで私は自然界のパターンがいかに多様かを示してきた。次はそれらの共通点を探す番だ。これまで私たちが見てきたパターンはすべて一本の金色の糸で貫かれている。パターンに関する現在の数学において最も重要な要素——対称性だ。

日常会話ではこの対称《シンメトリー》という言葉はかなりいい加減に使われていて、単に美しく均整のとれた状態を指すことが多い。しかし、数学では厳密な意味で用いられている。数学でいう対称とは、何らかの方法で形を変換——鏡映、回転、平行移動、拡大、縮小——しても、もとの形とまったく同じに見える性質を指す。また、このような変換を対称変換と呼ぶ。

いちばんわかりやすいのは左右対称だ。物体の左側と右側がまったく同じで、ただ片側が他方の鏡像になっているところだけが違う。人間の外形はほぼ左右対称だが、私たちが思っているほど正確に対称なわけではない。顔がいい例である。何気なく見ている分には左右対称に思えるものの、よくよく眺めてみればたいていどこかが左右で異なっている。右と左で眉の形が違うとか、片方の口の端が少し下がっているとか、鼻がどちらかに曲がっているとか、そういうことがあるものだ。誰かの顔の片側だけを取りだしてからその鏡像をつくってつなげてみると、本物の顔との違いは一目瞭然である。しかも右側と左側のどちらをもとにして合成するかで、できあがる顔は変わってくる。

左右対称（くり返しになるが外見上の対称であって中身についてではない）は動物界の標準的な様式だ。チョウは左右対称で、羽の模様は一方が片方の鏡像になっている。イヌ、ネコ、ウシ、ヤギ、ヒツジ、ウマ、ゾウ、ラクダ、ハリネズミ、ハト、ハクチョウ、ツバメ、トカゲ、カエル、カブトムシ、ガ、クモ、ロブスター、シーラカンス、マンタ、サメ——いずれも程度の差はあれ左右対称といっていい。化石の記録を調べてみれば、左右対称が大昔から存在していたことがわかる。少なくとも、およそ五億六〇〇

ヒトデは５方向に左右対称を示すが、アルバート・アインシュタインは１方向のみである。ただし、完全な左右対称ではないので、顔の左側と右側を取りだしてそれぞれの鏡像とつなげてみると、できあがった顔は非常に違ったものになる。

〇万〜五億八〇〇〇万年前に生息したエディアカラ紀のスプリッギナ（平たいミミズのような形の生物）にはたしかに左右対称が見てとれる。

とはいえ左右対称だけが対称ではない。よく見る普通のヒトデはほぼ同じ形の五本の腕をもっていて、それらが均等に配置されて星形をつくっている。ヒトデでいちばん目立つ対称性は回転対称だ。同じヒトデを回転させて五通りの位置をとらせると、どれも最初の位置のときとまったく同じに見える。花も回転対称を示すものが多い。もちろん雪の結晶もそうだ。

ヒトデは左右対称でもある。一本の腕の中央を通るように線を引いて、残りの腕を左右二本ずつのペアに分けたとすると、線の右側と左側では形が同じだ。しかもそういう線を各腕について一本ずつ、合計五本引ける。雪の結晶や花についてもおおむね同じことがいえる。

これほど多くの生物で対称性――とくに左右対称性――が目立つのはどうしてだろう。成長のしかたに原因があるのだろうか。たとえば、カエルやイモリやヒトの胚が成長していくとき、何度か対称性を変化させるのがわかっている。それでも左右対称はごく早い段階から際立っている。左右対称は以後の段階でも保たれ、内臓の配置のような細かい部分に例外を残すのみとなる。おそらく、左右対称になるのは成長プロセスに原因があるのだろう。結局のところ、動物の左半分が何らかの規則に従って成長し、右半分も同じ規則に従うとしたら、結果的に左右の外見が似るのが道理というものだ。逆の見方をすれば、生物は成長しながら必死で自分を対称にしているのかもしれない。左右対称から少しでも外れたら、体が大きくなるにつれてそのずれもますます大きくなりかねないからだ（現実にそういうケースはある）。ヒトデも成長の過程で対称性を変える。初めのうちは左右対称で、最終的に五回対称になる部分は体の片側にしか現れない。その後、残りの部分は消化吸収されるか捨てられるかして、五回対称になる部分だけが成長を続ける。生物の対称性にはまだまだ多くの謎が残されているのだ。

自己相似性

人間は自然界のパターンから普遍的な概念を引きだしてきた。そのなかで重要なのは対称性ばかりではない。対称性ほど目立たないものの、別の種類の規則性も見られる。

私の友人には自慢の写真がある。ノルウェーのフィヨルドで休暇を楽しんだときのものだ。友人は小船のなかに立っていて、岩の上に無造作に片肘をついている。船は波打ち際に舫《もや》ってあるようにしか見えない。ところが、実際のその岩は五〇〇メートルもの高さがあり、フィヨルドの岩壁を形づくる断崖絶壁のひとつだった。友人が手前にいるのに対し、その断崖は一キロ以上の後方にある。肘をついているように見えるのは錯覚にすぎない。それでもじつに説得力がある。この錯覚にまんまとだまされるのは、岩にひとつのパターンがひそんでいるからだ。そのパターンは数学者によってつい最近になって発見され、分析されたばかりのものである。

表面的には単純なパターンである。小さい岩を間近で見ると、大きな岩を遠くから見たときと同じように見えるというものだ。岩を一個見ただけではこの種のパターンには気づかない。いくつもの岩をいろいろな倍率で拡大して眺めてみて、初めてほとんどの岩に共通するパターンが浮かびあがる。この性質を自己相似性という。岩の場合、人間の目で確認できるのは厳密な自己相似ではなく、統計的な自己相似性といえる。小さな岩のかけらが大きな岩のかけらと同じように不規則な外観をもっている。雲や山、海岸

1枚のシダの葉は、シダ全体の形を縮小したように見える（右）。それぞれの葉には、さらに小さな葉が並んでいる。実際のシダの場合、ある程度まで小さくなるとこの「自己相似性」は現れなくなる。一方、数学的な理想モデルでは、自己相似性がどこまでもくり返される。同じように数学者は、月の形も理想モデルに置きかえて考える。実際の月にはクレーターのような凹凸があるが、理想モデルでは球形になる（左）。

線、月のクレーターにも統計的な自己相似性がある。自己相似性が重要なのは、これらの形がつくられるときのプロセスがうかがい知れるからだ。それぞれの例は規模の大きさこそ違え、プロセスの進み方が同じにちがいない。

岩よりも厳密な自己相似性をもつ物体もある。一部が全体を縮小した形をしている場合だ。自然界に完璧な自己相似形はありえない。一部分が全体によく似ているケースはあっても、細かい点では異なっている。いちばんわかりやすい例はたぶんシダだろう。シダの茎の両脇には、細かく分かれた葉が何枚も並んでいる。葉は茎の根元に近いほど大きく、先端に近づくほど小さくなって、全体としてシダならではの柔らかな三角をつくっている。さて、この説明は個々の葉についてもあてはまる。個々の葉もやはり、茎の両脇に小さな葉が並んだ構造になっている。しかも、この小さな葉は茎の根元に近いほど大きく、先端に近づくほど小さいのだ。たいていのシダは、この小さな葉がさらに小さい葉によって同じように構成されている。といっても、細かい部分がかなり粗くなっているのを見ると自然もだいぶ面倒くさくなって、込みいった構造をもう一度つくる気にはなれなかったのかもしれない。それでも、シダの種類によってはこの構造が四度くり返されているものもある。

数学者は理想の形を組みたてることによって自然界のパターンを理解しようとする。たとえありのままの構造に不規則な点があっても、それを欠点のない規則的な形に置きかえるのだ。たとえば数理天文学では月を完全な球体と見なす。もちろん、本物の月にはクレーターもあれば山もあり、南北方向につぶれてもいる。だが、完全な球の月にはまったく凹凸《おうとつ》がない。月の表面は無傷で、しかも表面上のすべての点が球の中心から等距離にある。中心までの距離を小数点一兆桁まで測定できるとしたら、どの場所から測ってもすべての桁の数字が完全に一致する。そこまで正確なものは自然界には存在しない。だが、すべての距離が等しいふりをすることで数学者の暮らしははるかに楽になる。

数学ではこうした狙いから、自然界のおおよその自己相似性を厳密な自己相似をもつ理想モデルに置きかえて考える。数学的に完璧な図形を縮小コピーすれば、細部まで完全に一致した自己相似形をつくることができる。だから数学者のシダはどこまでも枝分かれを続けるし、葉のなかの葉のなかの葉のなかの葉はどれもおおもとのシダと形がまったく同じだ。ただ、はるかに小さいだけである。同じトリックを使えば、統計的な自己相似性しかもたない物体についても理想モデルをつくれる。この場合はもとの形と完璧に同じにするのではなく、小さい部分に見られる特徴の統計的な分布が、全体の統計的分布とまったく同じになるようにすればいい。

数学者のシダはとりわけ細かい構造をもっていて、それが原子より小さいスケールまで続いている。いや、物理的な宇宙において意味のある最小距離——いわゆるプランク長（約一〇のマイナス三五乗メートル）——になるまでくり返される。なに、心配はいらない。理想モデルは自然界のおおよその規則性を正確な規則性に整えているだけであり、その作業を極端におし進めているにすぎない。だが、それは意味のある極端、役に立つ極端だ。理想モデルに置きかえることで現実の重要な特徴がつかまえられる。不完全な現実よりも完璧な事例を考えるほうが格段に手がかからない。

動きや変化のパターン

ここまでは、固定されて動かないパターンがほとんどだった。少なくともほんの数分眺めているくらいでは動かないように見える。だが、もっと長い時間がたてば変化しないともかぎらない。植物や動物は成長する。砂丘は砂漠を移動していく。アメリカ・ニューメキシコ州のホワイトサンズにはまっ白な石膏砂の砂漠が広がっていて、砂漠の境界線は毎年数メートルずつ広がっている。風の強い日には砂の動きが見えるはずだ。砂塵が風で飛ばされ、雲となって渦を巻く。砂丘の風下側ではときおり小さななだれが起きて、砂が急斜面をすべり落ちる。

変化がもっと激しい場合は、長い時間をかけて観察しつづけないとパターンが見えてこない。地球の人口、地球温暖化に伴う気候変動、池の魚が尾で跳ねあげた泥の動きなどがそのいい例だ。時間とともに変化する系はすべて「力学系」と呼ばれる。どういう変化が起きるかをその系の力学と呼ぶ。

古代の人々は動くパターンを夜空に見つけた。北半球の星々は毎夜、北極星のまわりを一時間に一五度の割合で回転しているように見える（南半球でも星々は回転するが、回転の中心軸近くに明るい星がない）。月は新月から満月へとふくらんだあと、しだいにしぼんで再び細い三日月形となり、この同じ変化を毎月くり返す。もちろん月自体の形が変わるわけではなく、太陽光の当たる面が見かけの形を変えているにすぎない。古代バビロニアと古代ギリシアでは月相の観察を通して、この地球の妹星が球体であること、また太陽光を反射して輝いていることをつきとめた。

古代人にはあまり意識されることがなかったが、地上にも動くパターンはある。ひとつは動物が移動するときのパターンである。ラクダが歩く、ウマが駆ける、ゾウがゆっくり進む、サイが突進するなどだ。気象のパターンもある。たとえば、高気圧は空気と雲が巨大な渦を巻いたものだ。熱帯地方では、大気の渦巻きが熱と水蒸気を吸いあつめると熱帯低気圧となってうなりをあげ、風速五〇メートル以上の猛烈な風で行く手にあ

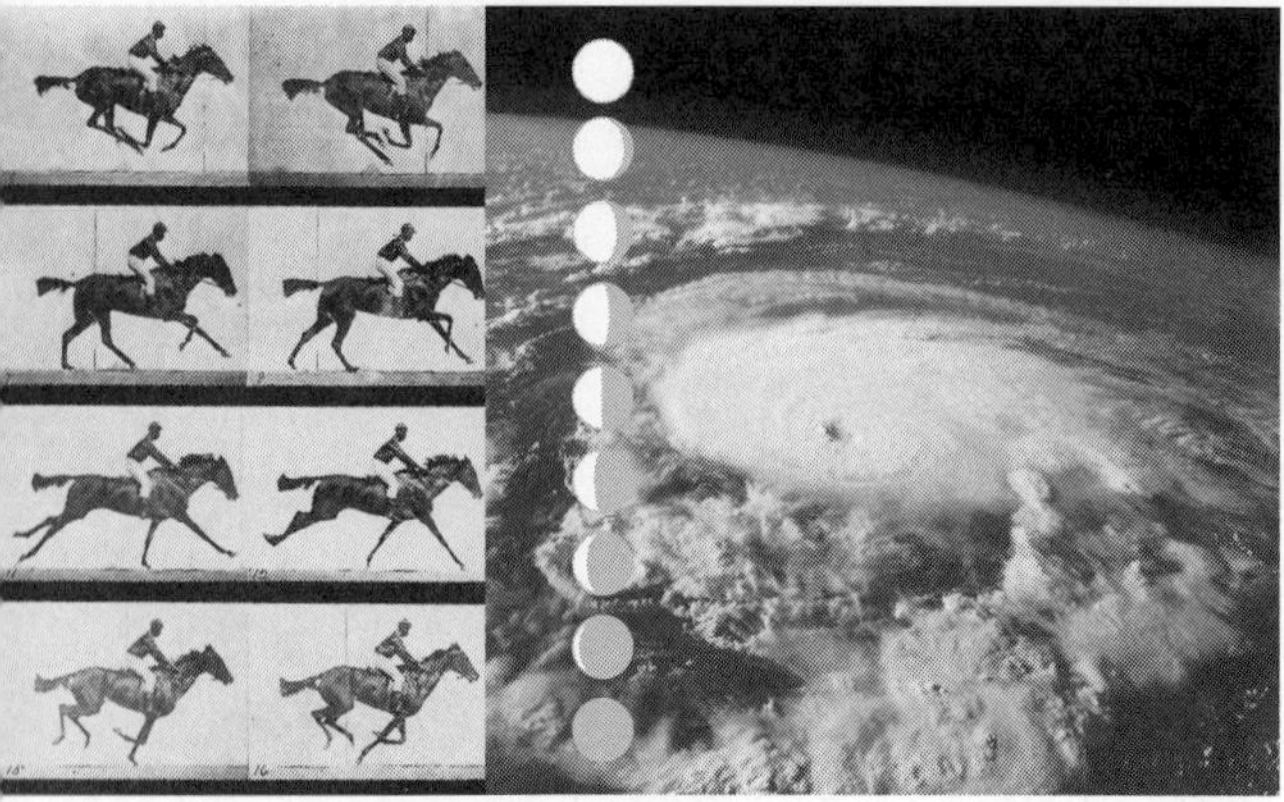

自然界のパターンのなかでもとりわけ興味深いのが動きや変化のパターンである。間近で見る熱帯低気圧は荒々しくて気まぐれだ。だが、はるかな高みから眺めてみれば、空気と水蒸気の優美ならせんが海の上で威風堂々と渦巻いている。月相やウマの駆け足は、同じ変化を周期的に何度もくり返す。こちらのパターンは空間ではなく時間のなかに現れる。

るすべてをなぎ倒す。嵐は意地悪心を起こした神々の気まぐれだと古代の人々は見なしていた。今では、気象をつかさどる神々も数学の規則に縛られていることがわかっている。もっとも、人間に予測できるのはその規則がもたらす結果の一部だけ。高性能のコンピュータをもってしてもその程度だ。だからいまだに数日先までの天気しか予測できない。

　こうした事例からわかるように、力学系がもつ本当のパターンは規則にある。規則によって何らかの結果が生じ、結果のなかから私たちはパターンを見出す。では、結果に現れたパターンを観察すれば、規則自体についてもおぼろげな手がかりがつかめるはずだ。日光、雲、雨、雹《ひょう》、雪——どれももとをたどれば同じ少数の規則に行きつき、それを私たちは数学の方程式で表す。自然の規則は繊細で美しく、そこから生まれる現象も往々にして繊細で美しい。水溜りに落ちる雨粒。にわかの風に身震いするポプラ。夕陽を浴びて淡い朱色に染まる霧雲。積もった雪のとんがり帽子。もちろん雪の結晶もだ。

なかには一見何のパターンも秩序もないように思える現象もある。豪雨、風でなぎ倒された小麦畑、荒れくるう猛吹雪、しけの海などがそうだ。だが、その根本にある規則は雪や雨粒の場合と同じように美しい。おおもとの規則が同じだからである。

自然の営みはさまざまなレベルに現れる。ひとつのレベルでは理解不能に思えるものでも、別のレベルでは当然の真実に――少なくとも理解できるように――なるかもしれない。パターンも同じだ。何かのパターンを見たときに、表面的なレベルだけでも立派に説明できるとしても、規則の観点から説明するほうがはるかに本質をつけるかもしれない。もっと深いレベル、つまりプロセスのレベルに作用する規則である。科学はそうやって発達してきた。人間の五感で世界をとらえるところから出発しながらも、「自然の法則」を通してもっと深い説明をしようと試みる。宇宙の規則性を数学のルールで表現するのだ。

雪の結晶の形を理解したいなら、まずは結晶ができるプロセスを理解しなければならない。さらにはそのプロセスを形づくる法則についても。

第2部

数学でできた世界

4章　一次元

確かな根拠を足がかりにして理解を深めていくために、これからパターンのカタログをつくってみたい。役に立つカタログにするには、パターンの並べ方に何らかの規則があったほうがいい。通信販売のカタログであれば商品を大まかなカテゴリーに分類する。アクセサリー、キッチン用品、CD、おもちゃ、などだ。私たちのカタログも同じようにしよう。ただしカテゴリーは違う。対称性、連続性、次元性だ。

おおまかにいって数学的空間の次元とは、自分の位置を特定するのに数字がいくつ必要かを指す。地球の表面は二次元だ。緯度と経度という二個の数字がわかれば自分の位置を知ることができる。地表を離れたらもうひとつ数字を使って自分のいる高さを示さなくてはならない。だから空間は三次元である。ユークリッド幾何学で扱うのはほとんどが平面図形だ。平面は二次元なので、平面上の一点の位置は二個の数字で表すことができる。横軸方向にどの位置にいるかと、縦軸方向にどの位置にいるかだ。直線は横軸しか必要としないので一次元である。さらに単純なのが一個の点で、これ自体はゼロ次元である。どう転んでもその一ヵ所にしかいられないので、自分の位置をいうのに数字をもち出す必要がないのだ。ゼロ次元の点は単純すぎて興味をそそられない。しかし、一次元の空間は思いのほかおもしろいのである。

たとえば、雪の上に一組の足あとが残っているとしよう。足あとをつけた人が規則的なリズムで歩いていたとすれば（雪だまりではなく平らな地面を歩いているとし、何かほかのことに気をとられて足がひとりでに動いているような状態を想定する）、足あとは規則正しいパターンを示す。つまり二本の平行線ができて、それぞれの線には足あとが等間隔に配置されている。片方の線には左足の足あとのみ、もう一方の線には右足の

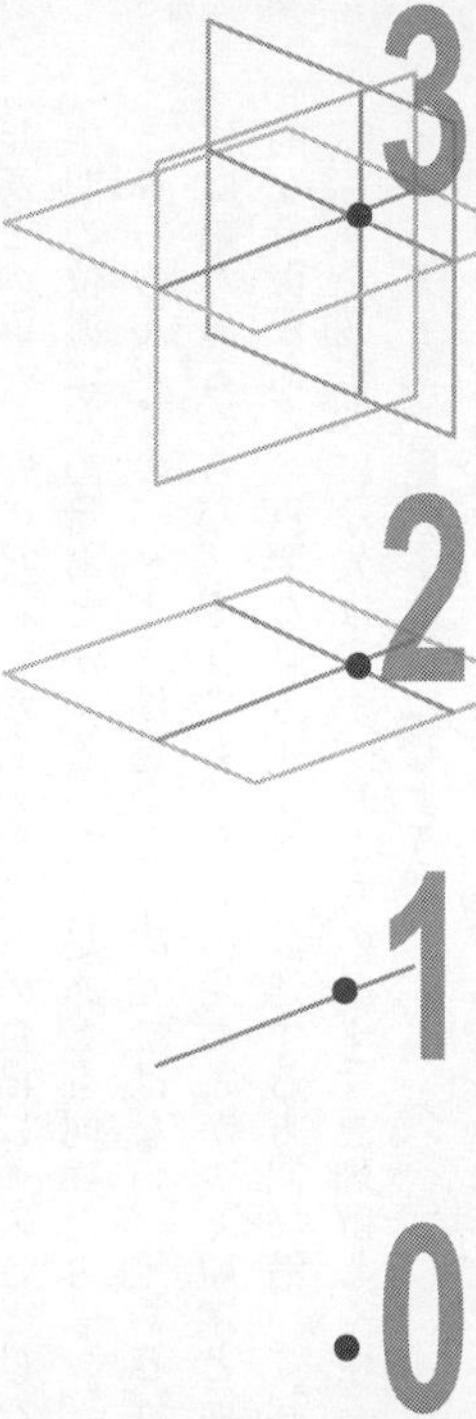

空間の次元は空間内に存在する独立した方向の数で決まる。人間が暮らす空間には３つの次元がある。直角に交わる３本の線で位置が表せるからだ。平面にはふたつの次元しかなく、直線にはひとつしかない。空間が１個の点だけでなりたっている場合は、方向が存在しないのでゼロ次元となる。通常の物理的空間では３次元が限度だが、数学的な空間では、４次元以上を定義して考えるのも簡単にできる。

足あとのみだ。左の足あとが右の足あとの真横に並ぶことはない。右の二個の足あとの中間の位置に左の足あとがくる。右の足あとも同様だ。

もちろん、このパターンは完全な一次元ではない。足あとは二列あるし、どのみち足には幅もあるからだ。それでも、左右の足あとがつく順序という最も重要な特徴には線的な特徴がある。重要な動きがすべて前進する方向に沿って起きているためだ。そこで、いささか厳密さには欠けるが、私たちのテーマを理解しやすくするために足あとを一次元のパターンと見なすことにしよう。

けっして無茶なやり方ではない。じつは足あとは「フリーズ模様」と呼ばれるカテゴリーに分類される［フリーズとは壁などに見られる帯状の装飾のこと］。フリーズ模様をつくるには、一個（ないし複数）の形を等間隔をあけて一直線に並べればいい。その形は二次元でもかまわないが、話をおもしろくするためにかならず一直線上から外れないように（少なくとも線の近くに留めるように）しよう。この条件で考えると、足あとのパターンは左のフリーズ模様としてモデル化できる。

⌜⌝⌜⌝⌜⌝⌜⌝

⌜は「左足」を、⌝は「右足」を表す。足を一直線上に置くようにして歩けばちょうどこのとおりに見えるはずだ。だが、そんな歩き方をしなくても、このモデルは足あとの列がもつ対称性を的確にとらえている。対称とはパターンをくり返すための方法であり、ここでは二種類の対称性が認められる。ひとつは「並進対称性」だ。「」「という パターンを二歩分前に平行移動（並進）させれば、同じフリーズ模様をくり返すことができる。もうひとつは「映進」と呼ばれるもので、一個の足あとを一歩前に平行移動させてから左右を入れかえる（それぞれの鏡像をつくる）。平行移動させずに鏡像をつくっただけでは同じパターンには見えない。

一般に、フリーズ模様はいくつかの対称性が組みあわさってできている。並進、映進、通常の鏡映（並進させない）、回転（パターン全体を平面上で一八〇度回転させる）などだ。鏡映に関しては、左右と前後の二種類が考えられる。複数のフリーズ模様を区別する最も重要な特徴はそれぞれにどのような対称性が含まれているかだ。ほかの特徴、たとえば具体的にどういうデザインが使われているかなどは、芸術的な意味はあっても基本パターンには影響しない。

動くフリーズ模様

自然はフリーズ模様を大いに活用している。しかも思いもよらぬ場所で。ムカデは動くフリーズ模様だ。自然界には二八〇〇種類のムカデがいる。ムカデには一四～一七七個の体節があって、個々の体節から脚が二本ずつ生えている。数学者がモデル化するムカデは無限に長く、頭もなければ尾もない。大きさも形もまったく同じ体節が二本ずつ脚を生やしてどこまでもつながっている。もちろん、そんなシュールな生き物を数学者が本気で信じているわけではない。ただ、問題を理想的なモデルに置きかえれば、パターンを取りだすのに都合がいいからだ。ムカデが前進するときには脚が「動くフリーズ模様」をつくる。力学と対称性が組みあわさるので、動きのパターンを考えるうえで絶好のひな形となる。

本物のムカデが前進するときには体を少し左右にくねらせる。前進のスピードが速ければ、くねる動きもそれだけ大きくなる。ここでは理想化して考えるという精神に基づき、くねりをフリーズ模様の「装飾」と見なすことにしよう。本物のムカデが動く仕組みを考えるのであればくねる動きは大事な要素だが、基本パターンをつきとめるうえでは些細な問題でしかない。ケプラーになったつもりでパターンを探すとしたら、まずどこに注目したらいいだろうか。手始めに、ムカデの体の左側から脚の列を眺めてみよう。

ムカデが動くとき、個々の脚が前方に伸びてから後ろに曲がる。ちょうどオールでボートを漕ぐ動きのようだ。また、オールと同じくその動きがてこの原理で体を前に押しだす。手漕ぎボートの場合は複数のオールが同時に動くのに対し、自然はムカデのために別のパターンを選んだ。全部の脚を同時に酷使させるのではなく、より少ない労力でよりなめらかな動きを実現させたのである。ムカデは一度に一本ずつ、体に沿って脚を順ぐりに動かしていく。その結果、動きが波となってムカデの側面を伝わっていく。波は体の後部から始まり、前のほうに移動していく。ムカデがゆっくり前進しているときに体の左側から観察すると、全体で二、三個の波が現れる。速く前進しているときには波の数がもっと少なく、だいたい一個半くらいだ。

その間、体の右側も怠けてはいない（そうでないとムカデはまっすぐ進めずに円を描く羽目になる）。同じ波のパターンは右側にも現れる。ところが、左側と右側は同時に同じ動きをするわけではない。左側の一本の脚が前方に伸びきっているときにはそれに対応する右側の脚が後方に伸びきっている。逆も同じだ。個々の体節は人間が歩くときのように右脚と左脚を交互に動かしている。これを抽象的なパターンで表すと、ムカデのフリーズ模様はやはり┌┐┌┐┌┐┌┐┌┐となる。ただし今度は┌と┐が足あとではなく波だ。

やはり多足類の虫にヤスデがいる。たいていのヤスデには脚が二二本から二〇〇本も生えており、自然界には約一万種類がいる。このヤスデの動き方もムカデに似ているが、大きく違うのは左右の脚が同時に動くことだ。したがって、ヤスデのフリーズ模様はCCCCCCCCとなる。なぜムカデと違うのだろうか。ひとつには、ヤスデのほうが概して歩くペースが遅いからだ。

イモムシにも脚はたくさん生えているが、厳密にいうと多足類ではなく、チョウやガの幼虫だ。イモムシには一三個の体節があるものの、そのすべてから脚が生えているわけではない。やはり動くフリーズ模様を示し、ヤスデと同じ左右対称タイプが多く見られる。ときにイモムシの動き方はこのパターンを踏まえていても奇妙に見えることがあ

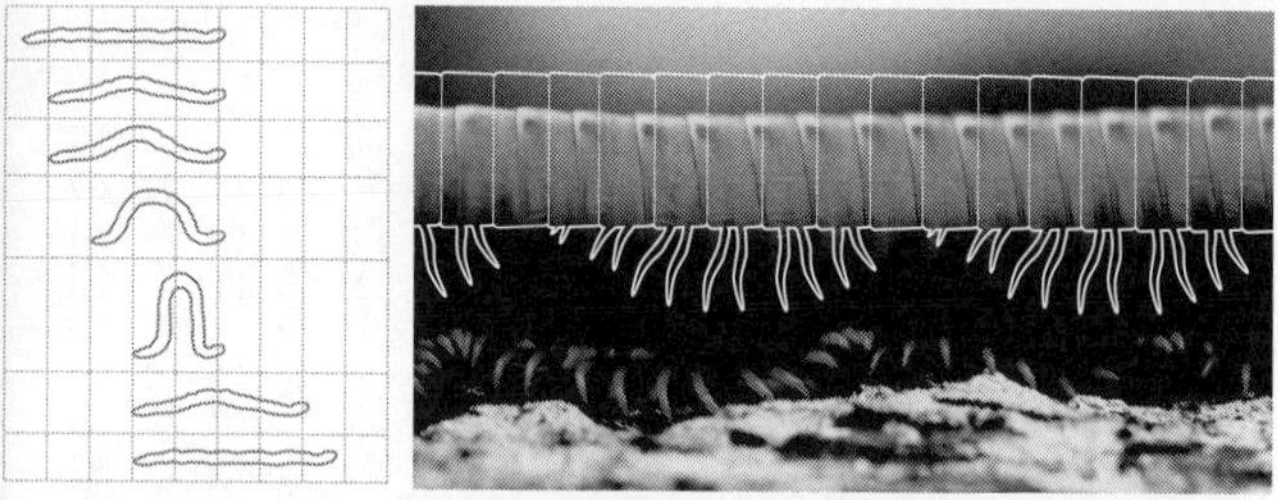

ヤスデ（右）はシャクトリムシに比べると、はるかになめらかな動きで前進する。それを助けるのが、脚を次々に伝っていく動きの波だ。この波がつくるパターンは空間的にも時間的にもくり返される。一方シャクトリムシ（左）は、体全体で1個の波をたてて前進のための動きをつくる。まず前端部を固定し、体を逆U字型に曲げて後端部を前方に引きよせる。次に、後端部を固定して前端部を地面から離し、U字は再び平たくなる。最後には初めと同じように体が伸びた状態に戻るが、体長の半分の長さだけ前に進んでいる。

る。一方、シャクトリムシ（シャクガの幼虫）は前方に六本、後方に四本の脚をもち、その途中には脚がない。後方にある四本の脚はいくつもの仕事をこなし、途中にあるべき脚の代役を務めている。シャクトリムシを車にたとえれば後輪駆動車だ。この後輪部分に動きの波が走ると、体の最後部が一気に頭部に近づいて体は逆U字形になる。それから後ろの脚で体を支え、前方の脚を地面から離し、体をいきなりまっすぐに伸ばして頭部の位置をかなり前方にもっていく。シャクトリムシはこの動きを何度もくり返しながら前進する。

くねる動き

ヘビ、ミミズ、ウナギ、ヤツメウナギも体が非常に細長いので、数学者はどうしても単純な線形構造のモデルで表したくなる。ただし今回のモデルに脚はない。

研究者のやる気を高めるためにこの種のモデル

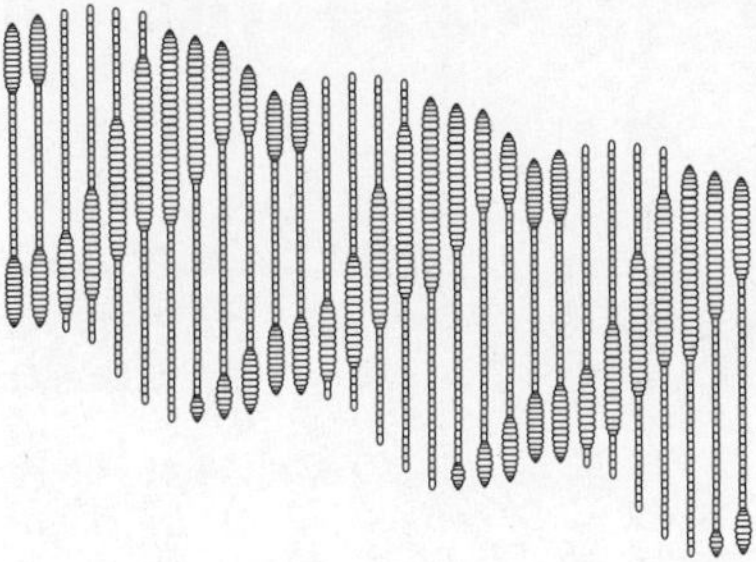

ミミズは筋肉をくり返し収縮させることで土中を掘りすすむ。その際、縦走筋と環状筋を交互に収縮させる。縦走筋が収縮するとミミズの体は縮み、環状筋が収縮すると体は伸びる。また、これらの筋肉収縮によって土が押しのけられるため、ミミズが進むための余地が生まれる。

がつくられる場合もある。退屈に思える筋書きにドラマ性を与えるのが狙いだ。悪名高き（しかもいまだ未解決の）「お母さんミミズの毛布」問題などはその好例だろう。赤ちゃんミミズは体を丸めて寝る。だが、丸め方は一定しておらず、毎晩形が変わる。お母さんミミズは赤ちゃんミミズがどんな形で丸まっていても、体がはみ出ないような毛布をつくって掛けてあげたい。とはいえ出費はなるべく抑えたいので、できるだけ小さい——最小の面積をもつ——毛布をつくりたいと思っている。どうすればいいだろうか。もっと味気ない言い方で表現すれば次のようになる——単位長がとりうるあらゆる曲線を覆うことのできる最小面積の形は何か。答えは誰にもわからない。だが答えがどうあれ、問題をミミズ版に置きかえることで格段に興味が湧くのは確かだ。

　数学者の線状のミミズがもっとまじめな目的をもつ場合もある。ミミズに脚はないものの、その動きのパターンはヤスデに近い。ミミズの体には二種類のつながった筋肉があって、皮膚と内臓のあいだに挟まれている。ひとつは環状筋。体表部を環状にとりまく筋肉でできている。もうひとつは縦走筋で、体の長軸方向に伸びている。ミミズが前進するとき、まず環状筋を収縮させる動きが体の前方から後方に向かってさざ波のように伝わっていく。このさざ波が体の中央あたりまでくると、縦走筋が収縮する。この二種類の筋肉活動の波がヤスデの脚やボートのオールと同じ役目を果たし、土のなかのミミズを前進させるのだ。縦走筋が収縮するとミミズの体は太くなるので、土中のトンネルの壁にしっかりと体をつけることができ、そこを足がかりとして前進する。環状筋が収縮すると体が細長くなるため、体を壁から離し、自由になった先端部を前に進めることができる。ミミズの場合も、動きの波は体の左右でまったく同じだ。というより体の周囲三六〇度で同じといっていい。

ヘビもまた、おもな筋肉群を順番に動かすことで前進する。ただ、ヘビの場合はムカデのパターンに近く、左右の動きは同調していない。体の左側の筋肉群が収縮すると、それに対応する右側の筋肉群は弛緩し、左側の筋肉群が弛緩すると、それに対応する右側の筋肉群は収縮する。ムカデと同様、ヘビもたいていは体を左右にくねらせて進む。いわゆる「蛇行」運動だ。体のどの部分も同時に動きはじめて同時に止まる。頭が向かう先にはどこへでも、体が忠実についていく。

ヘビには別の種類の移動法もある。アコーディオン運動だ。これはヘビが狭い溝のなかにいるときに使われる。アコーディオン運動では体の一部を地面から浮かせ、残りの部分を溝の壁のあいだで左右にジグザグに動かしながら体を支える。溝の壁に接する点を変えることは、ミミズが体を太くして土の壁に体を密着させるのと同じ効果がある。こうして、通常の蛇行ができない狭い場所でもどうにか前進できる。

ウナギの動き方はヘビとほとんど一緒で、陸上ではなく水中を移動する点が違うだけだ。ヤツメウナギも同じである。ヤツメウナギは厳密にいうとウナギの仲間ではないのだが、外見はよく似ている。こうして見てみると、「動くフリーズ模様」と呼べる生物はたくさんいるのがわかる。一見すると移動法はそれぞれかなり違っているようでいて、そこには統一性がある。共通するパターンがあるのだ。脚のない生物も例外ではない。この種の生物はすべて、筋肉の収縮と弛緩が生みだす波を全身に伝えることで移動している。ということは、動物の動き――雪の結晶ができるプロセスを含むあらゆる動的なパターンのひな形となるもの――について理解したいなら、脚にだけ注目していたのでは不十分だ。ミミズには脚がないのに、どう見てもヤスデと同じパターンを利用している。脚が動くのは筋肉によって動かされるからだ。ミミズもそのための筋肉はもっているが、脚を残すことに頓着しなかっただけである。では、なぜ筋肉は動くのだろう。どうやって動いているのだろうか。さらに重要なのは、個々の筋肉が動くタイミングを調節しているのは何か、という点だ。これらの疑問についてはまた後ろの章（11章）で考えてみたい。

周期的サイクル

一九五七年から六三年までイギリス首相を務めたハロルド・マクミランは、かつて夜も眠れぬ悩みの種は何かと訊かれてこう答えている。「いろいろな事件《イベント》だよ、君、事件《イベント》だ」

イベント（事件、事象、出来事など）とは一瞬のあいだに宇宙が変化することである。時間が存在しない宇宙は退屈な場所にちがいない。何も起こらないのだから。時間は一次元である。横道にそれることはできない。時間の流れが命じる順序で位置が次々に変化することを運動と呼ぶ。時間とともに状態が刻々と変化することを力学という。この「状態」は位置を指す場合が多いが、気温や湿度、電気的活動、色、心理状態、あるいは魚の価格でもいい。

力学的な事象には規則性のあるものとないものがある。ルネサンス期のイタリアでは若きガリレオが、教会の天井から吊りさげられたランプが揺れるのを見て、そのランプが大きく揺れても小さく揺れても一往復にかかる時間が等しいことに気づいた。この発見をもとに振り子時計を思いついている。あいにく、ガリレオの発見は一〇〇パーセント正しいとはいえない。振り子が一往復する時間は実際は振り幅の大きさによって違ってくる。だが、その差は微々たるものなので、ガリレオの時代に問題にされることはなかった。賢い時計職人はこの難点を避けるため、振り子の振れ幅が一定するように工夫

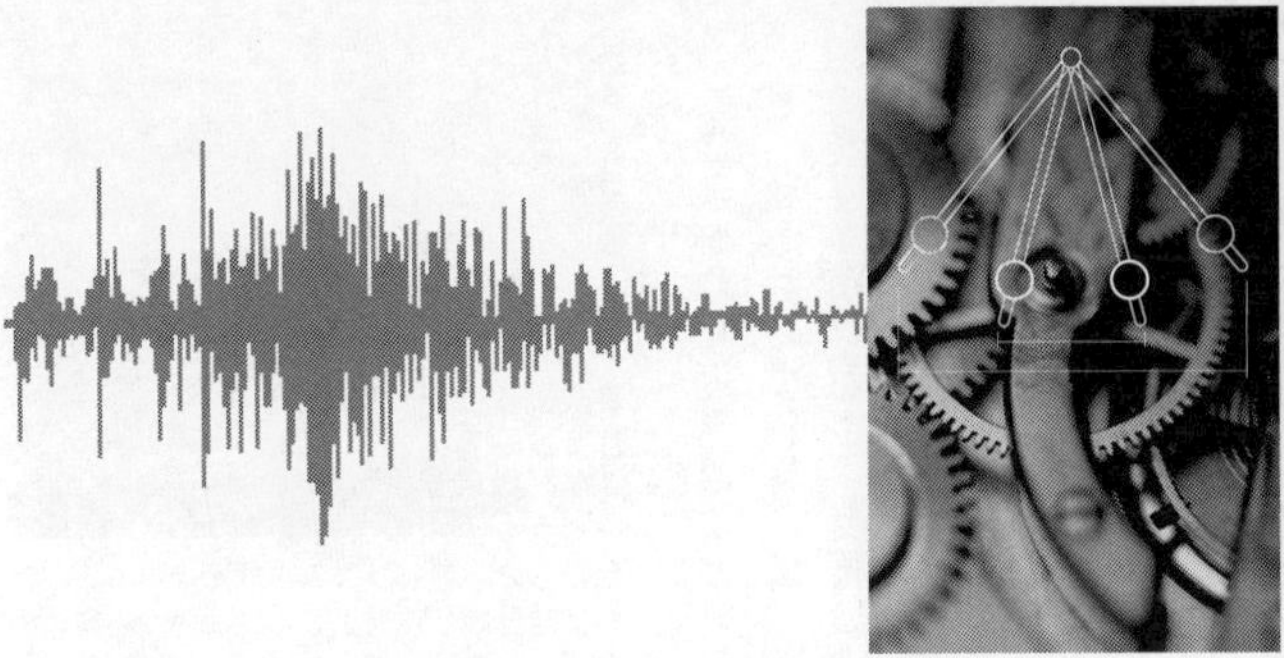

振り子時計（右）は規則的なリズムを刻む。リズムが規則的であればあるほど、時計は正確になる。音は規則的な振動の結果として生まれる。振動が大きければ大きいほど、音も大きくなる（左）。

している。

振り子の揺れには周期的なサイクルがわかりやすく現れている。周期的なサイクルとは、同じ時間間隔をおいて同じふるまいがくり返されることをいう。動物の動きのパターンにも周期性を見ることができる。こうしたサイクルが存在するのは、自然界の法則が決定論的な特徴をもつ証拠といえる。決定論とはニュートン主義の思想だ。私たちの宇宙は時計仕掛けの機械であり、ひとたび動きだしたら、あらかじめ決められた道筋をたどっていくと考える。サイクルの反復が起きるのは、システムが初期の状態に戻ったときにかならず一度めと同じことをくり返すからだ。それが「決定論」という意味である。ところが、同じ状況でも複数のふるまいを選択することが法則によって許されるとしたら（法則に偶然の要素が含まれている場合に起こりうる）、サイクルがくり返される保証はない。

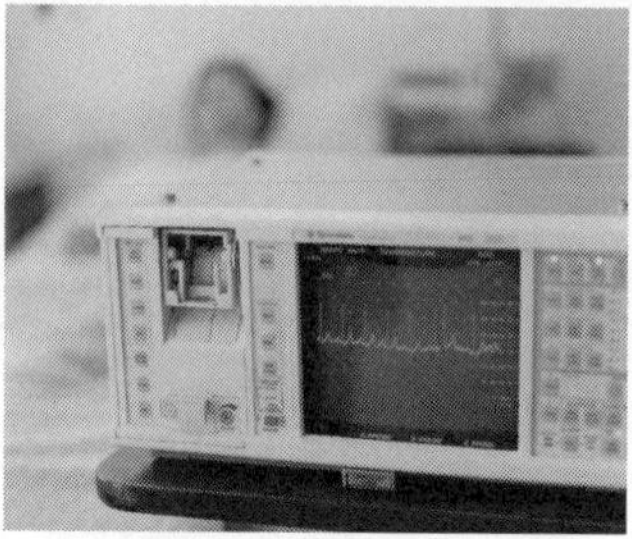

私たちの心臓もリズムを刻んでいる。ただし、時計ほど規則正しくはない。心臓は機械のような正確さに欠ける。しかし、そのほうが私たちにとっては都合がいい。なぜなら心臓は状況の変化に柔軟に対応する必要があるからだ。走っているときには速く打たなければならないし、休んでいるときには速度を落とす。病院のモニターは心臓の電気的活動のパターンを表示し、心拍のタイミングを観察することで心臓病を診断できるようにしている。

この点からもわかるように、周期的サイクルが非常に重要なのは行動の予測をしやすくするからである。たとえば私がいまだに不思議なのはクリスマスの日。この日を何年も前から予測できるなんてすごいではないか（同じように復活祭《イースター》の日取りも予測できるが、日付が毎年移動するのでクリスマスに比べるとややこしい）。周期的なサイクルが存在すれば、次もまったく同じことがくり返されるといやでも予測できる。

私たちのまわりには、ある程度の周期性を備えたサイクルがいくつも見られる。波は浜辺にうち寄せ、浅瀬で砕ける。太陽は毎日、東の地平線から西の地平線へと移動する。季節が毎年くり返されるのはいうまでもない。鳥は冬に去り、春に戻ってくる。オオカバマダラというチョウは、繁殖地を目指して毎年数千キロの旅をする。ヌーやエルクもやはり大移動をする。

音楽の根底にあるのも周期的サイクルだ。同じ音符がくり返されるという意味ではない。そういう場合もなくはないが、あまり多くはないだろう。そうではなく、音符のもとになる音自体が周期的な振動から生まれるのである。バイオリンの弦が「ド」の音を出しているとき、弦は周期的に振動している。周期の長さは一秒の二五〇分の一程度だ。同じことはギターの弦にもあてはまるし、クラリネットやオーボエや、オルガンのパイプのなかの空気についてもいえる。太鼓の皮にもあてはまる。光も周期的振動の連続だが、振動の速度は音よりはるかに速い。また、振動するのは電場と磁場だ。

ほかならぬ私たちの命も周期的サイクルを無事に反復できるかどうかにかかっている。私たちが休息しているとき、心臓は規則的なリズムで鼓動している。活動を始めると心拍数が上がり、より多くの酸素が全身に行きわたるようになる。ごく普通の呼吸にも周期性が見られ、歩けば足が周期的なサイクルで動く（自転車に乗っているときは、足だけでなく自転車のたいていの部品も周期的サイクルで動いていることになる）。

人間も、地球全体も、宇宙そのものも、サイクルがいくつも噛みあった巨大で複雑なシステムのように思えるときもある。もちろん、実際はそんな単純な話ではない。

5章　鏡、万華鏡、人体――鏡映対称性

対称性の例としていちばんなじみ深いものは非常に謎めいてもいる――鏡だ。鏡に映った世界は、いかにも確かそうなのに本物ではない。鏡はもうひとつの「仮想的《バーチャル》な」世界の存在を感じさせる。現実を模してはいるが、不思議な違いのある世界を。私たちがそこに入っていくことはできない。だが、その世界と私たちの世界とはかすかな作用を及ぼしあい、ネクタイの直し方や化粧のしかたなどに影響を与えている。

私たちが鏡を不思議に思うのも無理はない。目を惑わされるからというだけでなく、本当に鏡で映したような鏡映対称が物理学のまさに根幹にあるからだ。しかも、鏡は仮想現実的な世界の存在を感じさせもする。その世界は私たちの世界とよく似ていて、かすかとはいえ互いに影響を及ぼしあってもいるのに、明らかに異なっている。

一言でいえば、鏡とは光を反射する面のことだ。あなたが鏡で自分の顔を見るとき、光はあなたの顔から鏡に向かい、反射して戻ってきて目に入る。この現象は私たちにと

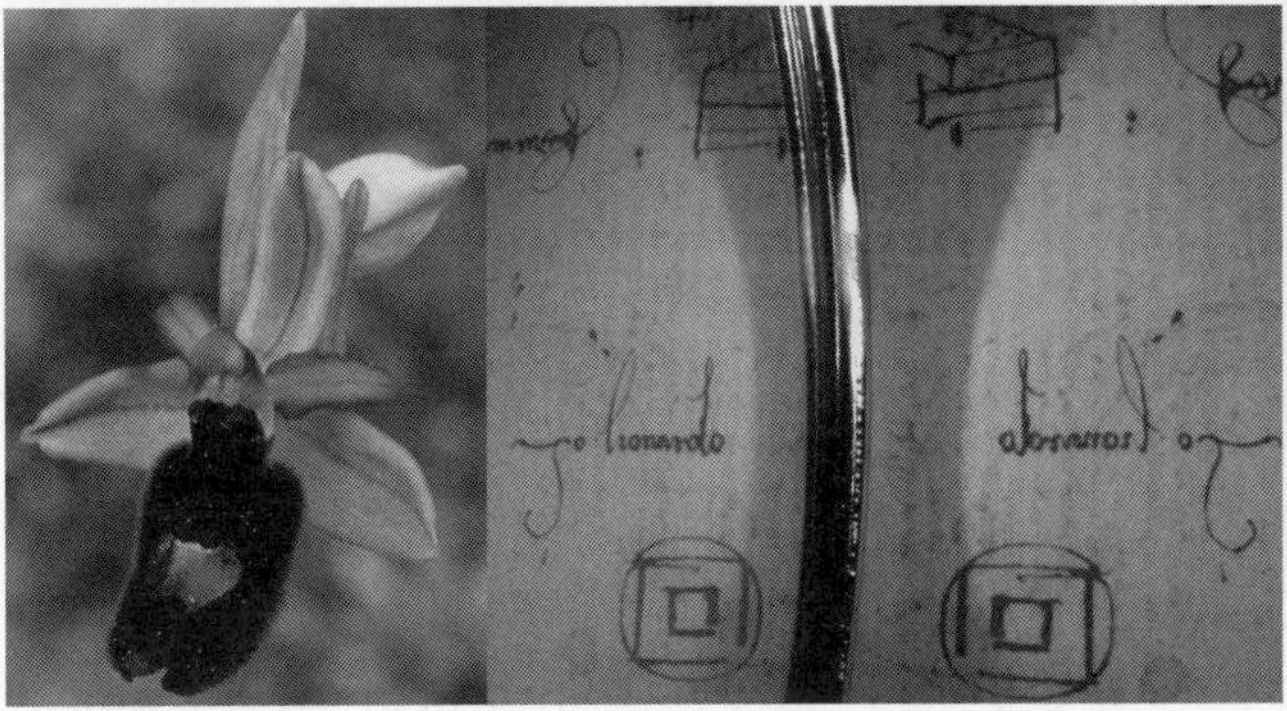

鏡のなかの世界は、現実世界と似ていることで人の心をとらえる反面、その違いで人を惑わせもする。レオナルド・ダ・ヴィンチは鏡文字を好んだ（右）。鏡に映したように左右逆に文字を書くことができたのである。鏡文字の名のとおり、鏡に映して読むのがいちばんわかりやすい。ランの仲間は左右対称のものが多い（左）。

ってあまりにもなじみ深いものなので、鏡のなかの像がなぜこれほど明確な輪郭をもち、ゆがんでいないのかを考えることはめったにない。その理由は「リフレクション（reflection）」にある。だが、普段私たちが使うような「反射」という意味のリフレクションではない。数学でいうリフレクションとは鏡像をつくることを指す。平面上の物体のあらゆる点を、同じ平面の反対側の対応する位置に（概念のうえで）移動させるのだ。いいかえれば、鏡の反射がやっていると思われるのと同じことをするわけである。移動した物体は鏡の向こう側に現れる。ちょうど窓を隔てた向こう側にあるものを見ているようだ。鏡像をつくれば現実と仮想現実が互いの裏返しになる。光線の形状は（物質の深いレベルに鏡像対象があるおかげで）現実世界でも仮想現実世界でも変わらない。鏡に映った像が確かなものに見えるのはそのためだ。

だが、その像は私たちを惑わせもする。鏡の前に右足の靴を置いてみればいい。すると左足の靴らしき像が映る。鏡に向かって右手を上げれば鏡のなかのあなたは左手を上げる。どうやら鏡は右と左を入れかえるようだ。では、どうして上下を入れかえないのだろう。鏡のなかでも頭は頭の位置にあり、足は地面についている。鏡を横に倒せばそれが変わるだろうか。

私たちが鏡に惑わされるのは人間が左右対称形だからだ。鏡に映った自分と本物の自分を対応させるには二通りの方法がある。人間の視覚が進化してきた世界では、物体を動かすことはできても物体の鏡像をつくることはできない。そのため私たちは無意識のうちに鏡のなかの像を回転させ、それを本物の自分自身と比べている。だから左右が反転したように思えるわけだ。実際は、本物と鏡像のあらゆる部分が相対的に同じ位置を占めている。頭は上に、足は下に、左手は左側に（あなたから見て向かって左）、右手は右側にある。

では何が変化しているのだろう。左と右ではない。前と後ろだ。あなたが北を向くと、鏡のなかのあなたは南を向く。鏡映変換によって物体は平たくつぶれ、自分自身を通りぬけ、前後逆向きになって再び広がる。

靴の場合もだいたい同じだ。右足の靴が鏡に映っているのを見ると、靴が回転されたと解釈するため、それが左足の靴にちがいないと考える。だが、実際は鏡像になっただけで、回転されたわけではない。「利き手」をもっているのは物体ではなく空間なのだ。鏡に映った仮想現実の世界は、鏡像のもとになった現実世界とは利き手が異なる。鏡のなかでは左足の靴が実際は右足の靴で、左手が実際は右手なのである。

だとすれば、鏡のなかの像をもう一度鏡に映せば利き手はもとに戻るはずだ。二枚の鏡を直角になるように合わせて立て、その合わせ目の正面から眺めると、自分の顔が線で二分されて映る。右手を上げてみれば鏡のなかの自分も右手を上げる。つまり自分にとって右だと思える手だ。これを見ると違和感を覚えずにいられない。鏡のなかの自分は左手と思える手を上げるはずだと無意識に期待しているからである。ところがそうならない。そこに見える像は二枚の鏡に映されたものだからである。そのため利き手が現実世界と同じになっている。

左右対称

動物の世界では、ある一種類の対称性が圧倒的に多く見られる。最も単純な対称性——左右対称だ。左右対称の動物は鏡に映しても見た目が基本的に変わらない。植物の場合も葉などに左右対称性を示すものが多い。ランの仲間はほぼすべてが多種多様で見事な左右対称を見せてくれる。そのかわり、ヒナギクやダリアやヒマワリのような回転対称性はない。なぜ生物は左右対称なのだろうか。この理由を説明しようと思うなら、一般的な原則だけでなく例外がなぜ生じるかも示さなくてはならない。そのうえ昨今では、生物の成長過程における動的なプロセスに加えて、遺伝子に関する最新の発見も踏まえていないと十分な説明とは見なされなくなっている。また、見た目以外にも左右対称が及んでいるとはかぎらないので、その点とも矛盾しない仮説でなくてはならない。人間の体内は体の外側ほど左右対称ではない。心臓はたいてい左側にあるし、腸の巻く向きも決まっている。左肺にはふたつの肺葉があるのに対し、右肺には三つある。

腸が左右非対称になっているのには物理的な理由が考えられる。腸は一本の管であり、始まりと終わりの位置は体のほぼ中央にある。このような管を左右対称に配置しようとすると、体を縦割りにした中央面に沿って渦を巻かせ、右や左にはみ出ないようにしなくてはならない。ところが、食物を消化するためには途方もない長さが必要なので、そんな配置に収めるのは無理だ。結局、中央面から外れなくてはならず、そうなれば左右対称ではいられないのである。心臓の形が左右非対称なのは、心臓の右側は肺にだけ血液を送っているのに対し、左側は全身に送っているので左のほうが大きいせいだ。肺が左右非対称なのは、おもだった気道の形が非対称であることに関係している。たとえばあなたがパーティで、ピーナッツを一粒気管に入れてしまって病院に運ばれたとすると、そのピーナッツは右肺に入りこむ可能性が高い。肺も、肺へ向かう気道もすべて左右対称だとしたら、ピーナッツが左右どちらで見つかるかは五分五分の確率になるはずだ。

たしかに物理的な制約は非対称の理由になりうる。だが、それだけではなぜ右ではなく左なのか、あるいはなぜ左ではなく右なのかの説明にはならない。腸の配置に物理的

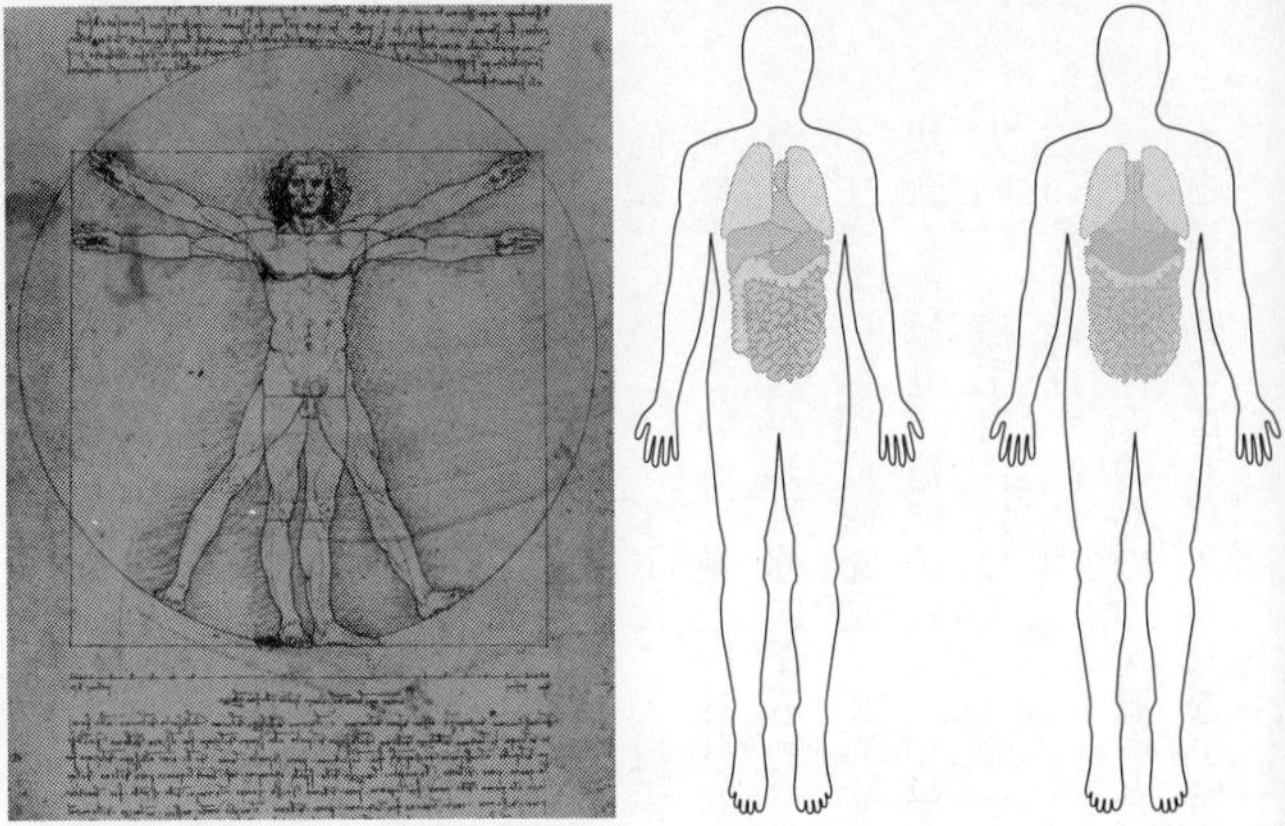

人間の体は表面的には左右対称に見えるが、内臓はそうではない（右）。逆に、臓器が左右対称に発達すると、命にかかわるおそれがある。ダ・ヴィンチは人体各部の数学的比率も調べ、とくにその左右対称性に注目した（左）。自分の絵やスケッチの写実性を高めるためである。

な制約があるからといっても、巻く向きは右巻きでも左巻きでもかまわないはずだ。左右を反転させても物理の法則は同じように作用するからである。人間の心臓が右にくるか左にくるかが同じ確率で決まるのであれば、どちらにかたよっていようと偶然の結果と考えればいい。ところがそうではないのだ。ほぼすべての人が体の左側に心臓をもっている。八五〇〇人にひとりの割合で「内臓逆位」という症状をもつ人がいる。内臓の配置が鏡に映したようにすべて左右反対になるもので、比較的害は少ない（不思議とこういう人には左利きが多い）。一方、まれな例ではあるが、右側相同・左側相同という状態になる人がいる。これは正常な体の左右どちらか側を基準にして、その鏡像が反対側にできたかのように内臓が左右対称を示す状態をいう。相同の場合は重い症状が現れるおそれがある。たとえば、左右どちらが基準になるかによって脾臓がまったくなかったり、二個あったりするのだ。

こうした異常は、胚の空間的な方向を決める遺伝子のスイッチシステムに欠陥が生じた結果である。マウスの場合、Pitx2と呼ばれる遺伝子が肺の「左側性」を決めている。また、心臓の位置決定や、脳下垂体と歯の形態形成にも影響を与えている。人間の場合、この遺伝子が突然変異を起こすとリーガー症候群を発症し、眼球や顔に異常をきたす。

内臓が非対称になることの説明はもうひとつあり、繊毛《せんもう》の動きに原因があるとしている。繊毛とは細胞から生えた細い鞭《むち》のような構造で、その動きはヤスデの脚に似ていなくもない。発達中の胚にはノードと呼ばれるくぼみがあり、そこの細胞に生えた繊毛が回転している。ノードはこの繊毛の回転を利用して、胚の体にかかる体液の流れをコントロールしている。繊毛は時計回りに回転しているため、この流れは左右どちらかにかたよる。流れが非対称になると、胚の左右どちらかにある遺伝子が活性化され、その後のすべての発達段階を通して特定の左右のかたよりが生まれるのだという。この仮説の場合もやはり、遺伝子によって決まるとしていることに変わりはない。繊毛が回転する方向は、繊毛自体になくてはならない特徴だろうから、細胞の遺伝子によって決められている可能性が高い。

左右対称性そのものの起源をさかのぼれば、進化の歴史のはるか昔に行きつく。もともとは生物の成長に欠かせない特徴だったのではないだろうか。物理と化学の法則が左右対称なので、結果的に生物も左右対称になったのだ。それが結局は役に立つことがわかった。一度の手間であらゆる物を二個ずつ得られるからである。以後はおもに、左右対称の細かいところに重要な変化を加えながら生物は進化してきた。

雪の結晶の対称性

人間が雪の結晶だったとしたら、対称性が乱れる場面はもっと多かっただろう。人間のような左右対称の形には鏡映対称性がひとつしかない。だが、鏡映対称性をふたつ以上もつものもある。なかでも雪の結晶には複数の鏡映対称性がある。とかく人間は雪の結晶が六回の回転対称であることに目を向けがちだが、じつは雪の結晶が完璧な対称性を備えていればかならず鏡映対称が六個あるのだ。

これを確かめるのはいたって簡単である。いちばん素朴で、退屈なほど規則正しい雪の結晶を考えてみればいい。正六角形の結晶だ。正六角形には鏡映対称をつくる線が六本引ける。そのうち三本は向かいあった頂点どうしを結び、残り三本は向かいあった二辺の中央どうしを結ぶ。どの線も六角形の中心点を通り、隣りあった二本の線が交わる角度はかならず三〇度になる。

結晶のつくりがもっと凝っている場合でも同じ六本の対称軸が引ける。結晶の角についた枝分かれした構造はたいてい左右対称だ。しかも、同じ形がほかの五つの角にも現れている。

雪の結晶が成長する物理的な過程では、生物が成長する生物学的な過程とちょうど同じように、何らかの仕組みによって対称性が生みだされ、保たれているはずだ。細かい部分はさておいて、いったいどういう仕組みが考えられるだろうか。

手がかりは鏡像をつくる六本の軸。同じ働きをするものが子供のおもちゃにある。万華鏡だ。万華鏡の場合、二枚の鏡の端と端を合わせてV字型にし、その角度を慎重に設定したうえで筒のなかに入れる。万華鏡を覗くとあなたの視線は二枚の鏡の「ちょうつがい」部分と平行になる。視線と直交する方向には、色つきの透明プラスチックや紙の小片、ビーズなどが入っている。二枚の鏡はこれらの小片をくり返し映し、映すたびに新たな対称を生む。ただし鏡の角度には注意が必要だ。図形がもっているある種の特徴により、鏡映対称をつくる（見かけの）軸の本数は偶数より奇数のほうがうまくいく。

万華鏡で六回対称をつくりたければV字の角度を三〇度にしなくてはならない。これでは少し狭いので、覗きこみにくいのが難である（不可能ではないが）。五回対称でも六回対称に劣らず美しい眺めが得られるが、この場合の鏡の角度は七二度だ。これなら幅があるので、覗きこむのも楽である。七二度は三六〇度の五分の一なのだから、六回対称を得るには六分の一の六〇度でいいはずだと思うかもしれない。ところが、六〇度では三回対称ができてしまう（雪の結晶のような正六角形は六〇度ずつの回転で六回対称になるというのに）（口絵5ページ参照）。

なぜだろうか。軸の本数が偶数の場合、鏡がつくるさまざまな対称形が上下に重なってしまう。奇数だとそれが起きない。先ほども触れたように、六角形には鏡映対称の軸にふたつの種類——向かいあった頂点どうしを結ぶものと、向かいあった辺の中央どうしを結ぶもの——があるのに対し、五角形では一個の頂点とその向かいの辺の中央を結ぶ軸の一種類しかない。そこが違いを生んでいる。

雪の結晶の鏡映対称性は変化しない。一方、ふたつの鏡を使って鏡映対称を組みあわせると、結果的に回転対称変換ができる。たとえばひとつの物体を一枚の鏡に映す。それから別の鏡をその鏡と三〇度の角度になるように置き、最初の鏡像を二枚目の鏡に映す。すると像は六〇度回転する。角度が二倍になるのだ。逆に、平面上でいくら回転対称を組みあわせても鏡映対称は生まれない。

万華鏡で最も注目すべき特徴は、全体的に高い対称性を備えた模様が現れることだ。もとになった雑多な小片そのものよりはるかに美しい。しかも、どんなかけらを使ってもうまくいく。その理由はさほど深く考えなくてもわかる。小片が提供するものは細部と外見であって全体の構造ではないからだ。全体の構造——対称性——は鏡によってつくられるのであり、対称性という性質は小片の材質が何であれ変わらない。ならば万華鏡の模様はふたつの独立した部分に分けられることになる。細部を生みだす部分と、対称性をつくりだす部分である。

雪の結晶についても同じように分けて考えられれば、私たちの最大の疑問にも本当に納得のいく答えが得られるはずだ。だが、万華鏡の役目を果たしているものは何だろうか。プラスチック片の役目を果たしているのは何だろう。

物理法則の対称性

雪の結晶をつくる「万華鏡」は物理の諸法則から生まれるにちがいない。それが自然界のあらゆる対称性を生みだすみなもとだからだ。物理法則において対称性が重要であることを誰よりも深く理解したのはアルバート・アインシュタインである。アインシュタイン以前にも、数学者は対称性と「保存則」の関係に気づいていた。保存則によれば、エネルギーや運動量といったある種の物理量は新たにつくることも消滅させることもできない。しかし、アインシュタインはもっと踏みこみ、自然界の根本的な法則すべての土台に対称性（つまり不変性）を据えた。彼の基本的な考え方はこうだ。物理の法則は、いつ、どんな場所でも変わりがないはずだ、と。どんな空間も、どんな瞬間も、例外であってはならない。もちろん場所によって、また時間によって、起きる事象は異なる。だが、それらの事象をつかさどる法則に変わりはないにちがいない。

この原則はアインシュタインの手によって特殊相対性理論と一般相対性理論として実を結んだ。力学、電磁気力、重力を理解するうえで、今でもこのふたつの理論はなくてはならない根本原理である。量子論は物理学におけるもうひとつの大革命だが、ここでも対称性が鍵を握る。ただし、かなり難解なので高等数学を駆使しなければ理解は難しい。量子論の対称性原理には素粒子の特徴に関連したものが多い。おおまかにいえば、ひとつの粒子を別の関連する粒子と入れかえても法則が変わらないというものだ。いいかえれば粒子は個別性をもたず、対称性において関連する集団の一員にすぎない。

鏡映対称性は現代物理学をおもしろくする一方で、宇宙を単純明快で美しい法則に置きかえようとすると厄介な存在にもなる。並進対称や回転対称といったほかの対称性ならほとんど問題を起こさない。ゾウ一匹、あるいは電子一個を平行移動させても回転させても、ゾウはゾウ、電子は電子のふるまい方をする。ゾウや電子を時間軸に沿って、たとえば昨日の昼間から明日の夕方へ移動させても、やはりふるまい方は同じだ。どれも少しも意外ではない。そうした操作を実際に行なうことができるからである。時間の場合も時がくるまでただ待ちさえすればいい。

ところが、時間をさかのぼるとなると話は別だ。そして、それこそが鏡映対称のしていることなのである。ゾウや電子が時間をさかのぼるのを観察したら、それらはやはり同じ物理法則に従うのだろうか。確かめようにも実験ができない。それでも法則の数学的な構造を調べることはできる。その結果わかったのは、時間をさかのぼっても対称性は維持されて同じ法則に従うというものだった。通常の空間的な鏡映対称の場合も同様である。また、荷電共役と呼ばれる量子論的な鏡映対称についてもあてはまった。荷電共役変換は電荷を「反転」させ、正を負に、負を正に変える。もっとも、以上はすべて最近までの話だ。

というのも、ほとんどの物理法則についてこの三つの鏡映対称があてはまるのに、ある種の素粒子は鏡映対称も荷電共役対称も示さないことがわかったからだ。自然界の基本的な力には、重力、電磁気力、強い力、弱い力の四つがあり、最初の三つについては空間、時間、荷電共役のいずれにおいても鏡映対称がなりたつ。ところが、どういうわけか弱い力ではなりたたない。二〇世紀を代表する物理学者のヴォルフガング・パウリが「神は軽い左利きである」と嘆いたのは、この非対称を指している。

この発見からは興味深い可能性が浮かびあがる。内臓の配置が左右逆でも機能に何の問題もない人がいるように、法則が私たちの世界とは左右逆転していても機能に何の支障もきたさない宇宙が存在するのではないか。いわば軽い右利きの神がいる宇宙だ。その考え方を支持するかのように、どうやらこの宇宙はビッグバン直後は左右対称だったのに、そのあとで現在のような左利きの状態にそれていったようなのだ。

時間が始まるときに私たちの宇宙から右利きの宇宙が分かれていったのだろうか。

もっと最近になって新たな理論が生まれ、多くの物理学者はそれこそが自然界の法則だと考えている。「超対称性」という考え方だ。既知のすべての素粒子にはそれぞれに対応する超対称性パートナーが存在するとされ、そのパートナーを超対称性粒子と呼ぶ。たとえば電子はスエレクトロンと、クォークはスクォークとそれぞれパートナーを組む。もしかしたら超対称性粒子でできた幻のパ
ートナー宇宙があって、私たちの宇宙と互いに影響を及ぼしあっているのだろうか。

左右非対称な脳

外形ではなく機能に注目したときに重要な非対称が見えてくることもある。私たちの左右の脳半球は外見はよく似ている。だが、少し違った仕事をこなしている。かつての通説では、視覚認知、空間把握、顔や物体の識別などをおもに右脳が担当し、言語、複雑な流れの動きの計画、自己の身体感覚などはおもに左脳がつかさどっているとされた。今にして思うと、この切りわけはあまりに単純すぎる。実際に違っているのは仕事の内容ではなく処理のしかたなのだ。脳をスキャンする装置を使えば、脳が考えているときにどの領域が活動しているかを観察できる。その結果、あらゆる仕事が右脳と左脳の両方で分担されているらしいのがわかった。ただし、左脳が対象の細部に向かうのに対し、右脳は大きな全体像を把握する。

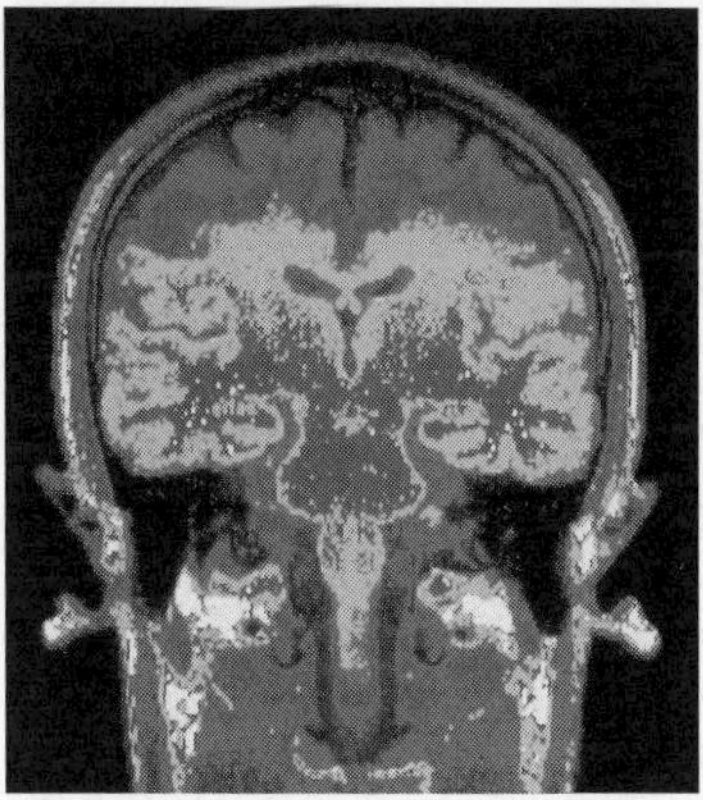

人間の左右の脳半球は形も大きさも表面的には非常によく似ている。しかし、その働きは左右で大きく異なる。おもな違いは、かつての通説のように何を処理するかではなく、知覚をどのように処理するかだ。

なぜこのような差が出るのだろうか。じつに不思議である。構造を見るかぎり脳は左右対称だ。神経組織が集まって、大きさも形もほぼ同じ半球がふたつできている。ところが、詳しく調べてみると左右でいくつもの相違点が見つかる。脳のしわの模様までもが異なっている。しかし、構造の違い以上に大きいのが機能の違いだ。この違いは利き手と関連している。もっとも、明確につながっているわけではない。たとえば右利きの人の脳を調べると、九九パーセント以上が言語機能をおもに左脳で処理しているのに対し、左利きもしくは両手利きの人の場合は六〇パーセントでしかない。残り四〇パーセントのうち、三〇パーセントが右脳をおもに使い、あとの一〇パーセントは言語機能が両半球にまたがっている。さらにややこしいことに、右脳は以前考えられていた以上に言語機能を備えていることがわかってきた。なぜ人間の脳はこんなふうになっているのだろう。もしかしたら、腸が左右対称ではないのと同じ理由で空間的な余裕がないからかもしれない。言語機能にしろ視覚機能にしろ、膨大な量の情報処理を必要とする。脳の大きさを変えずに両方の機能をもたせようとすれば、左右に役割分担させるしかないのかもしれない。

動物は不思議なまでに対称を好むようだ。それが、左と右といった二重性を重視することにつながっている。なぜ対称を好むのだろう。おそらく脳が進化した結果ではないだろうか。動物が物を識別する能力は脳にもともと組みこまれているわけではない。ただ、学習する能力は生まれながらに備わっているようである。脳は神経のネットワークであり、神経線維の複雑な回路でできている。この回路を訓練すれば、思わぬところで対称を好むようになっても不思議はない。たとえばある種の鳥の雌は、左右対称な尾をもつ雄を好む。この理由をめぐってふたつの仮説が対立している。といっても、どちらも正しいかもしれないのだが。ひとつは「性淘汰」の観点から説明するものだ。尾を間違いなく左右対称にするには、優れた遺伝子と正常な発達システムを備えていなければならない。だから、左右対称の尾をもった雄を選んでつがえば、雌はより良い子をつくることができる。そのために、左右対称を好む習性がのちの世代に伝えられていったと考える。もうひとつの説は、尾を識別できるように視覚システムを訓練した結果、偶発的な副産物として左右対称を好むようになったと説く。鳥の視覚をつかさどる神経ネットワークは尾を見たときに強く反応するはずである。だが、尾にはいろいろな形がある。おまけに、左側が大きい尾があれば、同じ数だけ右側が大きい尾もあるだろう。神経ネットワークがそのどちらにも強く反応するとすれば、左右対称な尾に対しては輪をかけて強く反応するはずだ。左右対称ということはいわば両方が大きくなっているわけだから、「これは尾だ」という反応が二重に生まれるわけである。

人間もまた対称形や対称に近い形を好む。その理由も動物の場合と大差ないかもしれない。最近の研究によれば、女性が男性と性行為をするときは男性の顔が左右対称に近いほどオルガスムの回数が多く、また快感が強いという。これも性淘汰だろうか。その可能性はある。しかし、鳥の場合と同じように、神経回路の構造が生んだ偶然の産物とも考えられる。あるいはその両方が混じりあっているのかもしれない。

一九九六年、認知科学者のアリス・オトゥールとコンピュータ科学者のトマス・ヴェ

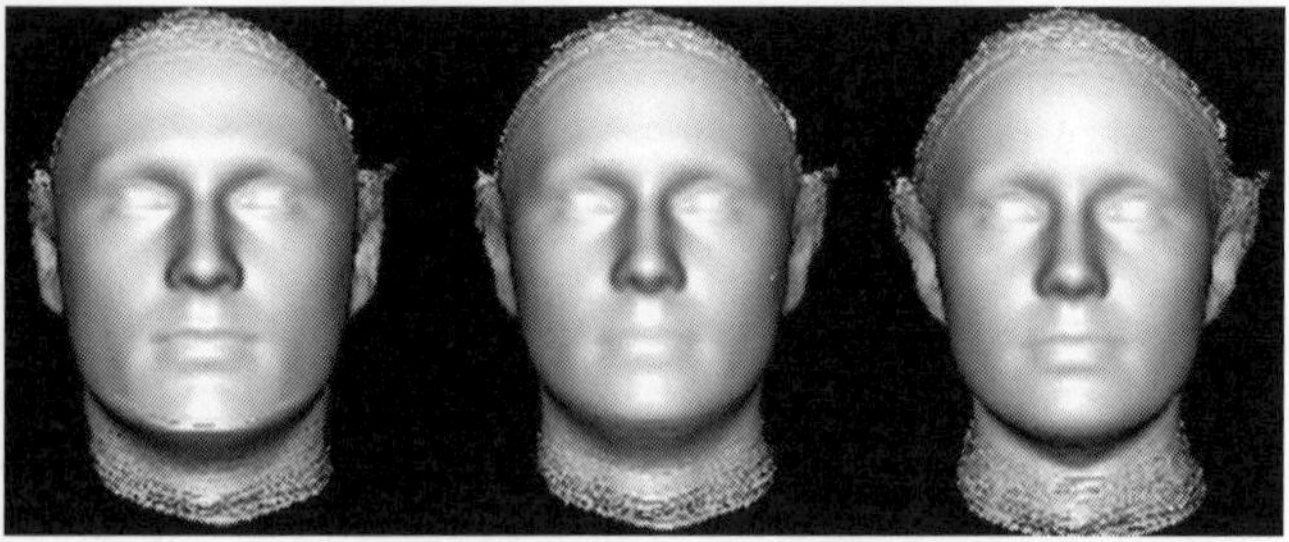

人間の顔の最も重要な特徴をコンピュータで分析したもの。平均的な顔（中央）は中性的である。顔の違いが最も強く現れるのは、男性の顔（左）と女性の顔（右）の違いだ。コンピュータに男女の顔を区別させるのは最近までは難しかった。ところが、この種の分析を行なったおかげで非常に簡単にできるようになっている。重要な違いを見つけだすためには、鼻や口といったひとつの特徴にのみ注目していてはいけない。さまざまな特徴がどう変化するかを連動させて同時に把握する必要がある。

ッターが、さまざまな顔の画像をコンピュータで分析する研究を行なった。まずは平均的な顔を割りだす。そのあとで、与えられた顔の特徴から平均的な顔がもつ特徴をさし引き、どんなパターンが残るかを調べた。その結果、人間の視覚は平均的な顔に対する「修正項」に敏感に反応することがわかった。修正項とは、その顔が平均からどれくらい隔たっているかがいちばんわかりやすく現れた特徴を指す。では、その特徴とは何なのだろう。じつは、典型的な男性の顔と典型的な女性の顔との違いを示すものだったのである。

物理の法則と遺伝子

左右どちらかへのかたよりは生物のさまざまな面に見られるだけでなく、分子のレベルでも続いている。物理の法則の鏡映対称性が分子のおもしろい特徴となって現れているのだ。分子自体の形が左右対称のものもあるが、ほとんどはそうではない。左右対称でない分子は二種類ある形態のいずれか、つまり一方が他方の鏡像になる形をとる。一方が光に反応して左に旋回する（左旋性）のに対し、もう一方は右に旋回する（右旋性）という違いはあるものの、物理的な性質や化学的な性質は両方とも同じだ。ところが、それぞれの分子が生体のなかで示す特徴は大きく異なる場合がある。物理学的な非対称が原因なのではなく、生物学的な非対称が原因だ。生物は非対称な分子でできているため、少なくとも地球上では左右どちらかにかたよることが好まれる。

このことは、ＤＮＡにもそこからつくられるタンパク質にもあてはまる。同じタンパク質でも鏡像体のタンパク質でできた食物だったら、いくら食べてもほとんど栄養を摂取できない［体を構成するタンパク質はほとんど左旋性］。左旋性分子と右旋性分子とでは味も違う。私たちの味覚には左右どちらかを好むかたよりがあるからだ。ＤＮＡの二重らせんにも左右のかたよりがある。ＤＮＡは一般的なコルク抜きと同じで右巻きだ。左巻きだったとしてもよかったし、それでも同じようにすべてが正しく機能しただろう。ただ、この惑星ではそうならなかったというだけである（特殊な状況下ではＺ－ＤＮＡと呼ばれる珍しい左巻きのらせんも存在する）。

ひとつの種のなかに右巻きと左巻きが混ざっているのは望ましいことではない。少なくとも有性生殖を行なう生物にとってはそうだ。理由はそれほど難しくない。地球上の生物は大きく二種類に分けられる。原核生物（おもに細菌類）と真核生物（原核生物以

もとの状態を鏡映反転させても物理の法則は（ひとつのまれな例外を除いて）不変である。そのため、化学分子はそれ自体が左右対称形ではないが、2種類の形態をとることができる。一方が他方の鏡像体になるような形態だ。DNA分子の二重らせんには「利き手（巻く向き）」が決まっている。化学的に見れば逆巻きの分子が存在してもおかしくないのだが、地球上の生物にはいっさい見ることができない。その理由は生物学と進化論の切り口から説明できる。

外のほぼすべて）だ。真核生物は一個ないし複数の細胞でできていて、遺伝物質が染色体に詰めこまれている。性染色体を除くどの染色体にも、DNAが二組ずつ収められている。一組は父親から、もう一組は母親からのものだ。二組のDNAには組みかえが起きるため、父親由来の遺伝子と母親由来の遺伝子が一部入れかわる。このとき、片方のDNAが左巻きでもう片方が右巻きだったら組みかえはうまくいかない。

ここまではいいとしよう。だが、生物の種類が違ってもDNAの巻き方が同じなのはどうしてだろうか。その答えは進化の過程にありそうだ。DNAが複製されるとき、巻きの方向はコピーにも自動的に受けつがれる。私たちのすべてがたった一個の「根源的な」生物の子孫だとするなら（どの生物も遺伝メカニズムが同じなのでその可能性が高い）、おおもとの生物がもっていたDNAの向きを受けついでいるはずだ。その生物のDNAが右巻きでなく左巻きだったら、私たちのDNAもまた左巻きでないとおかしい。要するに、DNAが巻く方向はたまたま右巻きに決まり、以後はそれが固定されてしまったといえる。だとすれば、かりに人類が別世界からのエイリアンと遭遇し、そのエイリアンもまたDNAを土台にして生命活動を営んでいるとしたら、彼らのDNAが人間と逆向きである確率は五分五分だ。

あるいはDNAらせんの向きもタンパク質の旋光性も、もともと私たちの宇宙に左右のかたよりがあるために生じたのかもしれない。具体的にいうと、生体分子が左旋性にかたよっているのは、弱い力の非対称性をベースに生物が進化してきた結果とも考えられる。自然界には四つの力が作用しているのを思いだしてほしい。その

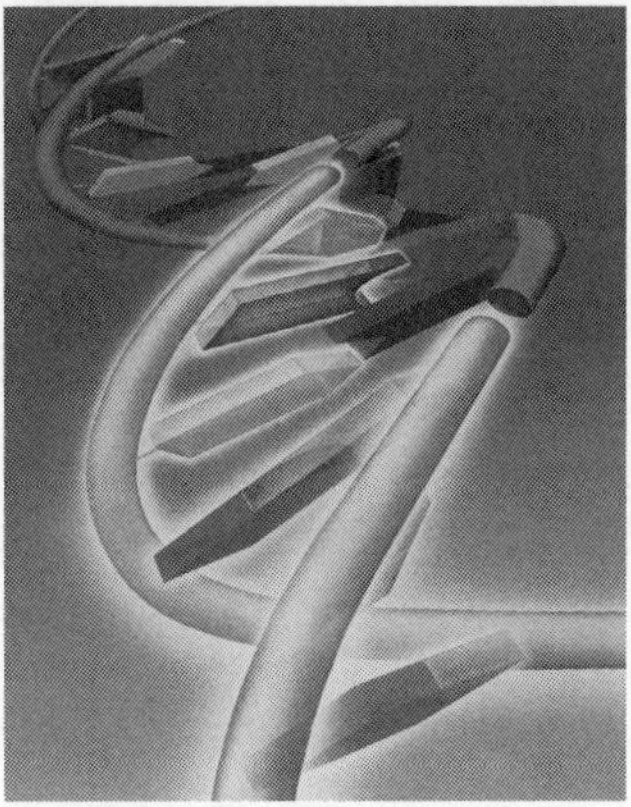

DNA が細胞内で複製されるとき、2本の鎖が1本ずつに分かれる。それから、それぞれを鋳型にしてコピーがつくられ、再び2本の鎖になる。このプロセスによって生まれるふたつのコピーは、本質的にはまったく同じだ。とくに大事なのは、どちらもらせんの「利き手」が同じだということである。有性生殖を行なう生物が、父親由来と母親由来の2本のDNA鎖を組みかえるときも、両方の利き手がそろっている必要がある。

うち弱い力だけが鏡に映った宇宙では同じように働かないのである。

弱い力が非対称だとどんな結果が生じるだろうか。ひとつには、一個の分子のエネルギーとその鏡像体のエネルギーがイコールではなくなる。最近までこの点は大きな問題だとは考えられていなかった。違うといっても、あってなきがごときの差でしかなく、正確にいえば一〇の三〇乗分の一にすぎない。ところが一九八〇年代のなかば、物理学者のディリプ・コンデプディは、生物にとって重要な分子（たとえ少量でも）の低エネルギー版を自然が好むとしたら、わずか一〇万年でその分子の九八パーセントもが低エネルギーの異性体になることを示した。生殖プロセスを経るたびに差が広がっていくのである。

6章　ヒトデ、虹、土星の環——回転対称性

雪の結晶は六方向に対して鏡映対称を示すだけでなく、回転対称性も備えている。もとの位置から〇度、六〇度、一二〇度、一八〇度、二四〇度、および三〇〇度回転させてももとの形に重なるので、これを六回対称性という。〇度回転させるというのは数学者にとっては意味があるものの、要は何もしなければ雪の結晶はまったく同じに見えるといっているにすぎない。「雪の結晶」に限らずほかのどんな形にもあてはまる。だからどうした、と思うだろうか。だが、この「何もしない場合」という「とるに足らない」対称性を除いてしまうと、数学者の仕事はひどく面倒になる。ゼロを使わずに計算しようとするようなものだ。

雪の結晶が回転対称を示すのは特定の角度に回転させたときだけである。なかにはどれだけ回転させても対称性を保つ形がある。つまり連続的な回転対称性をもっており、その典型が円だ。古代ギリシア人は円を完璧な形と見なしていた。円周上のあらゆる点

が中心から等距離にある。だからこそコンパスで円が描ける。コンパスの尖ったほうを紙に刺して固定すると、そこが円の中心となる。それから鉛筆芯のついたほうを一まわりさせれば円のできあがりだ。コンパスの足を一定の長さに開けば、どこに鉛筆で印をつけても中心からの距離は変わらない。古代ギリシア人があれほど円に魅了されたのはそのためだ。一点と全体との関係がどの点についてもまったく同じなのである。

波立っていないなめらかな池の水面に石を放りこむと、石は水を打って複雑なパターンのさざ波をつくる。どのさざ波も円形、もしくは円弧だ。なぜだろうか。石が小さければ水面の乱れはほぼ一ヵ所に留まる。だが水は液体なので、さざ波は周囲にも押しよせて広がっていく。静止した水面のように方向を区別するものがなければ、さざ波はあらゆる方向に同じ速さで広がっていく。どの時点で観察しても、石からさざ波までの距離はどの方向についても変わらない。さざ波が円形だからである。

円は広がる。石が落ちたときに水面が上下に何度か揺れたため、複数の円が生まれた。どの円も中心点は同じである。あとにできる円のほうが最初にできた円より線がかすかなのは、水面の振動があまり大きくなかったためだ。

さざ波が池の端に達すると、光が鏡に当たって反射するようにはね返ってくる。ひとつのさざ波が別のさざ波とぶつかっても、どちらも形を変えずに互いを通りすぎていく。ただし、ふたつが交わる場所だけは別だ。そこではふたつのさざ波が一時的に力を合わせる。波の山と山がぶつかれば山は高くなり、谷と谷がぶつかれば谷は深くなる。山と谷がぶつかると波は相殺されて消える。

では、石ではなく雨粒が池に落ちたらどうなるだろうか。この場合も水面に丸い輪ができる（雨降りを示すおなじみのしるしだ）。しかし、ほかならぬ中心部でもっと目を引く出来事が起きる。球形の雨粒が平らな水面を打ったとき、水が跳ねかえるのだ。一瞬、円形のくぼみが現れたかと思うと、水が空に向かって立ちあがり、傾斜の急な丸い水の壁ができる（これはすべてごく小さいサイズの話で、雨粒より少し大きい程度だ。特殊な装置で撮影しなければ、時間を凍らせてこのつかのまの美しさをつかまえることはできない）。壁は高くなる。すると、壁の上端が波打ってくる。円形の壁のてっぺんから水が噴きだして、尖った角《つの》が何本も生えたようになる。どう見ても王冠だ。角はほぼ均等な間隔をあけて配置されていて、特定の角度の場合にのみ回転対称性を示す。その点では雪の結晶と同じだ。おおもとの雨粒はどの角度でも連続的に回転対称なのに、水が跳ねかえるとその性質は維持されない。なぜだろう。どの角の先端にも丸い水滴がついている（口絵7ページ参照）。雪の結晶の六回対称性とも何かのつながりがあるのだろうか。

ミクロの驚異

高速カメラを使えば水が跳ねた瞬間をとらえることができる。新しい機器の開発が科学の大きな前進を支えるのはよくあることだ。一五世紀には史上例を見ないほどの重要な装置が発明されている。最初は強力な単レンズの拡大鏡にすぎなかった。のちにオランダの博物学者アントニー・ファン・レーウェンフックが改良を加え、一六七四年には個々の細菌が見えるまでになる。やがて別の者の手で複数のレンズを組みあわせる方式が導入され、顕微鏡が誕生した。以後、科学は一変する。

顕微鏡はそれまで隠れていた世界を明るみに出した。息を呑むような多様性を備え、さまざまな活動がくり広げられる世界を。たった一滴の池の水にもたくさんの生命がひしめいていて、その数は一面の野原から肉眼で見つけだせる生命よりも多い。生物学は飛躍的に進歩した。

微生物はウシやイモムシに比べればはるかに単純である。それでも、その複雑さには目を見張るばかりだ。とくに、外見ではなく活動に焦点を合わせると複雑さが際立つ。一個のアメーバは不恰好なゼリーの塊にしか見えなくても、いかにも目的ありげな様子でミクロの世界を動きまわっている。少なくともそう見える。

ミクロの世界は美しく、驚きに満ちている。スリッパ形のゾウリムシには髪の毛のような細い繊毛が全身をとりまいていて、その繊毛が波打つように動くと、不思議にもゾウリムシを泳がせることができる。これもある種の対称性といえなくもない。ヤスデと同じように動きの波が体の左右で対称に伝わっていくからだ（4章参照）。もっと文字どおりの意味で体の形が対称な微生物もいる。藻の一種であるボルボックスだ。ボルボックスは球形で、球体上に緑色の小さな点々が網目のように広がっており、どの点からも二本ずつ繊毛が生えている。体内には小さい緑色の球体を抱えているが、これは次の世代のボルボックスだ。しかも、その内部には早くもさらに次の世代が準備されているというから驚く。ケイソウ（ケイ酸の殻で覆われた単細胞植物）の仲間には、雪の結晶やヒトデのように回転対称性と鏡映対称性をあわせもつものがいる。正多角形を思いうかべるといい。

アメーバの形は非対称だが、その目的ありげな動きを生みだしているのは対称性と不規則性と力学だ。アメーバは単細胞生物である。細胞はいわば化学機械が膜に包まれたようなものだ。遺伝をつかさどる装置もあって、使われないときには細胞核にしまわれている。遺伝子が活躍するのはアメーバが分裂して少し小さい二個の細胞に分かれるときである。どちらの細胞も立派な新しいアメーバだ。アメーバは分裂によって増える。

遺伝子はさまざまな仕事をしている。明らかになっている機能はわずかしかないが、私たちにもわかっている仕事のひとつはタンパク質をつくることだ。たいていの細胞と同じようにアメーバにも骨格がある。微小管と呼ばれる中空の管が張りめぐらされているのだ。微小管はチューブリンというタンパク質でできている。チューブリンにはアルファとベータの二種類の形態があって、それぞれ若干異なっている。アルファ・チューブリンとベータ・チューブリンのつくり方はアメーバの遺伝子のどこかに書かれている。だが、チューブリンが何をするかは遺伝子の指示で決まっているわけではない。チューブリンのふるまいは物理の法則に支配されている。

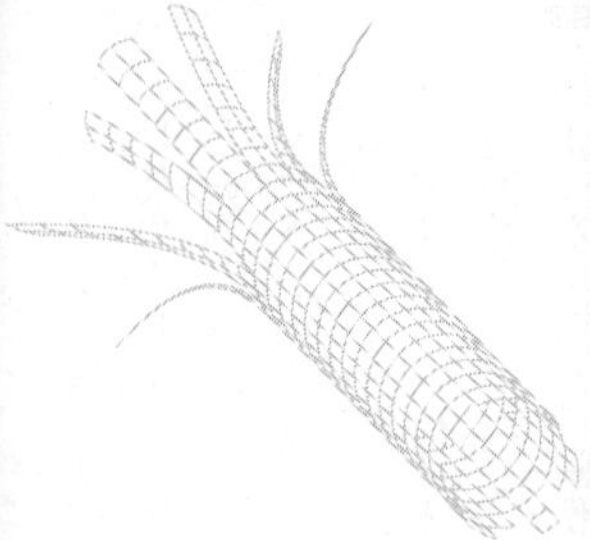

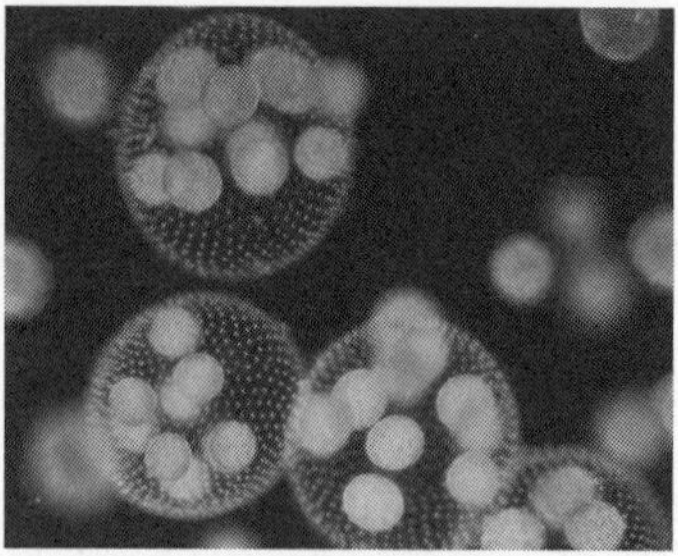

微生物のボルボックス（右）は球対称である。体内に次世代のボルボックスを抱えていて、準備が整ったら放出する。微小管（左）はボルボックスよりさらに小さく、生物の体がつくりだした奇跡といえる。微小管は円筒形だ。成長するときは構成単位であるチューブリンを一個一個つけ足していき、壊れるときは縦方向に裂ける。壊れる速度のほうが10倍速い。アメーバはチューブリンを組みたてたり壊したりしながら移動する。

物理の法則によってチューブリンが何をするかといえば、ひとつは自分を組みたてて管状になることだ。チェッカー盤を筒状に丸めたところを想像するといいかもしれない。黒いマスがアルファ・チューブリンで白いマスがベータ・チューブリンである。その結果生まれるものが微小管だ。アメーバは微小管の骨組みを取りこわし、別の場所に建てなおすことで移動している。組みたてるときはタンパク質の輪をいくつか管の端につけ足し、壊すときには縦方向に裂く。ちょうどバナナの皮をむくような感じだ。どちらのプロセスも動的であり、どちらにも対称性がある。だが、まったく同じではない。壊すより組みたてるほうが一〇倍時間がかかる。

チューブリンが重要な働きをしているのはなにもアメーバに限ることではない。生きている生物ではすべてそうだ。チューブリンは中心体という一風変わった分子製造機から大量につくられる。

中心体そのものもチューブリンでできている。中心体は、同じ大きさの二個の中心小体が直角に配置された構造になっている。それぞれの中心小体は、三連の微小管が九組、合計二七本がねじれて筒状になっている。完全な九回対称だが鏡映対称性はない。なぜこういう形になったのかはいまだに謎である。この微小な機械の仕組みについては詳しいことがほとんど明らかになっていない。ただ、細胞分裂に大事な役割を果たしていることはわかっている。細胞が二個に分裂し、染色体をふたつに分けるとき、微小管のケーブルを利用するのだ。

まず、中心体が複製され、そこから微小管がつくられる。細胞が二個に分かれるときには、複製ずみの染色体にこの微小管のケーブルがとりついて、一組ずつを新しい細胞に引っぱっていく。したがって、生命を複製する仕組みの中心には、優美だが謎めいた対称性があるというわけだ。

海のなかの対称性

回転対称は放射対称とも呼ばれ、生物の形としては珍しくない。回転対称の形は鏡映対称も伴うことが多い。数学的に見れば、物体が回転対称性だけを備えている場合はありうる。そのいい例が、英王室属領であるマン島の旗に描かれたシンボルだ。三本足が走っている絵で、一二〇度ずつ回転させるともとの形に重なる。だが鏡映対称ではない。ウイルスにも、五回対称でありながら鏡映対称ではないものがある。

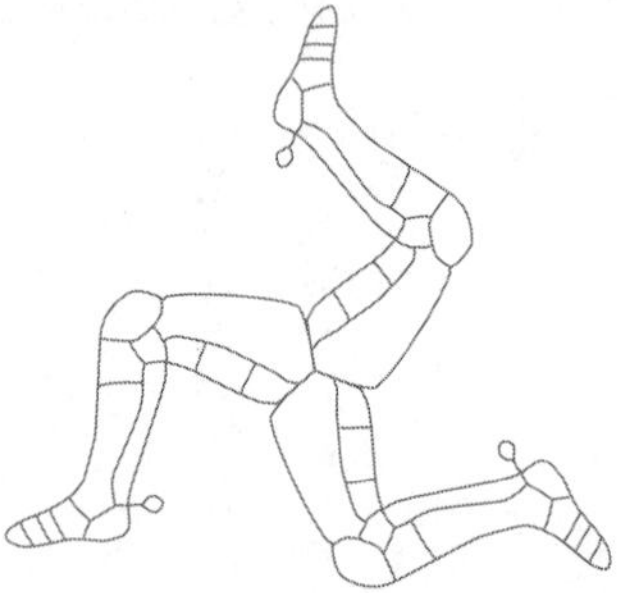

このじつにおもしろいデザインは、マン島の旗に描かれた「走る３本足」のシンボルだ。３回対称だが鏡映対称ではない。足のどの２本を取りだしても、それだけ見れば人が走っているかのようだ。だが胴体はなく、３本の足だけが120度の間隔で配置されている。

陸上で回転対称がいちばんよく見られるのは花の形だ。一方、海中ではイソギンチャクやサンゴなどに多い。もちろんヒトデもだ。ごく普通のヒトデは全体の形が五回対称で、七二度ずつ回転させるともとの形に重なる。いわば五角形の雪の結晶のようなものだ。雪の結晶と同じくヒトデも鏡映対称であり、それぞれの腕が指す五つの方向を軸にすると左右対称になる。

ヒトデ（starfish）は棘皮《きょくひ》動物と呼ばれるグループ（専門的にいうと「門」）に属し、同じ仲間にはウミユリ、ウニ、ナマコ、クモヒトデ（brittle star）、ウミヒナギクなどがいる。花の名前や星（star）という言葉が多く使われているのは、これらに共通する注目すべき特徴を表している。回転対称性だ。どれもおなじみの左右対称ではなく、放射状に体を設計している。放射状になる秘密は発達の過程にある。といっても、放射対称性が現れるのは意外にもかなり遅い段階になってからだ。棘皮動物はほぼ球形の卵から生まれ、幼生の段階では左右対称のものが多い。この辺までは脊椎動物の胚やたいていの無脊椎動物とも大差がない。複雑な変態プロセスを経て体が回転対称形になるのはもっとあとになってからだ。もともとの左右対称が放射対称へと姿を変え、五本の放射水管が目立つようになる。水管系は棘皮動物に特有の複雑な細管のネットワークで、管のなかは海水に似た体液で満たされている。棘皮動物はこの体液の圧力を調節することで管足を動かしている。

五放射対称がいちばんわかりやすいのは普通のヒトデだ。ウニの場合はそれほど明快ではない。むしろ、いずれは球対称——あるいは少なくとも多面体対称——になることを目指して進化を続けているように見える。だが、骨格を調べてみれば一目瞭然。ほぼ球形の殻が放射状に五つに分かれていて、ミカンの実が並んでいるかのような形だ。よく浜辺に五角形の小さい板のようなものが落ちているが、あれはカシパンといって平たいウニの一種の骨格だ。

棘皮動物のおおもとの祖先は左右対称形だったのかもしれない。しだいに形が変わって五回対称の要素が強くなり、最後にはもともとの左右対称性を消しさってしまった。あるいは、非常に古い時代から現在と同じ発達プロセスをもっていたとも考えられる。なぜ棘皮動物はここまではっきりした回転対称性を示すのだろうか。答えはまだ出ていないものの、五回対称にすれば、たとえば三回対称などよりもつくりが頑丈になるからではないかといわれている。

とはいえ、どのヒトデも五回対称を示すわけではない。七本腕のヒトデも珍しくないし、深海には六〜二〇本の腕をもつ仲間もいる。多いもので五〇本の腕をもつヒトデも大西洋にはいる。北方の海にすむニチリンヒトデは一〇本前後。フサトゲニチリンヒト

よく見る普通のヒトデには５本の腕があり、５回対称になるように配置されている。腕の数がもっと多い種類もあるが、やはりその配置はほぼ回転対称だ。近縁種も同じように体を「放射状」に設計していて、回転対称の名残りをいくつも留めている。

デになると一五本の場合もある。植物であれば、花びらの数がフィボナッチ数になる理由は植物が成長する動的なプロセスにあるとわかっている（10章参照）。では、ヒトデの場合もそれに似た構造上の理由があって腕の数が決まっているのだろうか。それはまだ明らかになっていない。

棘皮動物の対称性が動きに現れる場合もある。ちょうど、ムカデやヤスデの形の対称性が動きのパターンにつながるのと同じだ。とくにおもしろいのがウミシダ（ウミユリの仲間）である。ウミシダは腕を上下に動かしながら泳ぐ。たとえば一〇本腕の種類の場合、一〇本の腕に一から一〇まで番号をつけたとすると、腕一、三、五、七、九を上に振りあげているときは、腕二、四、六、八、一〇を下に振りおろす。このパターンを交互にくり返していくのだ。数学的に見ると、これは一〇回対称のシステムが動く場合の典型的なパターンといえる。

もちろん、ヒトデは細かい部分にまで回転対称を示すわけではない。人間の体が完全に左右対称ではないのと同じだ。しかし、完璧な対称形から外れることよりも、完璧な対称形に近いことのほうがよほど不思議である。かりにヒトデの腕の一本だけに特殊な役割の臓器が入っていたら、厳密にいってそのヒトデは回転対称ではなく左右対称だ。だが、ただの左右対称ではない。ほぼ完璧な五回対称から左右対称の方向に少しそれただけである。不思議なのはそもそもどうして完璧な対称形に近いか、という点だ。

光のパターン

回転対称は生物学的なパターンだけでなく物理学的なパターンにもよく現れる。それどころか、物理学的なパターンには完全な円対称を示すものが多く、どの角度に回転させても形が変わらない。いちばん身近な例は虹である。

光というと色にばかり話が集中しがちだが、色は虹の謎のほんの一部にすぎない。光線がひとつの媒質から別の媒質——たとえば空気中から水中——に入るとき、光の進行方向が変わる。これを「屈折」という。アイザック・ニュートンは、白色光が屈折によって「虹の全色」に分かれることを示した。日よけの隙間から日光を入れ、ガラスのプリズムに通したのである。ニュートンはプリズムの向こう側に色の帯が並んでいるのを確認した。普通の虹と同じように、赤、橙、黄、緑、青、紫の順番である。光は波であり、光の色はその波長で決まる。波長が違うと、屈折する角度が異なる。

虹の色も同じ作用から生まれる。雨粒の一滴一滴が小さなプリズムの役目を果たし、太陽の白色光をその成分の色に分けている。

虹にいくつもの色があるのはそのためだ。だが、数学の観点から見てもっと注目すべきはその形である。色のついた弓形はどれも一個の円の円弧である（これについてはすぐに見ていく）。形以外にも不思議な点はある。大雨のときなどに虹が二本見えることがあるのだ。しかも二番めの虹は色の順番が逆さまで、二本の虹のあいだの空はかなり暗く見える。なぜだろうか。

まずは日光が雨粒にぶつかったらどうなるかを考えてみよう。光線には色が一色、たとえば赤一色しかないとする。太陽からの赤い平行な光線の束が一個の水滴にぶつかると、光線は空気中から水中に入ることになるために一回屈折する。急に進行方向が変わるわけだ。次に、光線は水滴の向こう側の壁に当たってはね返る。最後に、水滴から出て空気中に戻るときにもう一度屈折する。

このように何度か方向転換をするうち、光線は特定の「臨界角」という角度に集中して空気中に戻ってくる。このときの光線の道筋をたどってみると、すべてが遠くの太陽と一個の雨粒を結ぶ軸を中心にした回転対称になっている。したがって、戻ってくる光線は明るい円錐形を描く。私たちが太陽を背にして雨を見るとき、光はこうしてできるすべての円錐の側面に沿って戻ってくるわけだ。水滴一個につき、色別に円錐が一個ずつである。私たちの目が水滴からの光を受けとるのは、目がそうした円錐上に位置するときだけである。円錐の断面は円形なので、どの色も円弧を描く。光の色によって屈折の角度が異なるため、個々の色の円弧の半径はわずかに違う。だから色の層ができて虹になるのだ。

虹が二本見えるとき、主虹《しゅにじ》は光が水滴中で一回反射してつくられるのに対し、副虹《ふくにじ》は二回反射してつくられる。そのため色の順序も主虹とは逆になる。原則として虹はかならず二本つくられるのだが、副虹はあまり明るくないのではっきり見えるとはかぎらない。主虹と副虹のあいだの空が暗いのは、その方向に散乱されて戻ってくる光がほとんどないためだ。

虹とよく似た仕組みでできる別の現象もある。雨粒のかわりに氷の結晶、太陽のかわりに月をあてはめれば、月を中心に何本かの円弧が生まれる。これを暈《かさ》と呼ぶ。凍えるような寒い晩には、よく暈が満月のまわりを丸くとりまいているのが見える。だが、何より驚くのは光輪だろう。

太陽を背にして立ち、もやや霧を覗きこんでみよう。濁った水でもいい。すると、そこに自分の影が映り、頭のまわりに虹に似た光の輪がついている。不思議なのは、自分の隣に誰かが立っていてもその人の影には光輪がないように見えることだ。ところが、どの人も自分の影には光輪を見ている。自分以外の光輪だけが見えない。この神秘的ともいえる現象は太陽光がもやの水滴内で反射するために生じる。光は水滴内で何度も反射し、水滴の表面に沿って曲げられてから、光が入ってきた方向に出ていく。したがって、光線が自分の目に届くためには、水滴に入るときに目のすぐそばを通っていなくてはならない。つまり頭の近くということになる。だから自分の頭の影のまわりに光輪が見えるのだ。あなたの目が光輪を見るためには、あなたの頭が最も適した場所である。ほかの人の頭はあなたの目からは遠すぎるので、そこには光輪が見えない。

ホソバウンラン物語

花の形についてはこれまで何度か触れてきたが、まだ詳しくとりあげていなかった。花も雪の結晶と同様に回転対称であり、雪の結晶と同様に花の形にも成長の過程が記録されている。ただし、雪の結晶の成長が物理学的なプロセスなのに対し、花の場合は生物学的なプロセスだ。例によってこの違いは非常に大きい。後者の場合は遺伝子の影響が考えられるからである。では、植物の対称性において遺伝子はどんな役割を果たしているのだろうか。最近の研究から興味深い事実が浮かびあがってきた。

花に回転対称性が見られるのは、花が最初につくられて成長する場所がほぼ円筒形だからである。茎の先端だ。円筒形は回転対称である。そのため、同じ形の物体を円の周囲にいくつも並べれば、その回転対称性の名残りを留める可能性がきわめて高い。考えられる成長のパターンを列挙してカタログをつくるのが数学であり、遺伝子はそのカタログのなかから選ぶ。

植物の遺伝については研究室でさまざまな面から研究がなされてきた。だが、それが

太陽光が雨粒にぶつかると、一滴一滴が複雑なプリズムの働きをする。光は複数の色に分かれるだけでなく、それぞれの色が特定の方向に集中する。太陽を背にし、雨粒を前にして立つと、円弧状の色の帯が見える。それが虹だ。ひとつひとつの弧を構成する雨粒は、ちょうど私たちの目に入る方向に光を放っている。

野生の植物にどの程度あてはまるかはいまだにはっきりしていない。一九九九年、植物学者のピラール・クバス、コーラル・ヴィンセント、エンリコ・コーエンの三人は、ある植物を対象に詳細な遺伝研究を行なった。その植物はもともと一七四九年にスウェーデンの博物学者リンネによって紹介されたもので、ホソバウンランと呼ばれている。成熟した野生のホソバウンランには花びらが五枚あるが、左右対称性しかもたない。上二枚の花びらはウサギの耳のように上向きに突きだし、その下には花びらが左右に一枚ずつ、まるで頰のように垂れさがっている。いちばん下の花びらは、垂れた両頰のあいだから下向きに伸び、長い管のような突起がついている（そのなかに蜜を溜めている）。

ホソバウンランにはときおり突然変異種が現れることにリンネは目を留めた。正常であればまったく異なる三種類の花びらが見られるはずなのに、五回対称の花がつくのである。しかも、突然変異種では五枚の花びらすべてに突起がついている。この違いが生じる原因は花びらを含む花の発達過程にある。大まかにいうと、どちらのタイプでも同じ部品がほぼ同じ位置に並んでいる。ところが、正常なホソバウンランであれば花びらの種類に応じて発達のしかたが異なるのに対し、突然変異種のほうはどの花びらも同じ発達のしかたをしてしまうのだ。

クバスはどのような遺伝子変化が原因で発達の違いが生じるのかを調べた。その結果、Lcycと呼ばれる遺伝子に行きつく。この遺伝子は別の植物（キンギョソウ）でも見つかっていて、花の形を非対称にする働きをもつことがわかっている。クバスのチームが予想したのはLcyc遺伝子のDNA配列にわずかな変異が起きていることだった。DNAに書かれた遺伝暗号にほんの少し綴り間違いがあると考えたのである。もしそうなら花の発達のしかたが変わってもおかしくない。ところが、実際に彼らがつきとめたのははるかに興味深い事実だった。DNA配列自体には変化がなく、かわりにエピジェネティクス的な変異が生じていたのである。エピジェネティクスとは、遺伝子に後天的な化学変化が起きたために形質が変化することをいい、DNAの複製という通常のメカニズムを経なくても親から子へその形質が伝わる場合がある。

クバスたちはDNAがメチル化されているのを発見した。生物のDNA片にメチル分子が付着する現象は以前から知られている。メチル分子はその生物の遺伝暗号には記されていない。だが、DNA片にラベルを貼って違う働きを生じさせる。ホソバウンランの突然変異種の場合でいうと、ラベルのせいで発達中にLcyc遺伝子が働かないように（発現しないように）されていた。メチル化がいつも同じ作用を及

植物が成長するときには、特定の部位（たとえば側枝）が互いに対して同じ角度になるように配置される。その結果、枝のつき方のパターンはらせん形を示す。

ぼすわけではない。遺伝子の発現を促す場合もあれば逆の場合もある。すべてはどの遺伝子にとりつくか、どういう状況でメチル化が起きるかしだいだ。ホソバウンランの場合は、いわば「これを無視せよ」と書いた化学の付箋紙をLcyc遺伝子に貼りつけたわけである。そのため、発達プロセスが進んでいっても、通常なら活性化されるLcyc遺伝子が活性化されなかった。当然、そこからタンパク質が合成されることもなく、それが種類の違う花びらをつくるために使われることもなかった。特段の指示がない場合のデフォルトのプロセスで花づくりは進み、五枚の花びらがほぼ同じ姿になったのである。

この物語にはいくつかの重要なポイントがある。ひとつは、ＤＮＡの遺伝暗号だけが生命のすべてではないこと。生物の体をつくりあげるうえではほかにもいろいろなプロセスが一役買っている。ふたつめは、生物は数学的カタログから取りだしたパターンを改造するのがうまいということだ。ホソバウンランの例でいうと、五枚の花びらが星形に並んだ花のパターンをくつがえしたことがこれにあたる。Lcycを働かせて魅力的な足場をつくり、授粉を助ける昆虫が止まりやすいようにした。三つめは、メチル化による突然変異は研究室ではごくまれにしか起こらないということである。にもかかわらず、ホソバウンランにそのメチル化が見られた。突然変異の研究が行なわれた野生の植物としては最も古い事例だというのに。そこからどんな結論を引きだすかは君たちに任せよう。

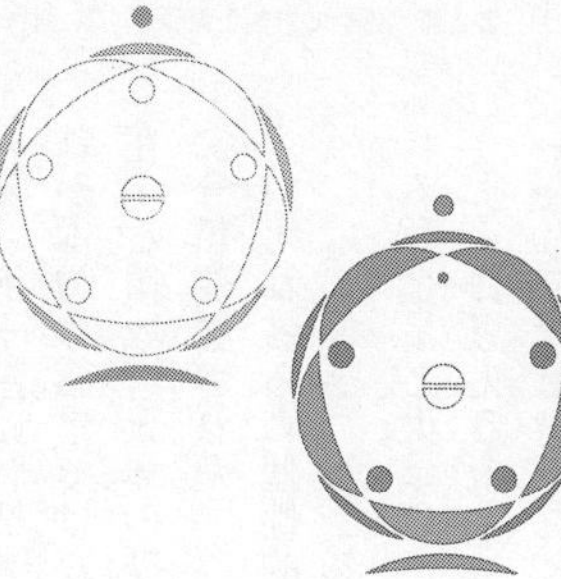

遺伝子に化学的な目印がついているかいないかで植物の形は変わることがある。ホソバウンラン（右写真）ではまさにそうした変異が起きている。花を図式化したイラスト（左図）で、正常なホソバウンランと変異種のホソバウンランの違いを示した。

さまよえる球体

回転対称が大活躍するのは天空の世界である。古代ギリシアでは、惑星は空の小さな光点だと考えられていた。「動かない」星との違いは、執拗に動きまわろうとすることだけだとされた。のちに、どの惑星もそれ自体がひとつの世界だとわかる。ただ、地球と似ている面もあるものの、ほとんどは違っている。ほぼすべての惑星に大気があり、唯一、水星だけが大気と呼べるほどのものをもたない。各惑星の大気は成分構成が地球とは大きく異なっている。たとえば木星では水素とヘリウムが多い。

どの惑星にもほかにはない特徴がある。水星は、砕けた岩石とクレーターに覆われた大気のない世界。金星は酸性の雲に閉じこめられた火山だらけの温室。火星は凍った砂漠。木星は大赤斑を見せびらかす縞模様の巨大惑星。土星は、漂う岩石でできた華麗な環をもつ。天王星は、横倒しになったまま自転している。海王星は特徴のない雲の球。冥王星はひたすら奇妙なので、多くの天文学者はこれが本物の惑星ではなくカイパーベルト［海王星軌道の外側にあり、多数の小天体が存在する領域］天体のひとつだと考えている［冥王星は本書執筆後の二〇〇六年に準惑星に分類変更された］。

いずれ劣らぬ個性的な顔ぶれだが、この太陽系の従者たちにはいくつかの共通したパターンがある。たとえば環をもつのは土星だけでなく、木星や天王星、海王星にも見られる。金星と火星にもクレーターがある。土星の大気も縞模様だ。また、表面的には違うように思える現象も同じ理由で説明できる場合がある。アインシュタインの指摘を思いだしてほしい。たとえ法則から生まれる結果が場所によって異なっていようと、物理の法則はどんな場所でも同じように作用するのだ。惑星の大気もその例にあてはまる。大気の成分構成は、重力場がどの気体分子を引きとめておけるかでだいたい決まる。惑星が大きくなればなるほど軽いガスでもつかまえておける。惑星によって成分構成はさまざまでも、実際に観察してみればこの原理のとおりになっている。

わかりやすい共通パターンのひとつが惑星の形と運動だ。どの惑星も丸く、どれも自転している。とすると、表面、大気、および内部構造についてはとりあえずどれも共通の枠組みにあてはまるといっていい。自転する球対称系に見られそうなものが見られるということである。そこで疑問がひとつ――見られそうなものとは何だろうか。球対称性そのものから予想できることはごくわずかしかない。天王星の外観のように

太陽系の惑星や衛星にはそれぞれ個性があり、表面の色や外観は大きく異なっている。たとえば木星の衛星エウロパは、表面を覆う氷と長いひび割れの交差が特徴だ(右)。その一方で、共通する特徴もたくさんある。惑星と大型の衛星はすべて球体だ。それぞれが自転しているために、円対称性をもった特徴が生まれやすい。木星の雲の帯（中央）や、土星の環（左）がそれにあたる。

個性も特徴もない球というだけだ。ところが惑星が自転することで球対称が崩れ、自転軸を中心にした回転対称に変わる。だとすれば、惑星のおもな特徴は自転軸を中心としてあらゆる角度について回転対称を示すと予想される。すべてのものが円形の帯状になるのだ。

土星の環にはこれがあてはまる。細かい部分を見れば環がよじれていたり、少しゆがんでいたりするところもある。だが、南北どちらかの極から全体を眺めれば、ほぼすべての環が円形もしくは円形の帯状である。ところどころにあいている隙間も円形だ。それらがすべて土星の赤道面上に位置している。木星の大気の縞模様も円対称を示す。極から見ると、色のついた雲の帯は極を中心とする円形だ。固い球の上にそれより少し大きくて透明な球形の殻をかぶせ、ふたつの球のあいだに液体を挟んで全体を回転させたら、液体はひとりでに帯状になる。木星の模様に似ていなくもない。この実験の場合は回転によって力が生じ、その力が液体に回転運動をさせた。回転対称であれば円形の帯状パターンが好まれるというわけだ。木星の場合はこうした力だけでなく熱の作用も働いている。木星の表面は太陽からの熱を多少は受けるものの、量はあまり多くない。そのため表面は非常に低温である。一方、木星の奥深くははるかに高温だ。この温度差も縞模様を生む一因となっている。

しかし、これでは少し都合がよすぎはしまいか。実際には円対称でない構造も惑星には見られる。その何よりの証拠が木星の大赤斑だろう。楕円形で、大きさは地球の全表面積にほぼ匹敵し、三〇〇年以上前から存在しつづけている。しかも惑星上の位置を変えている。おそらくは、木星版のハリケーンが居座ったようなものではないかと考えられているが、正体が何であれ、木星の自転軸を中心とした回転対称形でないことは確かだ。しかし、液体を回転させる実験をしてみれば、回転対称系でこの種の巨大な一個の渦巻きが現れても不思議ではないことがわかる。以上の事例は私たちにふたつの教訓を教えているようだ。ひとつ、対称性をもつ系は対称的なふるまいをすることが多い。ふたつ、そうでない場合もある。謎はますます深まっていく。

7章　タイル張りのパズル

ここまでは、自然の数学的な規則正しさについていろいろ考えてきた。だが、そのもともとの目的を忘れてはいけない。雪の結晶がなぜああいう形になるかを探ることである。今のところわかったのは、何かのパターンが見つかれば遠からぬところにひとつないし複数の対称性がかならず存在することだ。こうした対称性をつきつめれば、自然の法則の規則正しさに行きつく。そこには、私たちの宇宙が大量生産によって生みだされたという事実が透けて見える。同じ部品の無数のコピーで組みたてられているという事実が。

ケプラーが雪の結晶について思いめぐらせたとき（1章参照）、最後には次のような考えにたどり着いた。雪の結晶が六角形なのは氷の結晶がもつ性質に関連していること。そして、その結晶は同一の基本要素を何度もくり返すことでつくられていることだ。「形をつくる地球の能力は一個の形だけを気にかけているのではない。地球はありとあらゆる形を知り、その扱いにたけている。私はドレスデン王宮に行ったことがある。廏《きゆう》舎《しゃ》には銀象眼を施した壁があり、木の実ほどの大きさの十二面体が半分の深さまで嵌《は》めこまれていた。まるで花が咲いているようだった」

結晶は目を見張るような美しいパターンをもつことで知られている。一言でいえば、じつに数学的なのだ。塩の結晶は小さな立方体だ。研究室に限らず一般家庭であっても、濃い食塩水を使えば結晶を成長させて大きな立方体をつくることもできる。ザクロ石の一種であるアルマンディンの結晶は紫がかった茶色の十二面体だ。ピタゴラス学派が重視したような正十二面体とは違う。正十二面体は各面が正五角形でできている。アルマンディンの結晶は、それほど規則正しくはないが菱形十二面体と呼ばれるもので、各面が菱形でできている。これも立派に数学的で、ただあまり知られていないだけである。石膏の結晶はカットガラスのような長細い角柱だ。スズ石（スズの結晶）はきらめくピラミッド。磁鉄鉱は光沢のある黒い八面体である。

しかし、結晶学が生まれたばかりの頃はこうした特徴がいっさい明らかになっていなかった。今の私たちは結晶と聞けば完璧な多面体を思いうかべる。だが当時はいびつな結晶が数えきれないほどあって、明確な形が把握できなかった。たとえば蛍石《ほたるいし》は単独で立方体を形成することもあるものの、たいていは複数の立方体がおかしな角度で互いを通りぬけるようにして成長する。これを双晶形成という。双晶化した結晶は、何の邪魔もなく単独で成長したものほど対称性が高くない。ところが、双晶化が逆に作用することもある。複数の結晶が力を合わせ、単独の結晶より対称性の高い形をつくる場合があるのだ。結晶学ではこの現象を擬対称と呼ぶ。結晶の根本にある数学的な規則がわかっていれば、何がどうなっているかを解きあかすのはさほど難しくない。だが、まず形を見て、そこから規則を引きだそうとする場合は、双晶や擬対称は道を誤らせる厄介な存在だ。

こうした混乱があったにもかかわらず、今では美しい数学の理論で結晶のなりたちを説明することができる。その中心となる要素が対称性だ。対称性といっても、地面から掘りだした鉱物の塊が対称形だというわけではない。普通の顕微鏡では見えない極微の構造に対称性がある。原子の配置だ。ここでひとつ覚えておいてほしいことがある。原子という概念が生まれたのは古代ギリシアだが、あらゆる物体が無数の小さな原子でできていると科学界が確信するようになったのはせいぜいここ一〇〇年くらいのことにすぎない。ケプラーは物質が原子でできていることを知らなかった。もっとも、古代ギリシアの仮説については聞いていたかもしれない。現にケプラーは正しい結論にすぐにたどり着いている。雪の結晶は小さい単位が無数に集まってできていて、その単位が規則正しいパターンに組みあわされていると考えたのだ。ただし、ケプラーはその単位を「原子」ではなく「小球」と呼んだ。

私たちもケプラーにならって、いくつかの段階に分けて考えを進めていこう。まずは結晶の規則性を理解し、原子配置の対称性が全体の形にどう影響するかを知る。次に、結晶がどうやって成長するかを見ていく。結晶の最終形はそこに至るまでの過程で決まるからだ。また、氷とは何かを明確にする必要もある。どのように形成されるのか、液体の水とこれほど違っているのはどうしてかを学ぶのだ。最後に、氷の結晶が形成される環境によって最終形がどう違ってくるかを調べる。これらすべてをつなげれば、氷の結晶の物理学と力学がかなりわかってくるはずだ。そして、物理学と力学こそが雪の結晶をつくりあげているものなのである。原子のレベルで見れば、結晶はタイル張りの壁に似ている。違うのはそのタイルが原子であることと、二次元ではなく三次元に配置されていることだ。そこで、全体的な特徴は結晶と同じで、もっと扱いやすい問題からとりかかってみたい。平面をタイル張りする問題である。

タイル張りの幾何学

人間の文化のなかで、昔から変わらず続いているものにタイル張りの床がある。古代エジプト人は石のタイルを規則的な模様に敷いた。古代ギリシアと古代ローマでは、しばしばモザイク手法で似たような模様をつくった。いちばん単純なタイル張り模様は、たぶん同じ大きさの正方形のタイルをチェス盤のように並べたものだろう。正方形でなくても正多角形を使えば非常に規則正しいタイル張り模様ができる。正多角形とは各辺の長さが等しく、なおかつすべての頂点の内角が等しい図形のことだ。正三角形は、等しい長さの辺が三本ある正多角形。正六角形は、等しい長さの辺が六本ある正多角形。

正多角形の辺の数は三本以上であれば何本でもかまわない。

さて、平らな平面をタイルで隙間なく埋めたいとき、一種類の正多角形しか使えないとしたらどれを選べばいいだろうか。答えは簡単。正三角形か、正方形か、正六角形かのいずれかである。ほかの形では用をなさない。それを証明するのも同じくらい簡単だ。壁や床をタイルで覆うとき、たとえ使用する基本形の種類が少なくても（正方形など一種類のみの場合が多い）、同じ大きさのコピーをいろいろな位置にいくつも並べる。タイルを動かすときのように、形を変えずに別の位置や方向に対称変換することを「剛体運動」という。平面上で剛体運動をするには、並進、回転、鏡映を組みあわせればよく、必要に応じてそのうちのいくつかを省く。

たとえば一個の三角形と、同じ大きさのコピー一個が平面のどこかに置かれているとしよう。一個めの三角形をどのように動かせば二個めの上に正確に重なるだろうか。まず、オリジナルの三角形を平行移動し、オリジナルとコピーの対応する頂点どうしが重なるところまで動かす。次に（必要があれば）、その頂点を中心に三角形を回転させ、オリジナルとコピーの対応する辺どうしが一致するようにする。

この時点ではふたつの結果が考えられる。ひとつは、オリジナルとコピーが完全に一致する場合。そうなっていたら何もしてはいけない。最後の鏡映変換は不要だ。もうひとつは、オリジナルとコピーが共通の辺を軸として互いの鏡像になっている場合。そうなっていたらオリジナルを鏡映変換して（裏返して）コピーに重ねる。これでおしまい

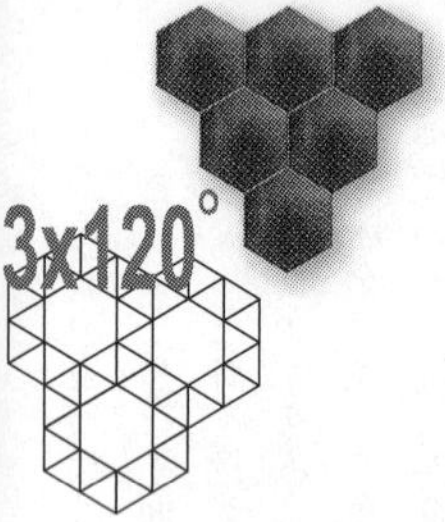

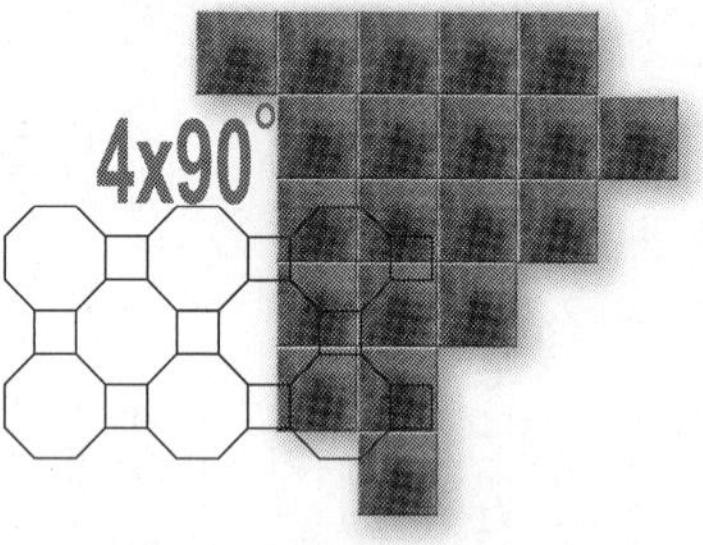

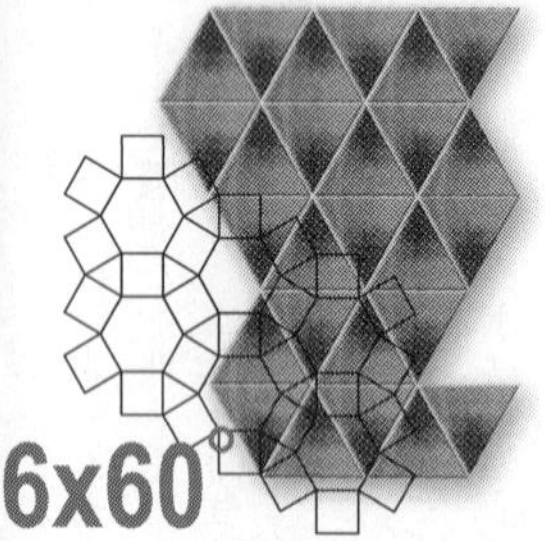

平面に正多角形のタイルを張るには3通りの方法がある。正方形を用いるか（右上）、正六角形を用いるか（左上）、正三角形を用いるかだ（左下）。正方形は隙間なく並び、誰もがわかるタイル張り模様をつくる。正六角形はおなじみのハチの巣模様になる。正三角形を隙間なく並べると斜めに傾いた格子ができ、建築家が使う「斜眼紙」のような模様になる。ほかの正多角形では平面を隙間なく埋めることはできない。共通の頂点に集まる内角の和が360度にならないからだ。正多角形でそれができるのは3つだけで、内角が90度の正方形を4枚か、内角が120度の正六角形を3枚か、内角が60度の正三角形を6枚かのいずれかである。

だ。数学的に見るとタイル張りのパターンはいくつかの種類に分けられる。それをわかりやすく示すために、同一の正多角形を使ってタイル張りをすることから考えてみよう。タイルどうしが接するときには、それぞれの頂点が接していなくてはならないものとする。一方の頂点が他方の辺の上にあってはいけない。以上の決まりごとを守るなら、パターンは三通りしかありえないのがわかるはずだ。ひとつめは正三角形を使い、一個の頂点のまわりに六個並べる。ふたつめは正方形を使い、一個の頂点のまわりに四個並べる。三つめは正六角形を使い、一個の頂点のまわりに三個をハチの巣状に並べる。

どうしてこれしかないのだろう。正五角形ではなぜだめなのだろうか。大事なポイントは、各頂点のまわりに図形が並んだときに重なったり隙間があいたりしないことだ。だから内角の角度は三六〇度の約数でなければならない。これは正三角形にはあてはまる（内角六〇度＝三六〇度の六分の一）。正方形（内角九〇度＝三六〇度の四分の一）や正六角形（内角一二〇度＝三六〇度の三分の一）も同様だ。ところが正五角形（内角一〇八度）ではうまくいかない。三個では隙間ができるし、四個にすると重なってしまう。七角形以上の正多角形もやはりだめだ。結局はこの三パターンが当たりというわけだ。

二種類以上の正多角形を使っていいのなら並べ方の選択肢は大幅に広がる。やはり隙間をつくらないという条件をあてはめると、全部で九種類の並べ方がある。その並べ方をすれば、使われるタイルはすべて正多角形で、かならず頂点どうしが接し、一個の頂点に集まる図形の配置はすべて同じになる。九種類のうち七つのパターンはそれ自身の鏡像と重なる。残りふたつはそれぞれが互いの鏡像になっている。並べ方の例をいくつかあげてみよう。風呂場の壁に正八角形のタイルを張ろうとすると四角い隙間があく。だからそこを正方形で埋めてやればよい。同じように、正六角形を頂点のみが接するように並べると三角形の隙間があくので、正三角形で埋めてやる。また、正六角形のまわりに正三角形と正方形を交互に並べるやり方もある。正十二角形と正三角形の組みあわせもできる。

芸術としてとらえた場合、タイル張り模様の極致が見られるのはイスラム世界だ。モスクをはじめさまざまな建築物の装飾に用いられている。とりわけ複雑な模様になると不等辺多角形が使われている。一見すると、正方形、正五角形、正六角形、正七角形、および正八角形を用いているように思えるのだが、本当にぜんぶが正多角形だとしたら、一個の頂点に集まる図形の内角を足して三六〇度になるはずがない。それがなりたたないと本来ならば図形に隙間ができるはずである。それなのに隙間がないのは、模様をつくった芸術家が正五角形と正七角形を巧みにゆがめているからだ。ゆがみがごくわずかなので肉眼では気づかないのである。

六角形の魔術

正多角形で平面をタイル張りするには、五角形も、七角形以上の多角形も使えないため、関連してくる重要な数字は二、三、四、六ということになる。六はピタゴラス学派にとって特別な数字だった。まず、六は三角数である（6＝1＋2＋3、3章参照）。さらには「完全数」でもある。完全数とは、自分より小さい約数を全部足すと自分自身に戻る数をいう。六の場合、六以外の約数は一、二、三なので、それを全部足すと六に戻る。六の次の完全数は二八で、約数の一、二、四、七、一四を全部足すと二八になる。二八は三角数でもあり、1＋2＋3＋4＋5＋6＋7に等しい。

現代の数学ではこうした数秘学をどれも重視してはおらず、昔々の風変わりな思想にすぎないとしている。それでも、六という数字は数学にとって紛れもなく重要だ。私たちが追う雪の結晶の物語でも大きな意味をもつ。六は二次元における「接吻数」なのだ。何かといえば、まず平面上に円を一個置く。次に、同じ大きさの数個の円が最初の円につねに接する（「接吻する」）ように、しかも互いに重ならないように並べてみる。すると、最初の円のまわりにちょうど六個の円が隙間なく並ぶ。コインで試してみるといい。三次元の場合は円ではなく球を使い、接吻数は一二になる。ピンポン玉で試してみよう。位置をずらさずに手にもつのは難しいが、両面テープを使えばなんとかなる。中心の玉のまわりには一二個の玉が並ぶ。一三個ではだめだ。どんなに頑張ってもうまくいかない。もっとも三次元では隙間がまったくないわけではないので、一二個の球には少し動く余地がある。

接吻数が確定している空間次元はほかに八次元と二四次元しかない。四次元や五次元といった、まだしも理解できそうな次元については今も謎のままだ。なのに八次元と二四次元については完璧な答えが出ている。考えてみればわけのわからない話だ。何か奇妙な偶然の一致のおかげのようにも思えるが、八次元の接吻数が二四〇で二四次元の接吻数が一九万六五六〇であることは一点の疑いもなく証明できる。高次元での空間や球がどんなものかをここで説明するつもりはない。ただ、なんて奇妙な世界だろうとおもしろがってもらえればそれでいい。私はこういう話が大好きなのだ。

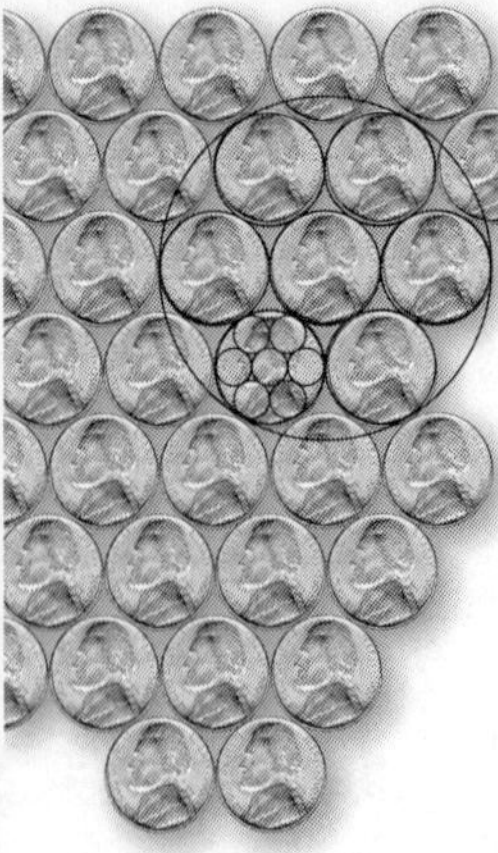

同じ大きさの円（コインなど）を平面に並べる場合、ハチの巣状にすると隙間なく並ぶ（左）。こうすると１枚のコインが別の６枚と「接吻」する。空間に隙間なく球を配置する場合、１個の球に接吻できる球の最大数は 12 個である（右）。

二次元に戻ろう。六個の円は中心円と接しながら隙間なく並ぶので、円をもっとたくさん使って同じように並べれば最初のパターンにつなげることができる。そうやって続けていくとハチの巣模様ができる。あらゆる円のまわりを同じ大きさの円が六個とりまく配置だ。この模様は六角形の雪の結晶より対称性が高い。雪の結晶は中心の一点についてのみ回転対称であるのに対し、この模様はどの円の中心についても六回対称を示す。また、隣りあった二個の円の中心を結ぶ線か、二個の円の接点を通る線を軸にして鏡映対称でもある。それだけではない。並進対称性もある。二個の円を適当に選び、一個めの円が二個めの円の位置にくるようパターン全体を動かしてみよう。それでも全体のパターンはひとつも変わったように見えない。

2章でも触れたように、ケプラーは著書『六角形の雪片について』のなかで雪の結晶が特徴的な対称性を示す理由を考えた。そして、同一の小さな単位がハチの巣模様に並んでいるためだと確信した。彼の考えはほぼ正しい。たしかに同一の小さな単位がある。水の構成要素である水素と酸素の原子だ。原子は格子状に配列されている。しかし、完全なハチの巣構造ではなく、少し違っている（実際にどうなっているかはあとで説明させてほしい。9章参照）。とはいえ、一六一一年にただ思考のみでその結論にたどり着いたことを思うと、ケプラーは驚くほど真実に近づいていたといえるだろう。

自然界では北アイルランドのジャイアンツ・コーズウェイに玄武岩の柱がハチの巣模様をなしている。玄武岩は溶岩が冷え固まってできる。冷えるときに体積が縮むため、まっすぐに割れ目が入る。垂直方向から重力がかかるために水平方向には割れにくく、縦方向に伸びた柱がハチの巣状に連なることが多い。もちろん、ジャイアンツ・コーズウェイのハチの巣構造は完全ではない。それでも、やはり壮観であることは確かだ。これ以外で自然が六角形のタイル張りをしている例にはヘビやトカゲや魚のうろこがある。考えてみればうろこはタイルのようなものだ。自然は倹約家なので、いろいろな形のうろこはつくらせないのである。

ハチの巣状に隙間なく並べるやり方は、ヘビやトカゲのうろこにも見られる（右）。円に近い形で平面を埋めるにはハチの巣状にすると効率がいいからだ。ハチの巣構造がとりわけ目を引くのがジャイアンツ・コーズウェイ（左）である。玄武岩の柱がやはりハチの巣状に隙間なく並んでいる。石柱は溶岩が冷え固まる過程でできたもので、ハチの巣状に並んだ原因もそのプロセスにある。

対称性と芸術

対称性を利用した芸術作品は多い。厳密に数学的な意味での対称性もあれば、おおよその対称性もある。対称性がとりわけ広く用いられているのは陶芸と織物だ。壁紙もそうである。さらにいえば、技術と数学と芸術が手を結んだ典型的な例が壁紙といえる。壁紙の対称性は、タイル張り模様と密接に関連している。しかも、結晶構造を数学的に理解するうえで壁紙は重要な手がかりとなる。これについては少しあとで見ていこう（9章参照）。

本来、壁紙の模様は何でもかまわない。一巻きの紙を吊るし、好きな柄を描き、乾いたら紙を外して丸める。だが、私たちは近代的な大量生産の世界に生きているので、たいていの壁紙は機械の印刷ドラムで続けて何枚も印刷される。こうしたプロセスでつくる以上、当然ながらデザインに制約が課される。いちばんわかりやすい制約は、紙に沿って同じ柄を延々とくり返さ

同じ形が異なる２方向にくり返されると格子が現れる。身近な例は壁紙だ。どの一巻きにも同じ模様が縦方向にくり返されている。その向きに印刷されるのでやむをえないのだ。また、模様は横方向にもくり返され、壁紙を貼りあわせたときに模様がつながるようになっている。

なければならないことだ。さらには別の種類のくり返しも必要になってくる。何枚もの壁紙を貼りあわせたとき、縦方向に連続している柄がつなぎ目でうまく合うようにしなくてはならない。縦だけでなく横方向へのくり返しも必要なのだ。インテリアデザイナーならよく知っているように、横方向のくり返しは水平に連続していなくてもかまわない。壁紙の幅ごとに一段ずつ下げるやり方もある。それでも、模様を縦横二方向にくり返すことに変わりはない。数学でいう「格子」を形成するわけだ。一種類の正多角形を使ったタイル張り模様も、二種類以上を使った模様も、縦横両方向に対称である。壁紙の場合、模様の形態は機能に従うというより、製造技術の制約に従うといえる。

　というわけで、一種類の正多角形を使うタイル張り模様は格子である。また、まもなく見ていくように結晶もそうだ。格子と対称性に関する理論を大まかに理解しておくと何かと役に立ちそうである。

　二次元における格子理論を組みたてたのは、アメリカの数学者で教育者でもあったジョージ・ポーヤである。一九二四年、ポーヤはイギリスの数学者ゴッドフリー・ハロルド・ハーディとジョン・エデンサー・リトルウッドと共同研究を行ない、壁紙（つまり二次元格子）の対称パターンには一七種類しか存在しないことを証明した。一七種類の内訳は、まずフリーズ模様が七種類。模様が平行な列をなして無限にくり返される。さらに菱形をベースにした格子が二種類、長方形をベースにした格子が三種類。ハチの巣模様をベースにした格子が五種類だ。モチーフを慎重に選ぶことで、ある種の鏡映対称を含めたり省いたりすることができる。このあたりは複雑なので、全体を理解するのは一筋縄ではいかない。注目したいのは、三次元については同様の分類がかなり早い時期になされていたということだ。一八九〇年頃、三人の結晶学者エヴグラフ・フェドロフ、アルトゥール・シェーンフリース、ウィリアム・バーローによる業績である。フェロドフは二次元についてもかなり研究したのだが、数学者からは忘れられてしまったらしい。

壁紙の一七パターンはイスラムの芸術家にはすべて知られていた。イスラム世界ではモスクなどの重要な建物を装飾するのに、古くから抽象的な模様を用いる伝統がある。一般にイスラムの芸術家は、模様の形と宇宙の形とに強い結びつきがあると考えていたので、数学的なパターンを用いることで創造者をたたえた。おそらく彼らは、本能と試行錯誤と、意図的な分析を混ぜあわせて自分たちの模様を手に入れたのだろう。いずれにしても論理に基づく厳密な分類をしようとした形跡はない。そもそも、彼らが現代の

画家のマウリッツ・エッシャーは数学的パターンを多用した。『天使と悪魔』(右)にもそれは現れている。芸術や建築に格子模様を活用した代表格はイスラムの芸術家だ。タイル張りの床や透かし彫りの衝立に、見事な格子模様を見ることができる(左)。

西洋の数学者のように模様を考えなければならない理由はないのだ。現に、そうしなかったことを示す証拠なら山ほどある。本章で触れた「ありえないタイル模様」がいい例だろう。目を見張るほど美しいが、若干いびつである。

対称性の数学は、西洋美術には少し異なる道筋を通って入ってきた。時はルネサンス期。芸術家と数学者が力を合わせて遠近法の理論を編みだそうとしていた時代である。一五世紀イタリアの建築家アルベルティは、著者『絵画論』のなかで遠近法をかなり詳しく解説している。それをさらに発展させたのはアルブレヒト・デューラーをはじめとする画家たちだった。遠近法には対称性の数学がかかわってくる。絵画は画家のカンバスという二次元平面を用いるため、三次元空間であれば形が変わらないものでもゆがめて描かざるをえない。そのための手法が遠近法だ。遠近法では対称的なパターンそのものが中心になるわけではなく、その背後にある一般的な規則を利用している。

対称パターンを意図的に用いた画家もいる。マウリッツ・エッシャーだ。エッシャーは一九二二年にスペインを訪れ、アルハンブラ宮殿のさまざまな装飾図案をスケッチした。以後、エッシャーの作品には前にも増して、抽象的な模様や対称パターンの影響が色濃く現れていく。彼の『重量挙げ選手』の下絵を見ると、アルハンブラのモチーフのひとつを下敷きにしているのがわかる。その後のエッシャーは独自の模様を生みだすようになり、ときには数学者の協力を仰ぐこともあった。何より特徴的なのは、動物を定型化してそれをタイルとして用いたことである。

禁じられた五回対称

結晶学にとって六は魔法の数字だ。二次元か三次元で格子になりうる回転対称形のうち、回転できる回数がいちばん多いのが六回対称である。二次元の図形であれば七回対称や、それ以上のものもある。わかりやすい例としては辺の数が七、八、九……本の正多角形だ。ところが、この種の対称形は結晶格子にはなれない。さらにおもしろいのは、二次元や三次元の格子は五回対称にならないことだ。格子が回転対称性をもつのは、二回、三回、四回、および六回対称の場合に限られる。これは結晶構造における有名な制約で、一九世紀前半にアマチュア鉱物研究家のルネ・ジュスト・アユイによって発見された。ということは、五もやはり結晶学にとって魔法の数字といえる。ただし、こちらの魔法は禁じられた黒魔術だ。

古代ギリシアの哲学者プラトンは正多面体が五つしかないことを知っていた。正四面体、立方体（正六面体）、正八面体、正十二面体、正二十面体である。正多面体は平らな面で囲まれていて、すべての面が同一の正多角形で構成され、なおかつ頂点における面の構成がすべて同じである。たとえば、立方体には同一の正方形からなる六個の面があり、そのうち三面が各頂点に集まって、それぞれ九〇度の角度をなしている。

回転対称形については「位数《いすう》」という話をする。位数とは、何回回転させればもとの図形に戻るかを表す。位数が二であれば、一八〇度ずつ二回回転させる。位数が三なら、一二〇度ずつ三回。位数が四なら、九〇度ずつ四回。位数が五なら、七二度ずつ五回。位数が六なら、六〇度ずつ六回だ。たとえば、正四面体は位数二、三の回転対称性をもち、立方体と正八面体は位数二、三、四の回転対称性。正十二面体と正二十面体は位数二、三、五の回転対称性をもつ。このように、三次元でも五回対称という高い対称性を示す物体はたしかに存在する。

しかし、結晶の場合、立方体（食塩）や正八面体や、正四面体の形をとることはあっても、正十二面体や正二十面体には絶対になれない。結晶構造の制約が五回対称を弾《はじ》いてしまうからだ。なんとも残念でならない。このふたつの正多面体はとりわけ美しいの

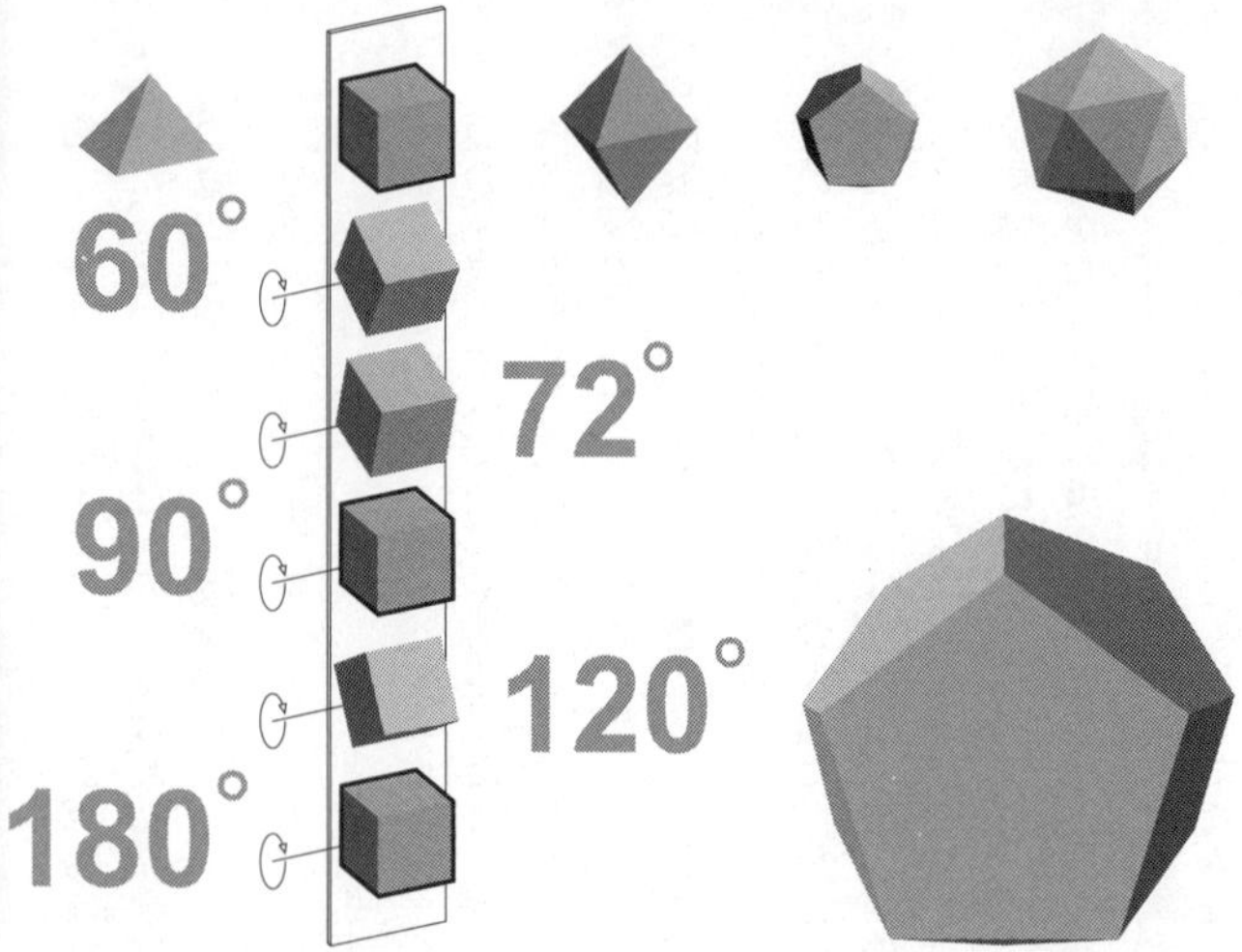

正多面体は５種類しかないことを古代ギリシア人は知っていたし、ユークリッドも証明していた。左から右に、正四面体、立方体（正六面体）、正八面体、正十二面体、正二十面体である。これらの立体は高い対称性をもっている。たとえば立方体は、３本の軸のどれを中心に90度ずつ回転させてももとの形と重なる。結晶には、なれる形となれない形がある。一般的なのは、３回対称、４回対称、および６回対称の形だ。十二面体のような５回対称の形では結晶になれない。

だ。それというのもまさに禁じられた五回対称性をもつためである。

プラトンは数の神秘にのめり込み、正四面体を火と、立方体を土と、正八面体を空気と、そして正二十面体を水と関連づけた。いずれも古代ギリシアで唱えられた四つの基本元素である。では、もうひとつの正十二面体は？　プラトンは抜け目なく宇宙全体と結びつけた。

二次元や三次元の格子が五回対称になれないのはどうしてだろうか。理由は簡単に確かめられる。証明のため、少しのあいだその逆を考えてみてほしい。五回対称の格子が本当に存在すると仮定するのだ。格子図形である以上、格子点の間隔が最短距離になっている二点が存在する。ほかの二点間の距離と等しいか、それより短い二点だ。さて、そういう最短距離になった二個の格子点を考えてみよう。私たちの架空の格子は五回対称なので、その二点のどちらもがまわりを五つの格子点に囲まれているはずだ。相手の点自体と、それを七二度ずつ回転させた四個の点である。すると実際に図を描いてみればわかるとおり、この五点からなるふたつの組から一点ずつ選んで結ぶと、最初の二点間より距離の短いものが出てくる。だが、それがありえないのを私たちは知っている。もともとの二点間がすでに最短距離だと仮定したからだ。

ひとつの前提から論理的に矛盾する結果が得られたとき、その前提が間違っていたと数学者は考える。そうでなければ数学自体が論理の矛盾を抱えることになって、長らく大切にしてきた証明の数々がすべて崩れてしまう。ユークリッドはこの証明法を「背理法」と呼んだ。二〇世紀前半を代表する数学者のゴッドフリー・ハロルド・ハーディは、この手法をチェスのギャンビット（序盤の仕掛け）になぞらえている。ギャンビットとは、手駒のひとつをわざと相手に取らせることにより、長い目で見て相手より優位に立つための作戦だ。「背理法はチェスのどんなギャンビットよりもはるかに洗練されている。チェスであればポーン［将棋でいう歩《ふ》に相当する駒］や上位の駒を犠牲にする場合もあるだろう。ところが、数学者はゲーム全体を犠牲にしているのだ」

背理法を用いることで、五回対称の格子が存在するという当初の前提が間違っていたとわかる。一言でいえば、五回対称の格子は存在しえない。数学者はこのようにして、何が可能で何が不可能かを証明する。

いや、もしかしたら違うかもしれない

アメリカの数学者マーティン・ガードナーは、『サイエンティフィック・アメリカン』誌上に「数学パズル」というコラムを連載していた。一九七七年一月号のコラムは、ガードナーの厳しい基準で見ても不朽の名作といえる。そこには、オックスフォード大学の物理学者ロジャー・ペンローズが考案した驚くべきタイル張り模様が掲載されていた。ペンローズの模様は結晶学の法則をぎりぎりまで曲げている。なにしろ正五角形を基本にしているのだ。初めのうちは楽しい遊び道具として、また純粋数学者にとっての魅惑的な題材として受けとめられたものの、実用的な使い道は皆無だった。事態が一変したのは一九八四年。自然がペンローズ・タイルのような模様を見事に利用していることがわかったのである。ただし、二次元ではなく三次元で。その年、固体物質の新しい状態が発見された。準結晶である。

ペンローズの模様は二種類のタイルでできていて、それぞれ「凧」と「矢」として知られている。どちらも正五角形をいくつかに分解した断片だ。凧は五角形の五分の一であり、そこに矢をつけ足すと菱形になる。この凧と矢を組みあわせれば無数のパターン

で平面を埋めることができる。そのひとつ「太陽の模様」は完璧な五回対称性をもち、中央に並んだ五つの凧がもともとの五角形を再現している。五回対称になる模様はもうひとつあって「星の模様」と呼ばれ、こちらは中央に五個の矢が並ぶ。

といっても、結晶学の法則が破られたわけではない。ペンローズの模様は格子状ではないからだ。だが、破るところまでかなり近づいていた。彼の画期的な発見以前は誰も想像しなかったほど近くまで。ペンローズの模様は周期的ではなく準周期的である。有限種類のピースが無限にくり返されるが、完璧な規則正しさはない。凧と矢で平面を埋める方法はいくらでも存在するものの、どれも局所的に見れば同型である。どういうことかというと、一系列のペンローズ・タイルの限られた領域に着目すると、それと同じパターンは別の系列のペンローズ・タイルにもかならず存在し、何ヵ所にも現れてくる。もしあなたがどれかひとつのペンローズ・タイルの上に置かれ、限られた領域内しか探検できないとしたら、それがどの系列のパターンなのかを自分で見きわめることはできない。ペンローズ・タイルにはもうひとつ気のきいた性質がある。黄金比一・六一八〇三四が関係してくるのだ。フィボナッチ数列で隣りあう二項の比をとると（たとえば34／21や55／34）、しだいにこの数字に近づいていく。ペンローズ・タイルの有限の領域内では、その領域が広くなればなるほど凧と矢の個数の比が黄金比に近づく。世界は一夜にしてペンローズふうの非周期的なタイル模様であふれた。もともとのペンローズ版に独創的なアレンジを加えたものも現れる。ペンローズ自身、タイルを二種類の菱形に変えられることに気づいていた。菱形のどことどこを合わせるとどうなるかは特別な規則で決まっている。八回対称や十二回対称を基本にしたタイル模様まで登場した。あげくの果てに、三次元空間を正二十面体で埋めるパターンも発見される。要はこういうことだ——数学の新しい概念が現れると世界中の数学者がそれにとりくみ、分解して本質的な特徴を取りだして、その変種をできるだけ多く見つけようとするのである。

そして問題の一九八四年、結晶学者のダン・シェヒトマンと共同研究者はマンガンとアルミニウムの合金をX線回折《かいせつ》法で調べ、その結果を発表した。X線回折法は通常、結晶の原子配列をつきとめるために用いられる。結晶にX線を当てると原子によって散乱されて特徴的なパターンをつくるので、そのパターンから対称性を読みとって結晶がどの種類の格子構造をもつかを判断する。するとこの合金は正二十面体の対称パターンを示した。正二十面体は五回対称性をもつ。結晶学の制約から考えて、この合金の原子配列がどんなものであれ既知の格子ではありえない。詳しく調べたところ、原子は三次元版のペンローズ・タイルのように並んでいると判明する。周期的ではなく準周期的な配列である。

これはまったく新しい形態の物質であり、すぐさま準結晶と名づけられた。ほどなく別の例も発見される。たとえば、アルミニウムとリチウムと銅の合金では、銅原子一個にアルミニウム原子六個とリチウム原子三個が結合していた。

この物語はひとつの教訓を教えてくれる。数学的な理想モデルには限界があるのだ。

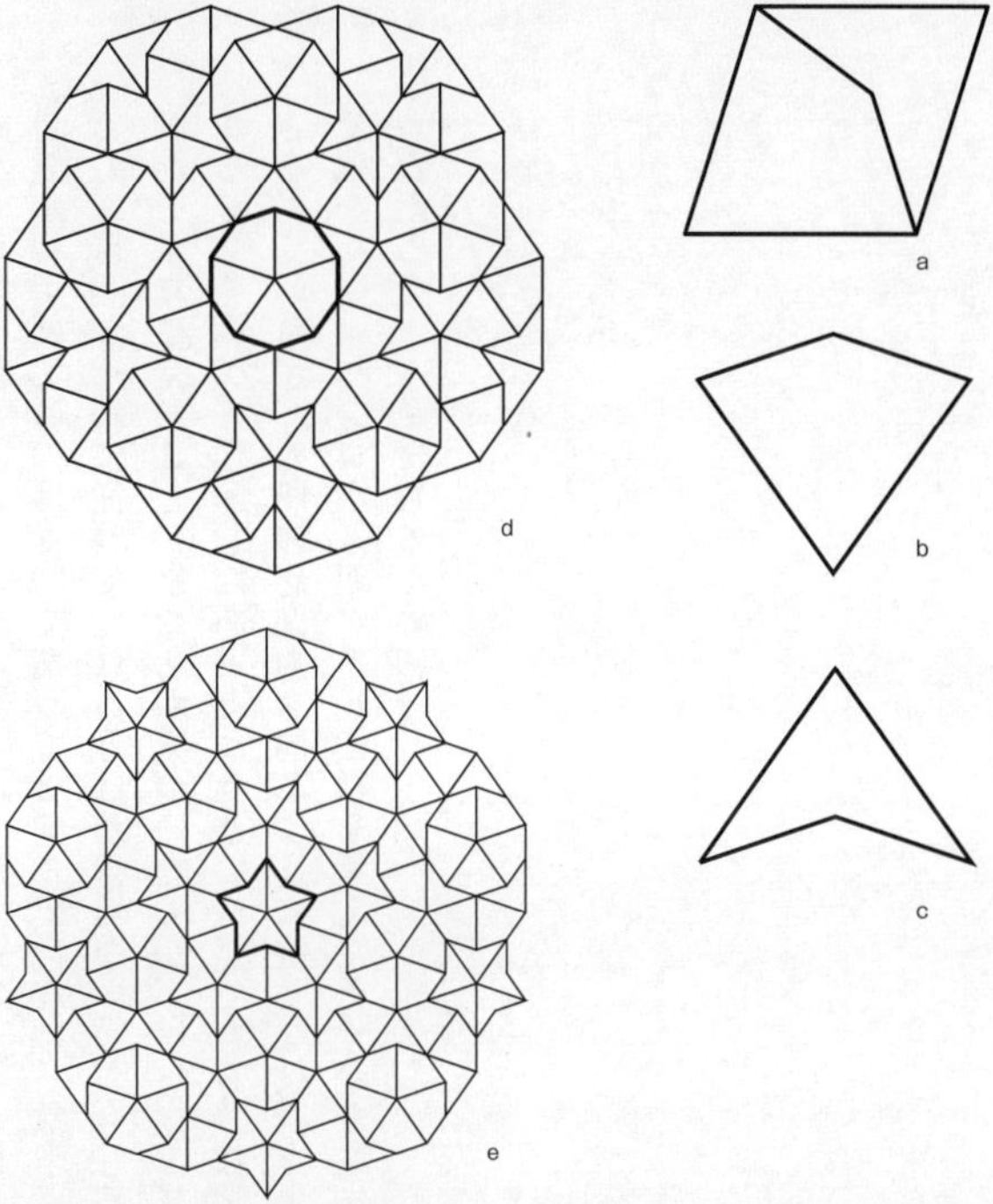

格子に厳密な対称性を求める条件をゆるめれば、5回対称の「結晶構造に似た」パターンができることを物理学者のロジャー・ペンローズは発見した。たとえば、72度と108度の角をもつ1個の菱形（a）から出発し、それをふたつの形に分ける。ひとつは「凧」（b）で、もうひとつは「矢」（c）だ。凧と矢を使って平面を埋めていくと、並べ方は無数にある。そのうちふたつのパターンには完全な5回対称性がある。太陽の模様（d）と星の模様（e）だ。だが、ふたつに限らずすべてのパターンに5回対称的な要素が少なくともある程度は存在する。ペンローズの発見以後、こうした「準格子」パターンにはいくつもの変種が見つかっている。なかには立体もある。「準結晶」という新しい物質の状態も発見され、原子がかならず準格子パターンに配置されている。

モデルの場合は、どんなふるまいが許されるかはモデルに課された制約で決まる。だが、自然が相手にするのは本物であってモデルではない。数学者にとっては都合のいい制約でも、自然がそれに従ってくれるとはかぎらない。おもしろいのは、自然が結晶構造の制約を乗りこえたことに私たちが気づいたのが、ペンローズ・タイルを純粋数学の側面から詳しく調べて理解したあとだったという点である。数学者は自然から多くのひらめきを得ているが、人間の想像力も同じように重要な役割を果たしている。自然のためにではなく――ペンローズがタイル模様を考えだそうがだすまいがその合金は準結晶になっただろう――私たちのために。

8章 自然界にあふれる斑点と縞

考えてみれば、ある種の動物は壁紙を着て歩いているようなものである。毛皮の壁紙だ。彼らの模様には格子と同じ対称性がある。もっとも、腹や脚が突きでているためにさ多少のゆがみはあるが。スコットランドの動物学者ダーシー・トムソンは、名著と名高い『生物のかたち』のなかでこう記している。「シマウマは縞模様のおかげで、草原でも目立たぬように草を食める。トラは縞模様のおかげで、ジャングルで待ちぶせするときに気づかれずにすむ。縞柄のチョウチョウウオやスズメダイは、すみかである サンゴ礁の色合いに合わせて飾りたてられている。黄褐色のライオンは砂漠の砂と同じ色だ。一方、ヒョウが斑《まだら》の皮をまとっているのは、枝にうずくまっているときに木漏れ日の模様に溶けこむためである」

ヒョウは斑模様を変えられないといわれる。だが、まずどうやって斑点を得たのだろう。シマウマはどのようにして縞模様になったのか。そもそも模様はいったい何のためにあるのだろうか。

理由のひとつはおそらく進化にある。目立つ模様がついていれば自分の仲間を見分けやすい。つがう相手を見つけるのにも便利だし、天敵を避けるときにも大事な役割を果たす。ひときわ豪華な鳥の模様――クジャクの尾羽やゴクラクチョウの色鮮やかな飾り羽――は性淘汰を通じて進化したと見てまず間違いない。性淘汰とは、雄がもつ何かの特徴を雌がさしたる根拠もなく好んだ結果、その好みが反映されて特徴が増幅され、雄が一段と豪華な羽毛をもつように進化することだ。雄はそれだけ余計な荷物を抱えることになるから生きていくのが大変になる。だが、大変であればあるほど雌の好みはその方向に向かいやすい。雄が大きなハンディキャップを背負っても生きていけるのなら、並外れて「良い遺伝子」をもっているにちがいないからだ。しかし、進化は非常に長い時間をかけて進んでいくため、この種の筋書きが正しいかどうかを科学的に証明するのはまず無理である。信頼性の高い指針、という程度に受けとめておくのがいいだろう。

縞模様は鮮やかで見栄えがする（口絵8ページ参照）。じつに見分けやすい。シマウマ、トラ、イノシシの子、アライグマなど、多くの動物が縞模様をもっている。だが、動物界の縞模様はそれだけではない。なかでも目を引くのが貝殻だ。ダイオウスカシガイの貝殻は、サーカスのテントのような円錐形でてっぺんに穴があき、茶色と白の縞が円錐の頂点から放射状に広がっている。インド洋や太平洋にすむナガカズラガイの貝殻は、渦巻きと垂直の方向に縞が走っている。カリブ海に分布する近縁種のアツウラシマでは、渦巻きと平行に縞が並ぶ。貝殻の場合は、このふたつのどちらかの向きに縞が入るものが多い。シマアラレボラの貝殻は縞模様に見えるが、じつは一本の茶色の帯と一本の白い帯が貝殻の形に沿って渦を巻いているだけだ。南オーストラリアの砂浜に見られるヤナギシボリニンギョウボラの貝殻には、薄いクリーム色の地に茶色の線が間隔をあけて走っている。西アフリカで見つかるニンギョウイモは、点線のような黒い縞模様が特徴だ。

縞模様を愛する代表格といえばやはり熱帯魚だろう。彼らを見ていると、縞模様でできないことなどないように思えてくる。ブルー・ストライプト・グラントにはその名のとおり、少し波打った鮮やかなブルーの縞が体に沿って伸びている。しかも地は黄色で、ブルーの縞には黒の縁取りつきだ。フレンチ・エンゼルフィッシュは、印象的な黒の地をバックに何十本もの細かい黄色の縦縞を散らしている。オヤビッチャは、銀色の地に太い黒の縦縞を五本もつ。仏頂面のナッソー・グルーパーには薄い灰色の地に濃い灰色の縞が入っているが、体の部分では縦縞なのに、尖った頭の部分では横縞になっている。イットウダイの赤い体には白の横縞が走っている。トゲフデハタは決心がつきかねているのか、細い青の横縞の上から白黒の縦縞がかぶさっている。

なぜこんなにまで縞模様が多いのだろう。ひとつ考えられるのは、平らな平面に模様を描くには縞がいちばん手間がかからないからである。たしかに、一組の縞模様は一次元にすぎないともいえる。二種類の色を縦に交互に置いていき、それを横向きにこすって平面全体に広げればいい。ということは、数学者であればすべてを一次元の断面に置きかえて縞模様を調べられるのではないか。

もちろん彼らはそうしている。

斑点

縞模様より複雑なのが斑点である（口絵8ページ参照）。斑点は貝殻によくある模様だ。代表的なのがカノコダカラである。熱帯魚にもスポッテッド・トランクフィッシュやイエローテール・ダムゼルフィッシュなどがいる。縞模様の動物には斑模様の親戚がいることが多い。そのいい例が大型ネコ科動物だ。ヒョウの斑模様はよく知られているうえ、ほかにもチーター、ジャガー、マーゲイ（小型のヤマネコ）、ユキヒョウなどに斑紋がある。詳しく調べてみると、たいていの斑紋はそれ自体が複雑な構造をもっている。また、斑紋は縞模様とつながりがありそうで、縞になりそこねたように見えるものが結構ある。

チーターの体は薄茶色の毛皮に覆われ、そこにほぼ円形の黒い点々が気前よくちりばめられている。斑点の大きさには少しばらつきがあり、配置もとりたてて規則正しいとはいえない。かといってでたらめでもない。斑点はかなり均一に全身に広がっていて、点と点のあいだはほぼ等間隔だ。でたらめに配置されているのなら、斑点が一ヵ所に固まっている場所やまばらな場所があってもよさそうなものである。

チーターの模様でとくにおもしろいのは、斑点が列をなしているように見えることだ。もしかしたら気のせいかもしれない。だが、尾の部分を眺めていると気のせいだけとはいいきれないように思えてくる。尾の付け根に近いほうでは、斑点がきれいな輪を描いて尾のまわりを一周している。それぞれの輪のなかの斑点どうしは非常に近いが、輪と輪は明確に離れている。尾の先に近づくにつれて輪のなかの斑点が重なりはじめ、最後には点がつながって継ぎ目のない輪になる。つまり輪状の縞模様だ。尾の半分くらいは輪状の縞模様が平行に並んでいる。

パターン形成の数学についてよく知っている人なら、どうしてもひとつの推測に飛びつきたくなるだろう。斑点が並ぶのは縞に「なろうとした」システムにはよくあることだと。ただ、縞自体が不安定なために縞になれなかったのだ。これを海になぞらえて考えてみたい。海では、何本もの波の列が浜辺にうち寄せては砕けている。この列はいわば水の上を動く縞模様のようなものだ。波の山を赤で、谷を青で色をつけたら、赤と青の縞模様ができる。

このように数学は比喩を用いて何かにたとえるのを得意としている。比喩を通して重要な共通点を浮かびあがらせるのだ。波の比喩と縞模様に共通するのはプロセスである。プロセスが共通していれば、大きく括《くく》ってだいたい同じ種類の模様ができる。それが同様のプロセスすべてに共通する典型的な模様なのである。では、そのプロセスとは何かといえば、均質な土台に波を形成するプロセスだ。海の場合、土台となるのは穏やかで平らな水面であり、プロセスの原動力は海流と風である。シマウマの場合、土台となるのは体毛中に分布する色素であり、プロセスの原動力は化学反応だ。前者では、波が形となって現れる。後者では、波が色となって現れる。数学的に見ればどちらにも本質的な違いはない。

縞

模様が安定するかどうかは、状態が乱されたときに模様がどう反応するかにかかっている。一言でいえば、乱されても形を保てば模様は安定し、保てなければ不安定になる。線状の波――つまり縞――が不安定になったとき、普通はその線に沿って波打つ曲線が現れる。それまでは平行線だった縞が波形に蛇行し、幅の広い部分と狭い部分が交互にくり返されるようになる。すると、その狭い部分が完全に切り離され、波は砕けて、塊が点々と線状に連なるだけとなる。まさしくこれこそがチーターの尾の付け根あたりで起きていることのように思えるのだ。体のほかの部分でも同じかもしれない。ただし、チーターの縞模様が不安定なのは流体力学ではなく化学的な理由によるものである。

ヒョウの斑紋も長い線状に並んでいるので、模様ができる大まかなメカニズムはたぶん同じだろう。ヒョウの見事な斑紋を見ると、私たちがいかに細かいこと（どんな化学反応が起きているか）を知らないかを痛感する。毛皮の地の部分は明るい薄茶色だ。個々の斑紋は中央が茶色で、一見すると黒い輪のようなものがまわりをとりまいている。

だが、よく見ると輪はつながっておらず、三つか四つの黒い塊に分かれていることが多い。一方、ユキヒョウの色使いはだいぶ違っていて、灰色とクリーム色だ。だが、いとこと同じく斑紋は複雑である。

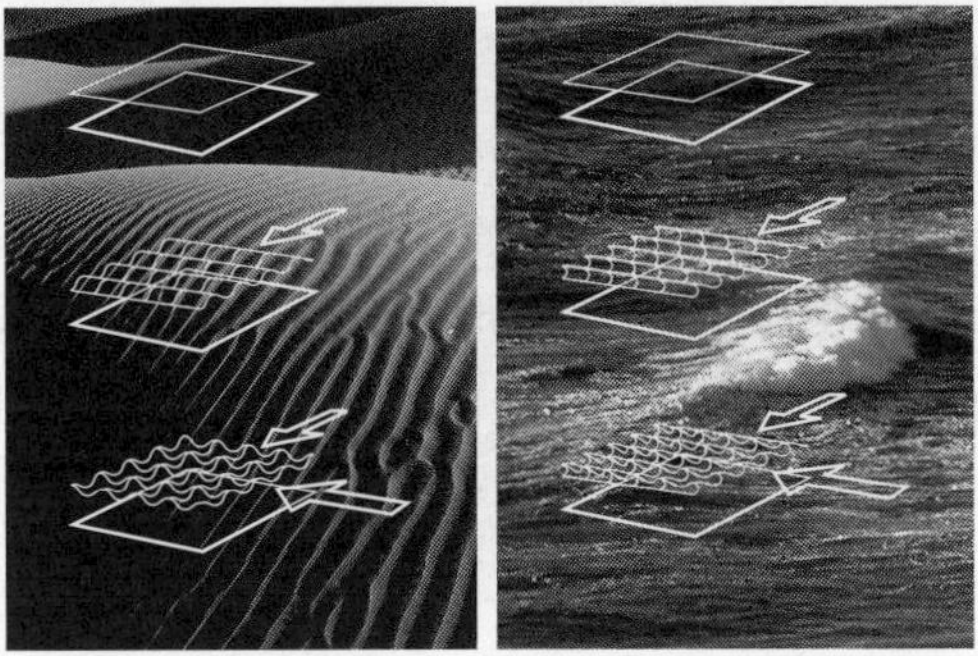

砂漠の砂丘を数学的に考えると、平面上の波模様に置きかえることができる。条件が変われば違う模様が生まれる。どんな模様になるかは風速と風向きで決まる。

動物の模様を数学の理論で説明しようと思うなら、こうしたことをすべて考慮に入れ、すべてを説明できなければならない。

波

縞と斑点のつながりから考えると、雪の結晶の謎に向かって進むためには波の数学に目を向けるのがよさそうだ。もちろん、動物の模様の場合はおそらく化学物質の波だろう。しかし、ひとつの一般的な数学の理論があらゆる波に適用できるのが波の素晴らしいところである。数学の優れた長所のひとつは応用がきく点だ。波の場合はその長所がうまく利用できる。

まずは一種類の波、できれば単純で理想的な波に注目するのがいい。それを対象に実験や考察を

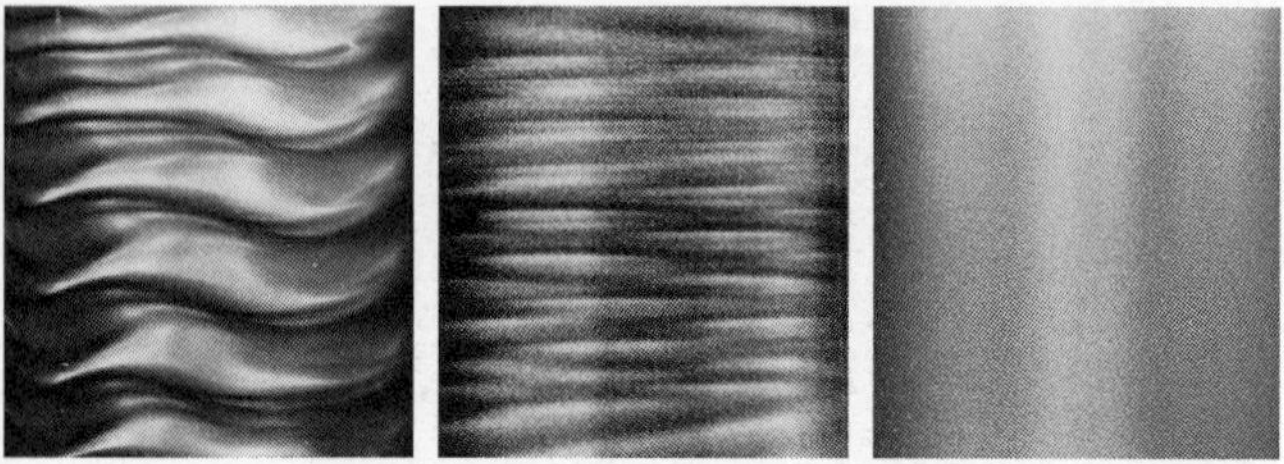

砂漠の砂丘と同じ種類の模様が、まったく異なる物理の領域に顔を出す。クエット－テイラーの実験では、二重にした円筒のあいだに液体を閉じこめて円筒を回転させた。すると、回転速度に応じていろいろな模様がつくられた。この現象の根底にある対称性は砂丘の場合と変わらない。それを確かめるには、円筒形を切りひらいて平らに広げてみればいい。すると円筒は平面となり、回転は平面上を吹く風と同じ作用をもたらしていたことがわかる。

進めてから、ほかのいろいろな波にもあてはまる原則を引きだす。そうすれば、物理的にはなかなか手の届かない波についても説明できるようになる。少しいいすぎだと思うかもしれない。流体の流れを表す方程式と化学物質の拡散を表す方程式は大きく異なり、それは数学者なら誰でも知っている。それでも、両者には深いところでいくつかの共通点がある。いちばん確かな共通点は、パターンがつくられるときに対称性が影響していることだ。

ふたつのまったく異なる物理システムを例にして考えてみよう。海と砂丘である。表面が平らな大量の液体（数学者の理想の海）があるとして、そこにできるいちばんありふれた模様は平行な波だ。表面が平らな大量の砂（数学者の理想の砂漠）があるとして、そこにできるいちばんありふれた模様は平行に連なる砂丘だ。表面が平らな大量の液体に二番めに多くできる模様は、波の山と谷が「斑点のように」格子状に並んだものである。砂漠で二番めに多くできる模様は、バルハン砂丘が「斑点のように」格子状に並んだものである。こうした共通点は、単なるたとえ話に留まらないのがわかるだろう。どちらのシステムも、理想的なモデルに置きかえれば同じ対称性をもっている。だとすれば、どちらも同じ数学のカタログからパターンを選んでいると考えられる。

この考え方はきわめて真実に近い。適切な装置で実験を行なえば、よりいっそう近いことがわかる。一九世紀末、フランス人科学者のモーリス・クエットはじつに興味深い実験を編みだした。二重にした円筒のあいだに液体を閉じこめ、内側の円筒を回転させるのである。のちにイギリスの応用数学者ジェフリー・イングラム・テイラーがアイデアをさらに発展させたため、この実験は今ではクエット－テイラー方式と呼ばれている。円筒は「四角形を筒状に丸めたもの」とも考えられる。周期的なパターンに注目するかぎり、そういう解釈をしてもパターン・カタログには何の支障もない。

クエットが興味をもっていた模様はただひとつ。しかも、じつに退屈な模様――無模様だ。円筒をゆっくりと回転させているときには何の模様も現れない。速度を上げると、テイラーが予想したとおり、ドーナツ形の渦を縦に積みかさねたようになる。これをテイラー渦と呼ぶ。もっと高速で回転させると渦が波打ってくる（縞模様が崩れて斑点ができ始めるようなもの）。のちの実験では外側の円筒も回転させた。内側とは反対向きに回転させると、理髪店の看板のように波がらせん状に回転する。おもしろい模様はこれだけではない。波打つ渦、ねじれた渦、互いに交差するらせん。乱流の渦巻きまである。だが、私たちの目的を考えれば、ドーナツ形の渦とらせん状の波のふたつを押さえておけばいいだろう。

この現象は砂丘のつくられ方に読みかえることもできる。頭のなかで円筒を縦に割り、広げて平らなシートにしてみよう。模様も一緒にだ。どうなるだろうか。退屈で無模様のクエット流が、退屈で無模様の砂漠になる。砂丘のない、平らな砂漠だ。積みかさなっていたテイラー渦は縞に変わった。砂山の列が平行に並ぶ横列砂丘である。波打つ渦はバルハン砂丘になる。縞が途切れはじめた結果だ。らせんは斜めの縞に相当する。これは縦列砂丘だ。

こうした比喩を信頼できる科学に変えるためには、専門的な点をいくつも検討しなくてはならない。砂に適用できる確実な方程式がないのも大きな問題のひとつだ。しかし基本的な考え方として、今のたとえは見た目が似ている以上のものをとらえている。同じような比喩が平面上のあらゆるパターン形成システムにあてはまるからだ。液晶や幻視も例外ではない。こちらについては、なおさら専門的な検討が必要ではある。それでも、一個のシステムの対称性に注目すれば、そのシステムがどのようなパターンを形成でき、どのようなパターンを形成できないかがかなり判断しやすくなる。そこが重要なポイントだ。物理学に基づいて細部まで入念な分析を加えれば、実際に形成されそうなパターンはどれで、どのような状況でそうなるかもわかる。普遍性と多様性という、相反する両方のものが得られるのである。

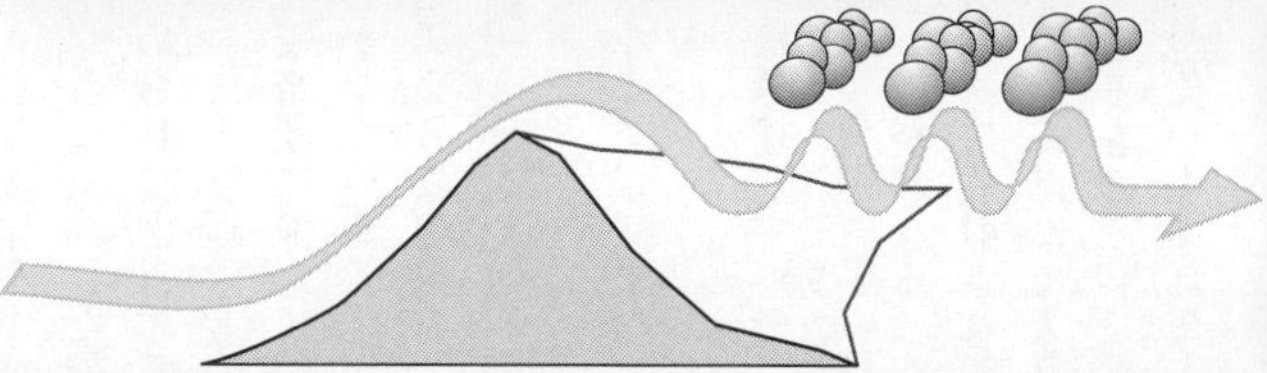

暖かい空気は上昇する。だが、すべての空気が同時に上昇することはできないので、暖かい空気はいくつもの対流セルに分かれる。各セルの中心部で暖かい空気が上昇し、セルの周辺部で下降してくる。大気がこのようなパターンで循環することが雲をつくる原因となる（上）。もうひとつよく見られる気象パターンとして、山脈や丘陵の風下側に雲の帯が平行に並ぶことがある（下）。山のせいで大気に波が生じ、その波の頂点の部分に雲が発生する。雲は、空気が冷やされたために水蒸気が凝結してできる。

気象のパターン

クエットとテイラーの実験結果とかなり似たパターンが、流体の層を熱した場合にも現れる。流体が熱せられると、冷たい流体より密度が減るので上昇する。では、浅い液体層を下から均一に加熱したらどうなるだろうか。一度に全部が上昇することはできない。液体が空中に跳びだすことになってしまうからだ。そのかわり、ある一定の温度を超えると液体がいくつかの領域に分かれ、その領域内で上向きの流れと下向きの流れが生じる。上昇した液体が液面まで達すると、冷やされて下降する。下降した液体は再び暖められて上昇する。このサイクルがくり返されるわけだ。この現象を発見したのはフランス人物理学者のアンリ・ベナールである。ベナールの実験からは、個々の領域が平行な帯状に並んで縞模様をつくったり、市松模様やハチの巣模様になったりすることもわかっている。

流体が熱せられたときにこのような運動をすることを「対流」と呼ぶ。また、流体が分かれてできる領域を「対流セル」という。対流は気象システムの大きな特徴でもある。この場合、熱を加えるのは太陽だ。

私たちの目当ては雪の結晶なので、気象のパターンとそれが生じる仕組みを見ておいて損はないだろう。

小さい規模であれば私たちは地球が平らだというふりをすることができる。大気は比較的薄い層だ。地球は自転しているので、太陽が昇ったり沈んだりする。それにつれて気温が上昇と低下をくり返し、風が起きる。空気は日中は太陽に暖められるが、夜間はそうはいかないので熱が大気圏外に放射される。大気は気体と水蒸気が混ざりあってできており、昨今では汚染物質もふんだんに入りこんでいる。気象とは、この大気が物理の法則に従った結果として生じるものだ。

この法則からはいろいろな現象が生まれるようである。

実際の地球の表面は平らではないので、気象は地形の影響を受ける。風が山脈を越えて吹いていくとき、風下側で連続した波をつくることが多い。空気が上下して正弦曲線を描くのだ。曲線の頂点の部分に雲ができるので、山脈と平行に何列も雲の帯が並ぶ。これを波状雲という。

対流セルは大気中にもできる。この対流セルが原因で、私たちにもおなじみの雲がつくられる。積雲だ。地表近くの暖かい空気は、植物や川や湖から水蒸気を集めて上昇する。だが、大気の上層は気温が低い。空気が冷えると暖かい空気ほど水蒸気を抱えられないので、水蒸気の一部が凝結して綿のような白い雲になる。空気は十分に冷えると上昇をやめる。この現象を「逆転」と呼ぶ。逆転が高度一五〇〇メートルくらいで起きれば、積雲はあまり盛りあがらずに横に広がる。夏にはよく見られる状態だ。これは晴天時の積雲である。逆転が起きないと雲は二倍の高さにまで成長し、雲の頂上部分は氷の結晶ができる高度にまで達する。これがときににわか雨の引き金を引く。氷は対流の渦にとらえられて下降し、暖かな層にまで降りてくると溶けて地面に落ちてくる。もっと極端な場合、雲はさらに高く上昇して（温帯で高度九〇〇〇メートル、熱帯で一万五〇〇〇メートル）積乱雲に発達する。典型的な雷雲だ。雲の頂上部は外に向かって広がり、氷が密に詰まった巻雲《けんうん》になる。巻雲は天井部分が水平に広がって金床《かなとこ》型になるのだが、それは雲がもう上昇できないうえ、強風によって広げられるせいだ。頂上部では水蒸気が氷の結晶に付着して凝結し、やがて氷の塊へと成長する。この塊は雹《ひょう》となって落ちる場合もあれば、途中で溶けて雨になる場合もある。雹の粒は玉ねぎのような層状になっているものが多い。おそらく、落ちてくるあいだに何個か雲を抜け、そのたびに新しい層をまとったのだろう。

嵐雲のなかを循環しているのは水蒸気と氷だけではない。いちばん劇的な現象をひき起こすのは電気だ。雲の頂上部は強い正の電荷を帯びているのに対して、低層部はほとんどが負の電荷を帯び、ところどころに正の電荷を帯びた部分が散らばっている。いちばん激しい雨をもたらすのはその部分だ。上層と下層の電位差が限界まで高まると、ついに何かが崩れて稲妻となって放電される。稲妻は雲から雲へ、もしくは雲から地面へとすばやく走る。稲妻の発生によって大気が引き裂かれると、衝撃波が発生する。これが雷鳴だ。大気の温度がかなり低ければ雲は雨のかわりに雪を降らせる。このように、一個の雪の結晶をつくるには複数のパターン形成プロセスが複数のスケールに作用している。

チューリングのトラ

なるほどわかった。雲のなかに見える縞や斑点は純粋に物理学的なプロセスによって生じ、数学の規則に支配されている。だが、動物の模様には生物学のプロセスも絡んでくるのではないか。動物の模様は色素のパターンであり、色素は遺伝子によってつくられるタンパク質だ。だとすれば、トラの縞模様やヒョウの斑紋を生む化学成分は遺伝学

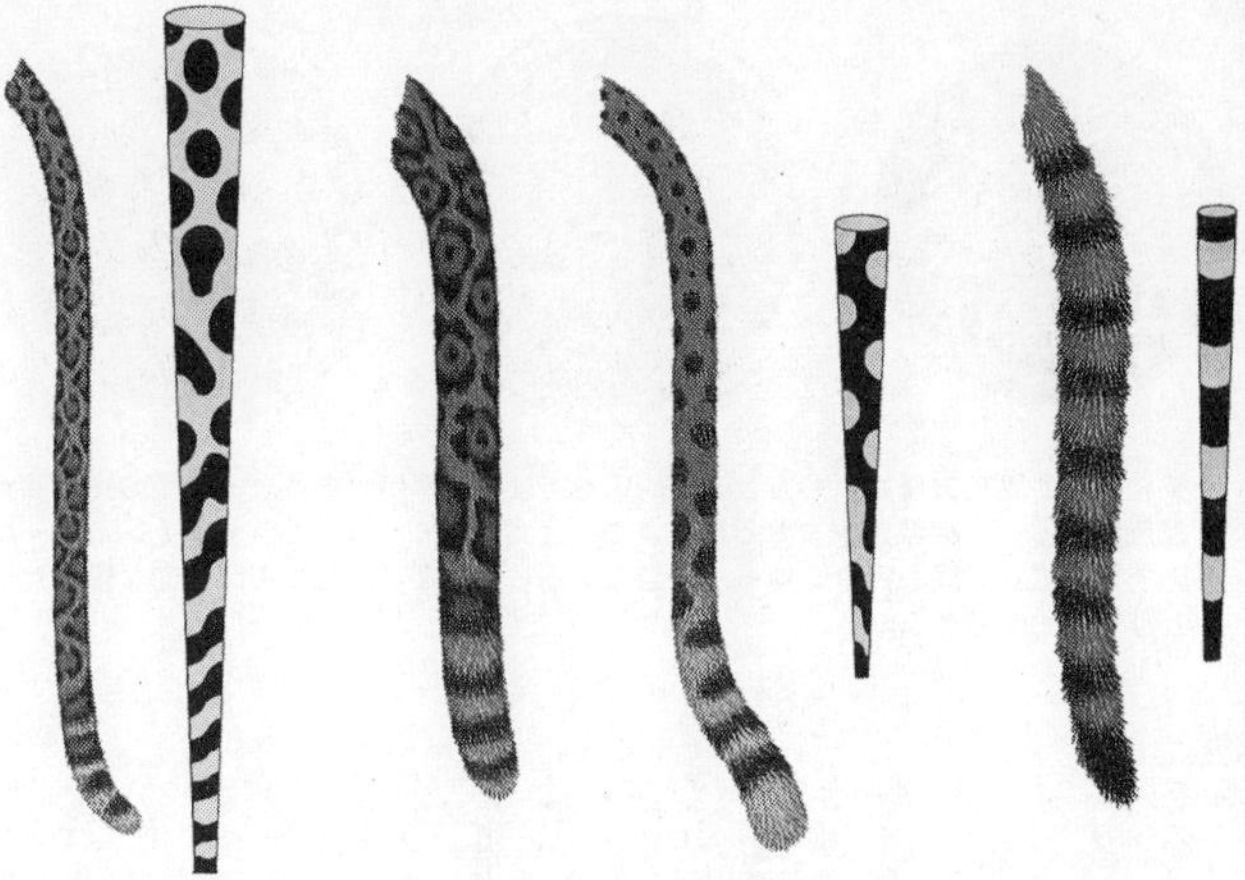

アラン・チューリングは化学物質の拡散を数学の方程式で表し、それを使って動物の模様のでき方をモデル化した。先細りの円筒にチューリングの方程式を適用すると、現れる模様は大型ネコ科動物の尾の模様に非常によく似ている。左から、ヒョウ、ジャガー、チーター、ジャコウネコ科のジェネット。

の法則に基づいているはずである。それでも、パターンそのものは数学の規則に支配されているという考え方はなりたつ。少なくとも、どういうパターンをとりうるかや、実際に生じるパターンがどんな原理で決まるかについてはそうだ。数学の規則が遺伝子と協力して働いているのである。

一九五二年、数理論理学者のアラン・チューリングはきわめて複雑な理論を展開し、化学物質が反応して組織内を拡散することによってひとりでにパターンがつくられるのを示した。彼はそうした化学物質をモルフォゲンと呼んだ。これが形を生みだすもとになる。チューリングが初めて自説を発表したときには一〇〇

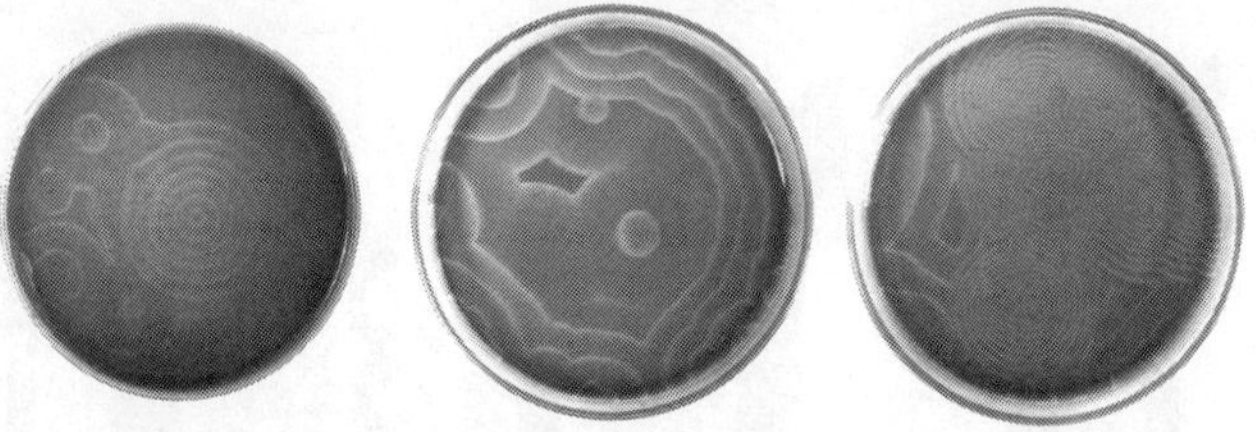

チューリングの方程式がもっと直接的にあてはまる事例がある。ある種の化学物質が反応すると、模様が生まれるのだ。たとえば、ベロウソフ-ジャボチンスキー反応では、広がる同心円や、ゆっくり回転するらせんなど、じつに印象的な模様がひとりでにつくられる。

パーセント理論のみであった。ところが、ほどなくしてチューリングのパターンを示す事例が現実の世界に見つかり、化学者の注目を集める。いわゆる「ベロウソフ－ジャボチンスキー反応」だ。ある種の化学物質を混ぜあわせて浅い容器に入れておくと、一様に茶色がかった混合液ができる。だが、何分かたつと小さな青い斑点がいくつか現れる。現れる位置に規則性は見当たらない。青い斑点は広がり、中心部が赤く変わる。まもなく容器には赤と青の同心円がいくつも現れる。ちょうど標的模様のようだ。容器を少し振ると、赤と青は渦を巻いてゆっくり回転する。

念のためにいっておくが、動物によくあるような模様とは違う。しかし、チューリングの方程式からはじつに多種多様な模様が生みだせることがわかっている。縞、斑点、ぶちはもちろん、ほかにもいろいろだ。ヒョウのような複雑な斑紋も例外ではない。ただし、ベロウソフ－ジャボチンスキー反応でできる模様にはひとつ問題がある。模様が動くことだ。シマウマの縞も、ヒョウの斑紋も、動いたりはしない。ところが、チューリングの方程式からは静止した模様も動く模様も生みだせる。どちらになるかは、どのような反応が起きるかと、化学物質が拡散する速度によって決まる。

生物の模様が具体的にどういう仕組みでつくられるにせよ、単に皮膚や毛皮の色素が反応したり拡散したりというだけの話ではない。いくつかの段階を踏んでプロセスが進行していくはずだ。しかも、このプロセスは成体ではなく胚のなかで起きる。胚自体に明確な模様が現れなくても、何かの形で胚の内部にひそんでいなければおかしい。それでもチューリングにとって大事だったのは、自分の理論で正しい種類のパターンがつくりだせることだった。たとえば、平行な波の山と谷に沿って色素が溜まれば縞模様になり、波どうしが干渉してもっと複雑な系になれば斑点ができる、といった具合である。

チューリングの初期の方程式は、生物の実態をあまりにも踏まえていなかったために正確なモデルを提供できなかった。一方、現代の遺伝学には別の欠点がある。遺伝学はタンパク質のつくり方を説明するものの、そのタンパク質をどうやって組みたてれば一個の生物になるかを教えてはくれない。それ以上に問題なのは、なぜ自然がこれほど数学的パターンを好むのかを語ってくれないことだ。どう考えても両方の視点を組みあわせる必要がある。

ふたつのアプローチがどう違うのか、またどちらも現実を説明しきれていないとはどういうことかをつかむため、一台の車（発達中の生物を表す）がとある風景のなかを走っていると考えてみてほしい（風景はその生物がとりうるすべての形を指し、谷はありふれた形を、山は珍しい形を表す）。チューリングが想定したようなモデルでは、ひとたび車が動きだしたら地形の凹凸に沿ってそのとおりに走らなくてはならない。それに対して現代の遺伝子観では、遺伝子が次々と好きなように指示を出して発達プロセスを進めていくと考える。「左に曲がり、まっすぐ一〇〇メートル進んで、今度は右に曲がれ……」。指示さえ適切であれば、どんな目的地にもたどり着ける。

しかし、実際の発達プロセスではそのどちらかのメカニズムしか働いていないということはありえない。スイッチのオンオフを命じる遺伝子の指示が、ひとりでに進行する化学の力学と手を携えているはずだ。せっかく車が風景のなかを走っていても、指示に従ったばかりに湖に飛びこんだり、崖から落ちたりするかもしれない。その一方で、何のコントロールもなしに自動で走っているよりは、運転手がいるほうがもっと自由に目的地を選択できるのも確かだ。これと同じで、生物はどんな形にもなれるわけではない。形や構造が決まるときには、ＤＮＡの法則だけでなく物理の法則の制約も受ける。だが、物理の法則に合致する発達の道筋がいくつかあるなら、ＤＮＡは候補のなかから自由に選んで指示を出すことができる。発達をコントロールするのはＤＮＡだけでも力学だけでもない。両方の相互作用だ。たとえるなら、交通量に応じて風景自体が形を変えていくようなものである。

粘菌のらせん

とるに足らない粘菌（細胞性粘菌）を見ればこの問題の本質がよくわかる。大事なのは遺伝子そのものではない。遺伝子で何をするかだ。粘菌は知性をもたない小さな生物である。これがじつに見事ならせん模様を描く。その模様はどの程度まで遺伝子に記されているのだろう。らせんをつくるための遺伝子があるのだろうか。

この問いに答えるには、粘菌がどうやってらせん模様を描くかを理解する必要がある。らせんづくりは集団活動だ。粘菌はたった一個で存在するのではなく、コロニーをつくっている。粘菌のライフサイクルは微小な胞子から始まる。胞子の実体は乾燥したアメーバで、風に吹かれて飛んでいき、湿り気のある好ましい場所を見つけて着地する。それからもとのアメーバの姿に戻って餌を探し、大きく成長したらふたつに分裂して増殖する。すぐにあたりはアメーバでいっぱいになる。集団が大きくなりすぎて餌が不足すると、いくつかの小さなグループに分かれはじめる。同じグループのアメーバは一塊になる。そのグループが共通の目的地を目指して移動するとき、じつに優美ならせん模様を描くのだ。しかも、らせんはゆっくりと回転している。

時間がたつにつれてアメーバの集団は密度が高くなり、らせんの渦がきつく巻かれるようになる。すると渦巻きが崩れ、木の根や枝のように分かれて流れる模様になる。その流れは厚みを増す。同じ場所に行こうとするアメーバの数が増えるにつれて、アメーバどうしが重なって山になり、ナメクジに似た形になる。これを移動体と呼ぶ。移動体は一個の生物ではなくコロニーだ。にもかかわらず、いかにも一個の生物のように動き、増殖のために乾燥した場所を探す。乾燥した場所が見つかると、地面に体を密着させて長い柄を伸ばす。柄をつくる役目のアメーバ以外は柄の先端に集まって丸い塊になる。この構造全体を子実体《しじったい》と呼ぶ。子実体の上に乗ったアメーバは胞子に姿を変えて風に飛ばされ、また新しいライフサイクルを始める。

複雑に思えるが、それはただの気のせいかもしれない。数理生物学者のトマス・ヘファーとマールテン・ブールライストは、らせん模様と流れ模様をともに再現できる単純な方程式系を発見した。これらの模様を決める重要な要素はわずか三つ。アメーバの個体数密度と、アメーバがサイクリックＡＭＰ（ｃＡＭＰ）という化学物質を分泌する速度と、ｃＡＭＰに対する個々のアメーバの感受性だ。大まかにいえば、個々のアメーバは隣のアメーバにｃＡＭＰを送ることで、自分の存在を「叫んで」知らせている。すると叫び声がいちばん大きかった方向にアメーバたちは向かっていく。ほかのいろいろなことはすべて、このプロセスが数学的規則に従った結果にすぎない。

数理生物学者のコーネリアス・ウェイジャーはそれと非常によく似た方程式を用い、移動体の動きもモデル化した。これは三次元の問題であり、答えには「スクロール波」と呼ばれる不思議な三次元の波がかかわっている（口絵9ページ参照）。やはり数理生物学者のアート・ウィンフリーも、こうした三次元の波がベロウソフ－ジャボチンスキ

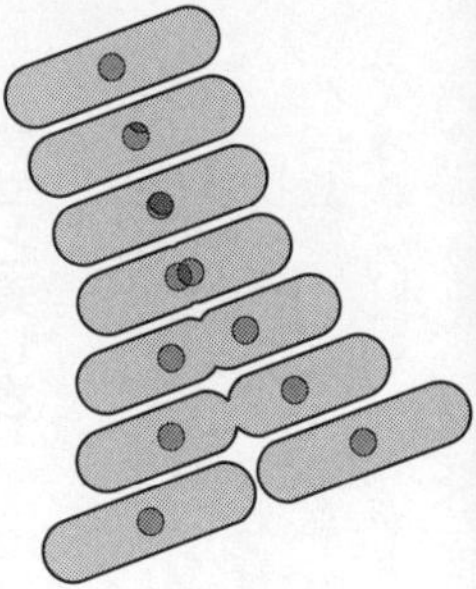

アメーバの算術は非常に変わっている。割り算をすると2倍になるのだ。つまり細胞分裂によって増える。粘菌はアメーバが集合したコロニーであり、2通りの方法で増殖する。粘菌のアメーバが分裂すると、粘着フィルムのように平たく広がる(右)。ところが個体数が増えすぎると、いくつかの集団に分かれる。やがて一部のアメーバは乾燥して胞子になり、丸い玉状に集まる。残りのアメーバは細長い柄をつくって、その玉を支える。胞子は風に吹かれて飛んでいく(左)。

ー反応でも生じるのではないかと予測し、実験を重ねて実際に見つけた。スクロール波はらせん波に似ているが、一回余分にひねりが加わっている。文字どおりの意味でだ。紙を一枚手にもって筒状に丸め、断面がらせん形になったところを思いうかべてみてほしい。その紙は非常に柔軟性が高く、曲げたり伸ばしたりしてもしわにならないとする。次に、筒状に丸めた紙を曲げて両端をつなげる。こうすると、断面がらせん状のドーナツのようなものができる。

これでスクロール波はほぼできあがりだが、完全ではない。完成させるには両端をつなげる前に、片端をもう一回転ひねる必要がある。それでも両端はぴたりと合う。まるまる一回転分ねじっているからだ。ただ、ドーナツを一回りするあいだにらせん状の断面は三六〇度回転している。

まだ終わりではない。最後にもうひとつの要素が必要になる。二次元では、ベロウソフ－ジャボチンスキー反応の渦巻きが回転していたのを思いだしてほしい。同じように、スクロール波のらせん状の断面も足並みをそろえて回転する。これでスクロール波の完成だ。移動体が上下に揺れながら移動するためには、ねじれながら回転するこの奇妙な波が必要なのである。それがなければ、適切な場所で止まって子実体を組みたてるのもままならない。

粘菌の遺伝子の大部分は、どうすればアメーバになれるかを指示しているにすぎない。パターンづくりにかかわる遺伝子にしても、三つのことを命じているだけだ。化学物質の信号を送ること。それを感知すること。そして、それに反応することである。実際の模様は遺伝子に記されてはいなかった。化学物質の信号もアメーバも数学的な規則に従っているだけなのに、その数学的な規則から模様が浮かびあがる。粘菌のライフサイクルは遺伝学だけでなく数学に負うところも大きいのだ。

数学と美しさ

ここで一息ついて考えてみたい。

子供の頃、私は雪の結晶の美しさに心奪われた。そして今、その美しさの答えを数学に求めている。これは賢明なことだろうか。

「数学」という言葉と「美」という言葉。このふたつをひとつの文に収めるなんて信じられない、と思うかもしれない。数学に対してたいていの人が抱くイメージは、ややこしい「計算」が何ページも延々と続くというものだ。あまり美しい眺めとはいいがたい。私も同感である。いや本当に。だが、それは算術であって数学ではない（これは声を大にしていおう）。そんな記号をいくら並べても数学がもつ真の美しさに近づくことはできない。ベートーベンの交響曲の美しさが楽譜の五線や十六分音符だけでは表現しつくせないのと同じである。数学の美しさは記号や数字にあるのではない。その概念にある。五本の指で鍵盤を叩くことではなく、音の調和のなかにあるのだ。

数学の美しさにはふたつの種類があるように思う。論理の美しさと、視覚的な美しさである。かつて哲学者で数学者のバートランド・ラッセルは、数学の美しさを「冷たく厳しい美しさ」と評した。ここでは論理の美しさを指してい

水、数本の木々、何頭かの動物、遠くに見える山。何百万年もの昔、こうした景色には人間が生き残るうえでのメリットがあった。今の私たちはただその景色を愛でるだけである。

る。内容がわかる者にとって、数学の証明は論理の交響曲と呼ぶにふさわしい。この種の美しさは頭で理解するものであり、なじみのない人にとっては実感しにくい領域だろう。

一方、視覚的な美しさであれば誰の心にもじかに響く。本書には魅力的な形や模様のサンプルがあふれているが、どれも数学的プロセスによって生まれたものである。雪の結晶の美しさは数学的な美しさだ。私たちには対称性や複雑性を愛《め》でる感覚があり、雪の結晶はその感覚に訴えかける。そして対称性と複雑性こそが数学の本質なのだ。

数学と美しさの結びつきは紛れもなく本物なのだが、容易にはとらえがたい。「美の微積分法」が考案される見込みはなさそうだ（だからといって、なんとかして見つけようとする向こう見ずな人々がいなかったわけではない）。それに、モデル化された数学的なパターンは自然や芸術に比べると少し規則的すぎて、美しいとは見なしがたいとの声もあるだろう。しかし、現に私たちの視覚は複雑で反復的なパターンに引きつけられるようである。つまり対称性だ。私たちは対称的なイメージを身のまわりに置いている。あたりを見てみるといい。壁紙、カーテン、カーペット、椅子やソファ、陶器。建物もそうだ。

対称性の何がそんなに私たちの感覚に訴えるのだろうか。人間の精神は反復を楽しむようである——ある程度までは。子供は同じ物語を何度も聞きたがる。音楽もいちばん原始的なレベルで見れば雑音の周期的な反復でなりたっている。いちばん高度なレベルで見れば主題と変奏がある。これは微妙に異なるパターンのくり返しを織りあわせたものといえるだろう。私たちの脳が進化してきたこの世界では、パターンを認識できる能力があると生きのびる確率が高まる。季節の移りかわりが理解できれば一年を通して食糧を見つけられる。パターンを見分けられればヘビと蔓《つる》を、ハチとチョウを区別できる。

人間の精神はたくさんのモジュールでできていて、モジュールどうしは互いに連絡をとりあっている。そういうふうに進化したのは、私たちの生きのびる確率がそれで高まるからだ。人間がもっている美を感じる能力と数学をする能力は、このモジュールの活動の副産物ではないだろうか。最近インターネットで「どんな絵が好きか」というアンケート調査が行なわれ、いろいろな国から回答が寄せられた。その結果、ひとつの例外——オランダ——を除いて、どの国の回答者もある種の風景画を好むことがわかった。水があり、遠くに丘が見え、動物がいて、木が何本か（多すぎてはいけない）生えている。イギリスで好まれる動物はウシでケニアではカバだったが、大まかな好みは同じだ。

その後さらに詳しく調べたところ、ほとんどの人がこうした風景をすばやく認識できることが明らかになった。もしそうなら、この能力は生まれながらに組みこまれた反射行動にちがいない。何かが猛スピードで飛んできたらとっさに目を閉じるように、すぐに回路がつながる仕組みがあるのだ。反射行動が進化したのは、正確に反応するより迅速に反応するほうが好ましいからである。では、風景にどんなメリットがあるのだろう。安全だ。先ほど説明したような風景には人類の祖先に必要な要素がすべて備わっている。

食糧、水、隠れ場所。木があれば登ることができる。ただし、たくさん生えているのは困る。自分を狙う猛獣が身をひそめているかもしれないからだ。

正しいか間違っているかはさておいて、なかなかよくできた仮説である。この説から見えてくるのは、私たちの美的感覚がじつに興味深いものだということ。また、ある種のパターンを好むことと、そのパターンを見つけだす能力が、美的感覚にかかわっているのもわかる。私たちの精神はパターンを見出すことに関しては高度に進化した目をもっている。数学とは、その心の目を利用するために人間が編みだした体系的でなかば意識的な技法といっていい。数学と美が強く結びついていると考えても少しもおかしくはないのだ。

9章 三次元

ここまで私たちはじつに多彩な模様に出会ってきた。それでもまだ表面をなでただけにすぎない。今までに登場したのは平面上に生じるパターンがほとんどだった。だが、雪の結晶の謎の鍵を握るのは氷の結晶であり、氷の結晶は三次元である。そして、三次元ではさらにいろいろなことが起きる余地がある。三次元の対称性の場合も、それを構成する要素は二次元と大差ない。だから、これまでに養った勘を頼りに進んでいけばいい。ただし、その構成要素には新しい組みあわせ方ができるようになる。

ここで今一度、ギリシア幾何学のきわめて重要なポイントに立ちかえってみたい。正多面体の分類である。ただし今度はその対称性に注目していく。すでに見たとおり、古代ギリシア人は正多面体が五種類だけであることを証明した。四つの正三角形からなる正四面体、六つの正方形からなる立方体（正六面体）、八つの正三角形からなる正八面体、一二個の正五角形からなる正十二面体、二〇個の正三角形からなる正二十面体である。ギリシアの偉大な数学者たちがなしとげたのはそれだけではない。ほかの正多面体がまったく存在しないことを証明したのだ。その部分はユークリッドの著書『原論』中の白眉といっていい。

とはいえ、古代ギリシアの人々にとってその分類は、ただ考えられる形を並べたリストにすぎなかった。近代の数学者はそれを焼きなおして、考えられる対称性の種類を示したリストに変えた。新たな装いになってからというもの、そのリストははかり知れない影響力を及ぼしている。

何が問題になるのかを確認するため、いちばん身近な正多面体である立方体について考えてみよう。立方体にはどういう対称性が何個あるだろうか。立方体はいわばパワーアップした正方形なので、正方形をヒントにするといい。正方形には回転対称性が四個と（〇度、九〇度、一八〇度、二七〇度）、鏡映対称性が四個ある（中心線二本と対角線二本をそれぞれ軸とする）。立方体からひとつの面――いうまでもなく正方形――を選び、立方体全体を回転させながらその正方形の対称性を再現すれば、この八個の対称性を一個の立方体にすべてあてはめることができる。説明をわかりやすくするためにその正方形の面が赤く塗られているとしよう。赤い面を回転させたいときは立方体全体を回転させる。赤い面の鏡像をつくりたければ立方体全体の鏡像をつくる。ここまではいい。だが、いくつか重要な違いがある。二次元の場合、回転の中心となるのは一個の点であり、その点を中心にすべてを回転させる。三次元の場合、回転の中心となるのは一

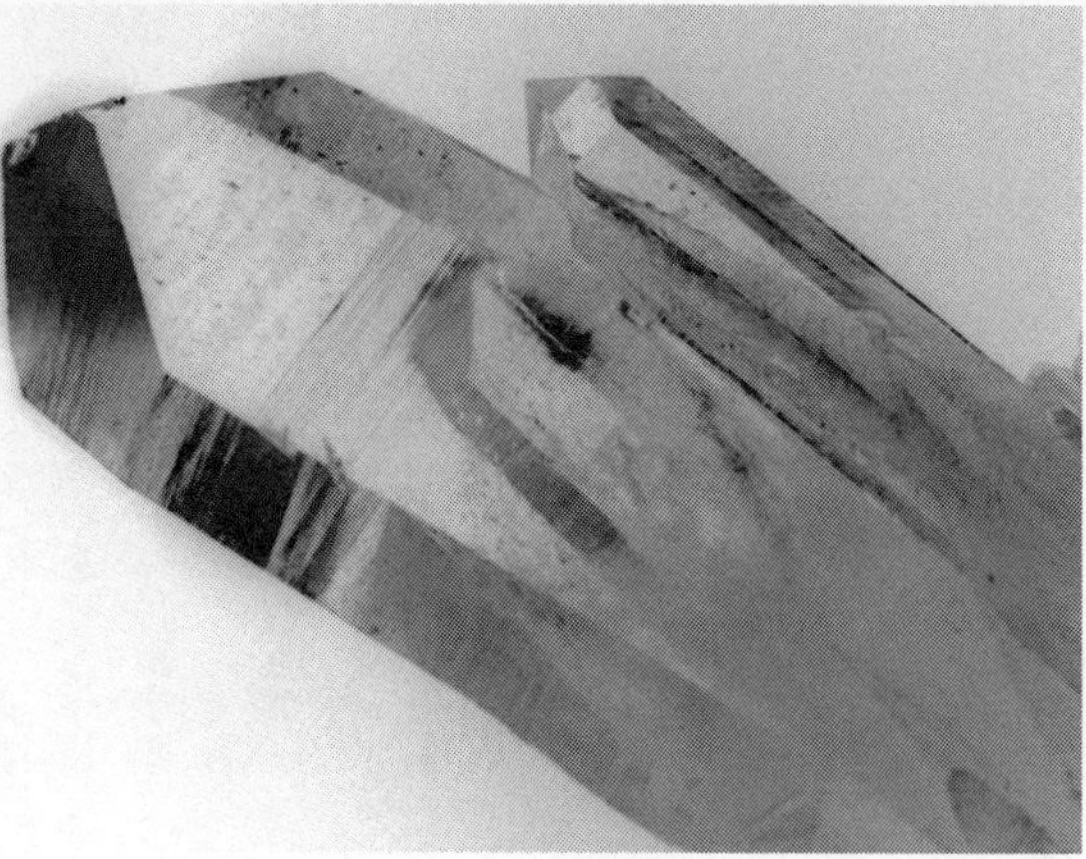

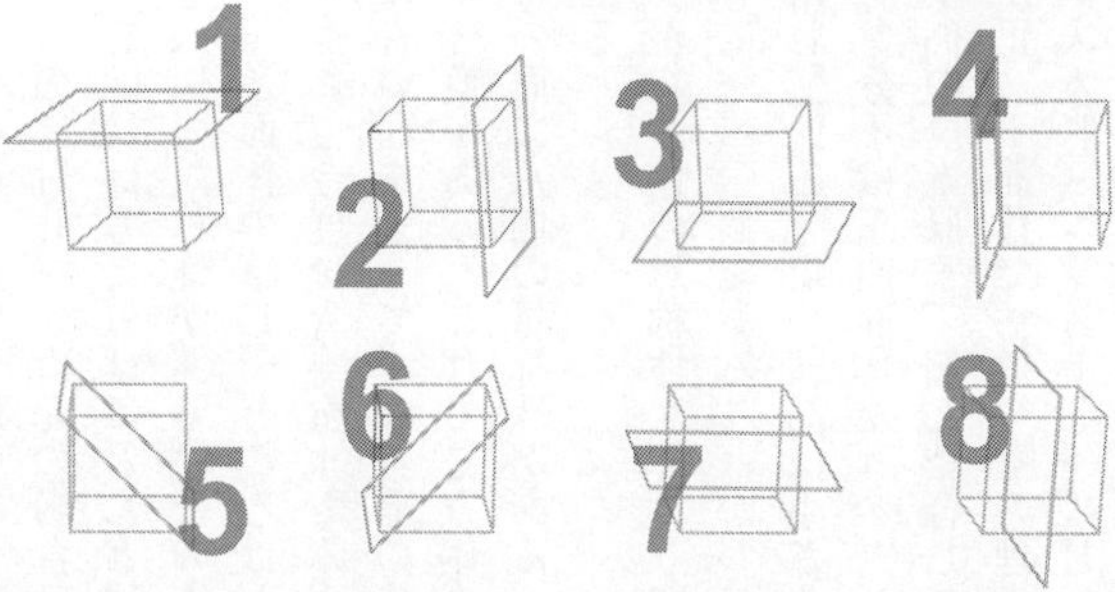

結晶の外観は対称的なものが多い（上）。見た目の対称性には、結晶内部の原子配列が目に見える形で現れている。数学に対称性の理論が生まれた背景のひとつに結晶学がある。対称性の数学のなかで私たちにもできる簡単なことのひとつは、1個の形にいくつの対称性があるかを数えることだ（下）。たとえば立方体には48個の対称性がある。1個の正方形面について対称性が8個（4個の回転対称性（1～4）と4個の鏡映対称性（5～8））あり、それが立方体の6個の面すべてにあてはまる。つまり、6個のうちどの面についても、8個の変換によってその面をもとどおりの位置にもってくることができる。したがって立方体には8×6＝48個の対称性がある。

本の線——回転軸——であり、その線を中心にすべてを回転させる。二次元の場合、一本の線を鏡のように使って鏡像をつくるのに対し、三次元の場合は一個の面を鏡のように使って鏡像をつくる。こうした違いを除けば考え方はほとんど同じだ。

このように、立方体には少なくとも八個の対称性がある。その赤い面がもつ対称性だ。これが答えだろうか。とんでもない。正多面体の嬉しいところはどの面も同じ条件にあることだ。ほかの五個の面から一個を選んで今度は青く塗ってみよう。立方体を回転させて、もともと赤い面があった位置に青い面をもってくる。その状態で青い面の位置を保つには四個の回転変換と四個の鏡映変換がある。これで立方体の対称性はさらに八つ増えた。実際には同じ理由でそれぞれの面に八個の対称性がある。面は六個あるのだから全部で四八個。これは大変な数である。

立方体と同じように考えていくと、正八面体の対称性もやはり四八個、正四面体は二四個、正十二面体と正二十面体はともに一二〇個であることがわかる。

自然はこうした対称性をすべて利用している。塩の結晶は小さな立方体。石英の結晶には正八面体になるものがある。メタン分子は正四面体だ。メタンの場合は水素原子が四つの頂点に一個ずつ配置されて、中央の炭素原子一個と結合している。水疱瘡ウイルスをはじめとして、多くのウイルスが正二十面体である。その理由は本章の後ろのほうで見ていこう。ドイツの生物学者エルンスト・ヘッケルは一八七二～七六年のチャレンジャー号探検航海のおりに、有名な放散虫（ケイ酸質の殻をもつ海洋微生物）のスケッチを描いた。それを見ると、立方体、正八面体、正十二面体などの形になっている。もっとも、ヘッケルは形の規則性を少し誇張したのではないかといわれている。ピタゴラス学派は正多面体を四つの基本元素と結びつけた。正四面体は火、正八面体は空気、立方体は土、正二十面体は水である。正十二面体は宇宙と関連づけた。彼らは間違っていたが、全面的に違うともいいきれない。きわめて対称性の高い構造を自然が用いていると推測した点においては彼らは的を射ていたのである。

地球という球体

正多面体はいくつもの対称性をもっているとはいえ、その数には二四、四八、一二〇という具合に限りがある。それよりもっと上手《うわて》をいく立体がある。円筒がそうだ。円筒形にはじつに多くの対称性があって、もはや数えられない。中心軸を中心にしたあらゆる回転対称性。その軸を含むあらゆる平面における鏡映対称性。上下対称でもある。だが、すべての物体――少なくとも大きさが有限の物体――のなかで最も対称性が高いのはなんといっても球だ。古代ギリシアでは円を完璧な二次元図形と見なしただけでなく、球も完璧な三次元図形だと考えていた。対称性の世界を掘りさげたわけでもないのにそうした結論に達していたのである。

円は対称性をもつので、円周上のあらゆる点が中心から等距離にある。だから前後になめらかに転がることができ、だから車輪が用をなす。

球は対称性をもつので、表面上のあらゆる点が中心から寸分たがわず等距離にある。だからどんな方向にもなめらかに転がることができ、だから丸いボールを使う競技が多い。ゴルフ、バスケットボール、クリケット、テニス、野球、サッカー――どれも対称性がすべてだ。

雨粒はどんな形をしているだろう。漫画家はきまって涙形に描く。一方の端が丸く、一方に尖った尾を引いている形だ。これは雨が速いスピードで落ちてくるさまをデフォルメしたものにすぎず、ありのままの形を写しているとはいえない。漫画では登場人物が物を考える場面で、頭から雲を湧きださせてそこに文字を書く慣習があるが、雨粒の形もそれと同じくらい現実から離れている。人間の期待とは裏腹に、実際の雨粒は球体だ。

いや、例によって完全な球体というわけではない。空気抵抗があるために少し平らにつぶれているし、振動する場合もある。それでも雨粒はごく小さいので、こうした影響も非常に小さい。細かい霧雨が降っていたら、湿った球体が落ちていると考えていい。

なぜ雨粒は球形なのだろうか。空気を取りのぞいて真空のなかで雨を降らせてみよう。こうすれば空気抵抗で形がゆがむこともない。雨粒は表面張力に引っぱられて、エネルギーがいちばん少なくてすむような形をとる。自然は基本的に楽をしたがるのだ。液体粒子のエネルギーは表面積に比例するので、雨粒は自分の表面積をできるだけ小さくしようとする。だが、体積のほうは自分が抱えている水の量に応じて固定される。小さく

与えられた体積を囲うとき、表面積が最も小さくなるのは球である。水滴も同じで、表面張力によって表面積が減るので自然と球形になる（右）。惑星もかつてはほとんどが溶岩でできていたため、自分自身の重力に引かれて球形になっている（左）。

なりたくても、水を圧縮することはできない。

では、体積が一定のときに表面積がいちばん小さくなる形は何だろうか。

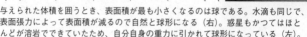

古代神話によると、カルタゴの創設者とされる女王ディドは雄牛一頭分の牛皮を与えられ、それで覆えるだけの土地を譲ってやろうといわれた。するとディドは牛皮を細く裂いてつなげ、それで土地を大きく丸く囲んでカルタゴの町を建設したという。面積が一定の場合、周囲の長さが最小になる形は円である。一定の周囲長で最大の面積を囲える形といいかえてもいい。そこにディドが入ってきたわけだ。このことから推しはかれば、与えられた体積で最小の表面積をもつ（もしくは与えられた表面積で最大の体積を囲える）のが球だと知っても驚かないだろう。実験で確かめればこの点に疑問の余地はないのだが、証明するとなるとじつにややこしい。それでも証明はすでになされ、球が正解であることがわかっている。

誕生まもない頃の地球は、岩石と鉄が溶けた巨大な塊でしかなかった。そこにいろいろな気体や水蒸気や、ありとあらゆるがらくたが混じっていた。地球が軌道を通って太陽のまわりを回るとき、実際には自由落下をしている。太陽に向かって落ちていってしまわないのは遠心力と重力がほぼ釣りあっているためであり、それが「軌道」ということの意味だ。だから私たちの地球も雨粒と同様、重力ゼロの液体の塊だった。当然ながら雨粒と同じ形になる。球形だ。だが原始の地球は自転していた。自転が生みだす力によって両極がつぶれ、赤道がふくらむようになった。地球の核は今でも溶けた状態であり、私たちは薄く固い殻の上で暮らしている。地熱による対流のせいで地球の内部はゆっくりと動いている。カスタードが自分で自分をかき混ぜているようなものだ。この動きにつれて大陸地殻と海洋底も動いている。その結果が大陸移動である。遠い昔、大陸の位置は現在とはまるで異なっていた。大陸は少しずつ移動したのだ。今もなお移動しつづけている。

この対流プロセスを理論モデルで考えるときには地球が球対称であることを大いに利用する。大陸の形はこれ以上ないというほど非対称だが、それでもかまわない。すでに見たとおり、対称的な原因から非対称的な結果が生じることもある。木星の大赤斑がそのいい例だ。だから、アフリカやオーストラリアのような形の大陸が球形の惑星にあっても、宇宙の根本原理を破ることにはならない。

地球以外の太陽系天体

球形が大活躍するのは天空の世界である。惑星も、衛星も、恒星もみな、ほぼ球形である。ニュートンが万有引力の法則を打ちたてるにあたって、天体が球形であることは大きな意味をもっていた。球体だからこそニュートンの証明がなりたったのである。彼は物質の全質量が中心に集中した一個の点（これを質点という）を想定した。そのうえで天体の及ぼす重力が、それと同じ質量をもつ質点の重力とまったく同じであることを証明した。証明では物質の分布が球対称だと仮定した。中心からの距離がどれだけあっても密度が変わらないという意味である。ニュートンはその考え方をもとに、球形の惑星を質点に置きかえて計算した。おかげで軌道計算ははるかに楽になったのである。

重力は宇宙に秩序を与える力であり、あらゆる天体に働いて互いを引きあわせている。銀河が見事な渦を巻いているのは重力の物理法則が作用した結果だ（上）。物質の雲がたまたまどこかに漂っていると、重力によって収縮して回転する円盤となり、それがのちに渦巻き構造になる。太陽系の惑星すべてがほぼ同じ平面上に位置しているのも同様の理由によるものだ（下）。

しかし、惑星は「ほぼ」球形であるにすぎない。自転のせいで南北が少しつぶれた扁平な楕円体だ。両極を通る直径の長さより赤道面を通る直径のほうが概して大きい。とはいえ、とくに地球型惑星（または内惑星）と呼ばれる惑星（水星、金星、地球、火星）については、ほぼ理想の球体に近い形をしている。水星と金星の場合、赤道直径と極直径の差は一〇〇〇分の一未満だ。地球の場合は一〇〇〇分の三、火星は一〇〇〇分の七である。木星、土星、天王星、海王星といった巨大惑星は、大気の占める割合が非常に大きくて核が小さい。また、ガスの球は溶岩の球より変形しやすい。そのため、巨大惑星が球形から外れるのは無理からぬことである。いちばん扁平なのは土星だ。赤道直径と極直径の差がほぼ一〇パーセントにもなるため、肉眼でも違いがわかる。

最近の発見によれば、太陽系外でも多くの恒星（本書執筆時点では四四個だがなおも増えつづけている）が惑星をもっている。すでに見つかった惑星の質量は木星の四分の一から一七倍までさまざまだ。少なくともアンドロメダ座ウプシロン星には三個の惑星が確認されていて、惑星系を構成していることが明らかになっている。この三個の惑星を直接見ることはできない。光が弱すぎて、親星の明るさにかき消されてしまうからだ。それでもどんな恒星であれ、まわりを惑星が回っていればその惑星の引力によって揺れうごく。ダンサーが自分より軽いパートナーをぐるぐる旋回させているようなものだ。この揺れを確認するには、恒星の運動や光の周波数偏移を観察すればいい。最近ではもっと精度の高い新しい手法も利用できるようになった。惑星が恒星の手前を横切るときの明るさの変化を観測するのである。

過去に太陽系外惑星が発見されなかったのは正確な測定ができなかったためである。

長らく天文学者は、多くの恒星に、いやほとんどの恒星に惑星があると期待していた。現在主流の仮説によれば、重力によって収縮するというただひとつのプロセスによって恒星のまわりに惑星がつくられる。星間塵と星間ガスの雲からこのプロセスは始まる。雲は不規則にゆらぎを起こしている。このゆらぎによって物質がどこかの領域に集まる。重力は遠くまで作用するので、物質のかたよりが引き金となって雲全体が収縮しはじめ、すべてがだいたい共通の中心方向に向かっていく。わずか一〇〇〇万年ほどで濃密な塵の雲が形成され、それはほぼ球形となる。

何も邪魔が入らなければそのまま球形を保っただろう。しかしそこは銀河の一部であり、銀河は回転している。銀河の回転は中心部に近いほど速く、端にいくほど遅い。したがって塵の雲のうち、銀河の中心から遠い部分は遅れ、逆に銀河の中心に最も近い部分は先に進むようになる。その結果どうなるかといえば、ガスと塵でできた球体は自転を始め、それが球対称を壊す。だが雲はいぜんとして収縮を続けている。収縮の速度が最も速いのは自転軸に沿った方向であり、最も遅いのは軸と直角の方向である。直角方向には遠心力が働くので、重力による収縮作用を妨げるのだ。かつて球形だった雲はみるみる円盤状になって自転を続ける。球対称が崩れて円対称になるわけだ。

中心部近くでは円盤が厚くなっていって球状の塊ができ、その塊は収縮するにつれて密度が高まる。重力エネルギーは熱に変わり、温度が上昇する。かなりの高温に達すると核反応が誘発され、球状の塊は恒星となる。一方、円盤の残りの部分は何ヵ所かに固まる。重力をもつ系はたいていそうなるのだ。個々の塊はその場で収縮し、やはりしだいに高温になっていく。だが、小さいので恒星にはなれない。そのかわりに溶岩の玉となり、のちに表面が冷える。こうして恒星に惑星ができた。惑星の多くは衛星をもっているが、それらはさらに小さい塊からつくられたものである。

ドームとウイルス

　最小の表面積で最大量の空間を囲える面がほしければ、その答えは球面だ。だが、球面が選択肢になれないこともある。硬い材質でできた単位をいくつもつないで面をつくる必要がある場合だ。このプラスアルファの制約はミクロのウイルスの世界にも課されている。ウイルスの場合、同じ形のタンパク質ユニットをたくさん使って表面の殻をつくらなくてはならない。建築の世界もこの制約に縛られる。ほぼ球形のドームを建設するのであっても、材料は平らなガラス板だからだ。自然界も、建築家のバックミンスター・フラーも、どちらも同じ解決策にたどり着いた。どんな形でもいいから完璧な球体にできるだけ近づけろ、と。そういう形はすべて正二十面体を基本にしている。五つの正多面体のなかでは正二十面体が最も球に近い。

　正二十面体は二〇個の正三角形でできている。尖っている頂点部分をすべて切りおとし、正三角形の各辺がちょうど三分の一ずつ残るようにすると、切頂《せっちょう》二十面体と呼ばれる形になる。切頂二十面体は正六角形の面が二〇個と、正五角形の面が一二個で構成さ

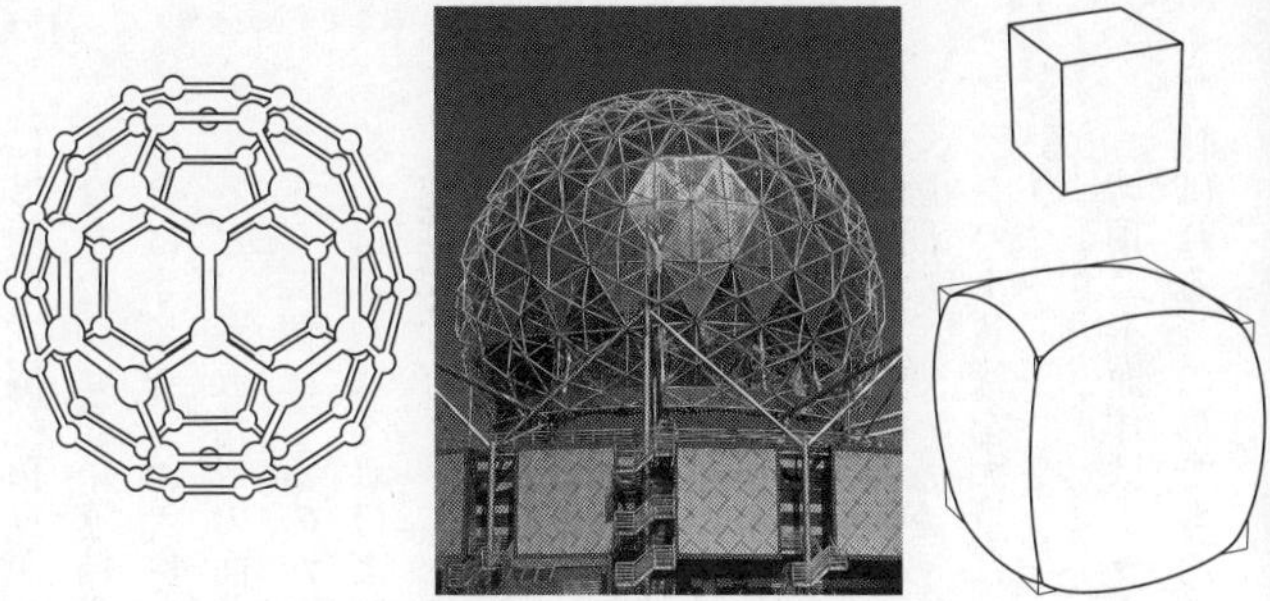

変形させて球にできるような多面体であれば、面の配置はすべてひとつの単純な数学的規則に従う（右）。建築家のバックミンスター・フラーが考案したジオデシックドーム（中央）。やはり同じ規則に支配されている。フラーレン分子は60個の炭素原子からなり、丸いかご形が特徴である。図はその一部を示したもの（左）。フラーレンの発見はノーベル賞受賞につながった。では、フラーレン分子の完全な構造はどういうものかといえば、何を隠そうサッカーボールと同じだったのである。

れる。これは一般的なサッカーボールに使われる形だ。頑丈で、ほぼ球形である。平らな部品をつなげているとはいえ、空気を入れてふくらませれば表面が少し丸くなってますます本物の球に近くなる。

一七五〇年、スイス出身の数学者レオンハルト・オイラーは、こうした多面体の面構成に重要な関係が存在するのを証明した（一六三九年の時点でルネ・デカルトも同じことに気づいていたが、証明を発表することはなかった）。「単連結」の多面体を考えてみてほしい。単連結とは、継続的に変形させれば球にできるような立体をいう。オイラーが示したのは、面の数と頂点の数を足すと、かならず辺の数に二を加えた数字になることだった。たとえば立方体は単連結である。ゴム製で中空の立方体をつくって風船のように空気を吹きこめば、面がふくらんで球になる。立方体には面が六個、頂点が八個、辺が一二本ある。6＋8＝12＋2となってオイラーの定理がなりたつ（非単連結空間というのも存在し、たとえば空《から》の額縁などがそうだが、この場合はオイラーの式を修正する必要がある）。オイラーの定理に基づいて巧みな計算をすると、正五角形の面と正六角形の面で構成される多面体では正五角形の面の数がかならず一二個になるのがわかる。切頂二十面体はまさにそのとおりの構成だ。正六角形の場合は個数にそれほど制約がない。

　建築家のバックミンスター・フラーはこうした多面体を利用して「ジオデシックドーム」と呼ばれるドームをつくることを提案した。正六角形の面を六つの正三角形に分割し、正五角形の面をほぼ正三角形の五つの面に分割する。「ほぼ」ではあるが肉眼ではまずわからない。そのため、ドームは同じ形のピースをたくさんつなげてつくったように見える。最も有名なジオデシックドームは、一九六七年のモントリオール万博でのアメリカ館だ。

　同じような形は多くのウイルスに見られる。このような形をとれば、同一のユニットを隙間なく並べながらエネルギーを最小限に留められるからだ。通常、ウイルスは同じタンパク質片を大量にコピーし、それを材料にして多面体のように外被を組みたてている。

　切頂二十面体はフラーレンという風変わりな分子（バックミンスターフラーレンとも呼ばれる）の形でもある。フラーレンは60個の炭素原子でできていて、炭素の形態としてはまったく新しいものだ。一九八五年、イギリス人分光学者のハロルド・クロトーと、アメリカ人化学者のリチャード・スモーリーが共同で、初めてフラーレンの合成に成功した。のちにふたりともノーベル賞を受賞している。彼らは一九八五年九月一日、水素、窒素、およびさまざまな元素を混合した大気をつくり、そのなかで炭素を蒸発させた。その大気は赤色巨星近辺の状態を模したものである。彼らは赤色巨星の近くにこの種の炭素分子が存在するという仮説を立てていたのだ。九月四日、分子量七二〇の炭素分子の存在を検知する。炭素の原子量は12なので、この値はまさしく炭素原子60個を意味している。

この新しい分子はどんな構造をしているだろう。ふたりはありとあらゆる可能性を考えてみた。彼らが指導している大学院生の発見により、分子が非常に安定していて「ぶらぶらした結合」ではありえないことがわかる。それまで多面体のかご状ではないかとの印象をもっていたが、この発見によってその思いがいよいよ強まった。九月九日、スモーリーはハサミと紙を手に夜通し考えて、ひとつの候補にたどり着く。切頂二十面体だ。以後、炭素原子の数が60個ではない変種も合成されており、そのすべてを総称してフラーレンと呼ぶ。フラーレンを原料にすれば工学やテクノロジーの分野で新素材が開発できる見込みがあるため、目下さかんな研究が進められている。

らせんとねじ山

二次元はもちろん、「本質的には」一次元のフリーズ模様にも「映進」という興味深い対称が存在する。この変わった名前の対称性は、特定方向への並進対称と鏡映対称を組みあわせたものだ。特定方向とは鏡と平行な方向である。三次元でも似た操作はある。回転対称と特定方向への並進対称を組みあわせればいい。この場合は回転軸と平行な方向だ。このような対称性をらせん対称という。

コルク抜きがなかに入っていくとき、コルクに大きな傷をつけずにすむのはらせん対称だからである。しかも、コルク抜きは無数のらせん対称性をもつ。角度にして何度分コルク抜きを回転させても、それに対応する距離を平行移動するので、同じらせんの穴からずれることがない。進む距離は回転量に比例する。ナットがボルトに隙間なくはまるのも同じ理屈によるものだ。

英語でらせんを表すときには「スパイラル（spiral）」と「ヘリックス（helix）」というふたつの言葉が用いられるが、立体的ならせんを指すなら正しい呼び名はヘリックスだ。ボルトにはらせん《ヘリックス》のねじ山があり、コルク抜きにはらせん《ヘリックス》の針がついている。木《もく》ねじにもらせん《ヘリックス》のねじ山はあるが、締めつけをよくするために先細になっている。

らせんには左巻きと右巻きの二種類がある。この違いを実感するには、ワインの栓を左利き用のコルク抜きで抜いてみるといい（左利きの人ならその反対）。普通の右利き

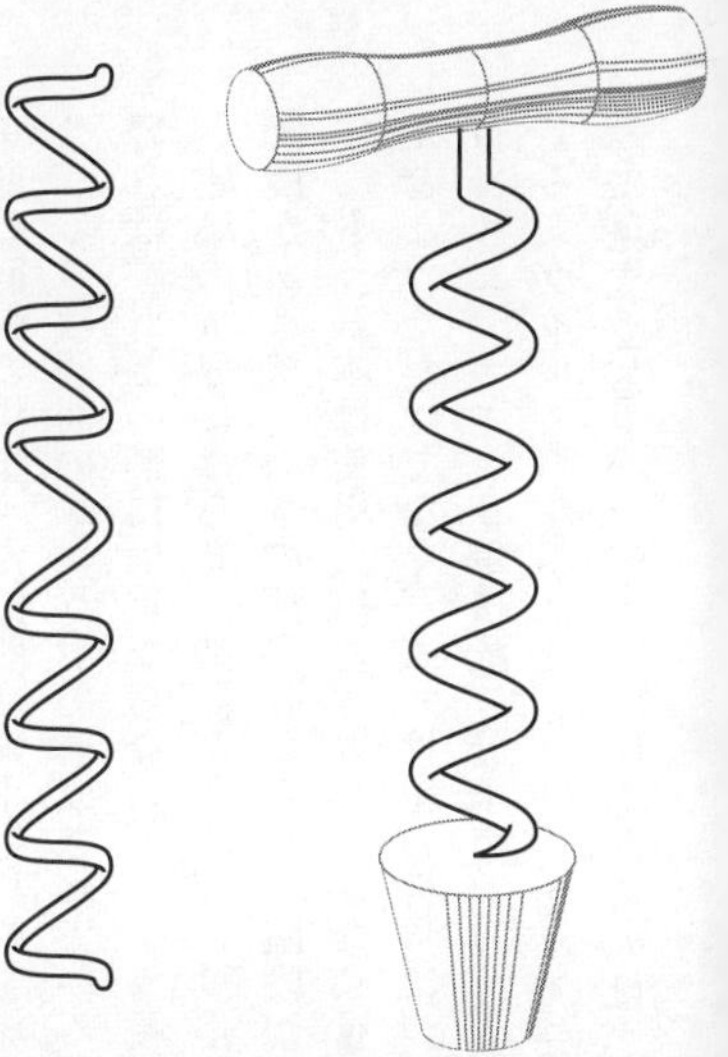

コルク抜きの針の部分はらせん状になっていて、らせん対称性をもつ（右）。らせんには左巻きと右巻きの２種類がある。コルク抜きも同じだ。つる植物の多くはらせん状の巻きひげを使って、壁やほかの植物に自分の体を固定する。巻きひげにも左巻きと右巻きがある。ところが、１本の巻きひげには両方の巻き方が見られることが多い。途中で巻く向きが変わるのだ（中央）。こうしておけば、巻きひげは中央からでも締めつけを強めることができ、ひげの両端を煩わせずにすむ。らせん形の例にはらせん階段もある（左）。

用のコルク抜きならば時計回りに回すと栓のなかに入る。その鏡像である左利き用のコルク抜きは反時計回りに入っていく。

自然はこの区別をうまく利用している。つる植物の多くはらせん状の巻きひげを伸ばし、壁や垣根や、ほかの植物に体を固定させる。ひとつの問題は、両端が固定された状態で締めつけを強くするにはどうすればいいかだ。自然はひとつのトリックを使ってこの問題を解決している。数学者はそのトリックを「反旋」と呼ぶ。巻きの向きがつるの途中で右巻きから左巻きに変わるのだ。こうしてよじれをつくっておけば、つるをねじって巻きをきつくしたりゆるめたりしても両端にしわ寄せがいかない。電話の受話器のコードもよく絡まって反旋した状態になる。

ウイルスの形態としていちばん多いのは切頂二十面体に似た形で、次に多いのがらせん形である。らせん形の代表はタバコモザイクウイルスだ。タンパク質でできた二一三〇個もの同一ユニットからなり、それらがらせん階段の踏み段さながらに並んでいる。この場合はコルク抜きと違って、継ぎ目のない連続したらせん対称ではない。決まった角度の回転と決まった距離への平行移動を組みあわせる必要がある。こうした制約が課されるのは個別のユニットで構成されているためだ。ユニット一個分まるまる動かさなければ、もとの形には重ならない。

建築の世界にはらせん階段がある。ロワール渓谷のシャンボール城には二重らせんの階段があって、二本の独立したらせん階段が絡みあった恰好をしている。一本は貴族専用、もう一本は使用人用だ。似たような二重らせんは二〇世紀の科学を象徴するシンボルとなっただけでなく、二一世紀の科学についてもその大きな部分を支えていくだろう。DNA（デオキシリボ核酸）分子だ。DNAはほとんどの生物の「遺伝情報」を乗せている（ウイルスのなかにはよく似たRNA分子を使うものもある）。DNAをらせん階段に見立てると、「踏み段」にあたるのは二組の分子のペアである。一組はアデニン

(A)とチミン(T)のペア。もう一組はシトシン(C)とグアニン(G)のペアだ。遺伝情報がATCGの四文字で書かれていると思えばいい。生命はいろいろな種類のタンパク質を必要とする。では、タンパク質をつくるにはどういう順番で材料をつなげればいいか。それが遺伝子と呼ばれる領域に指定されている。材料一個は遺伝暗号の三文字(これをコドンと呼ぶ)で表される。この材料というのがアミノ酸だ。

ATCGの四文字から三文字を選んで並べると、六四通りの組みあわせが可能である。ところがアミノ酸は二二個しかない(どのアミノ酸にも対応せずに合成の「停止」を意味するコドンもある)。このような余分があるのは、コドンをアミノ酸に変換する遺伝暗号に対称性があるためだ。この対称性はひどく不完全である。その証拠に、同じアミノ酸を指定するコドンが四種類もあったりする(六個の場合もあれば一個しかない場合もある)。四個ある場合、コドンの三文字目が置きかわってもつくられるアミノ酸は変わらない。暗号に置換対称性があるのだ。地球の長い歴史をさかのぼれば、生命がもっと単純だった時代があって、二文字のみの暗号を使っていたのかもしれない。

結晶格子

ウイルスになぜ対称性があるかといえば、タンパク質でできた同一の基本ユニットを無駄なく隙間なく並べた構造だからである。ここで思いだすのがケプラーだ。彼は氷の結晶が同一の単位で組みたてられていると考えた。その単位を水蒸気の小球としたのは間違っていたが、それは些細な瑕《きず》にすぎない。では、氷の結晶の基本単位はどのように並んでいるのだろうか。二次元の場合は、平面を隙間なく埋める形を考えて一七種類の壁紙パターンに行きついた（7章参照）。三次元の壁紙ではどうなるだろう。

数学の視点で見ると、壁紙パターンの本質は対称性にあり、同じ基本要素が異なる二方向にくり返されるという重要な特徴をもつ。基本要素は平面の格子上に配置される。一方、結晶中の原子は三次元の格子上に配置される。この格子構造が結晶を規則的な形にするとともに、何より結晶面の角度に制約を与える。古い時代の結晶学者をとりわけ惹きつけたのがこの面の角度だった。

三次元空間でとりうる形は二次元の場合よりも多い。だから結晶の対称性にさまざまな種類があっても少しも不思議ではない。壁紙パターンの対称性は一七種類だったが、結晶格子の対称性ははるかに上手《うわて》をいって二三〇種類にものぼる。

結晶格子の対称性にはふたつの側面がある。ひとつは格子の対称性で、くり返される「デザイン」を掛けておく骨組みにあたる。もうひとつがそのデザイン自体の対称性だ。この区分けは壁紙にもあてはまる。たとえば正方形のタイルをマス目状（正方形格子）に並べる場合、タイルを装飾するにはいくつかのやり方がある。正方形がもつ対称性をすべて利用してもいいし、回転対称性だけを生かしてもいい。こうすれば、格子自体がもつ対称性は同じでも、二通りの壁紙模様を得ることができる。

このように、ひとくちに対称性の分類といってもふたつの切り口からとらえる必要が

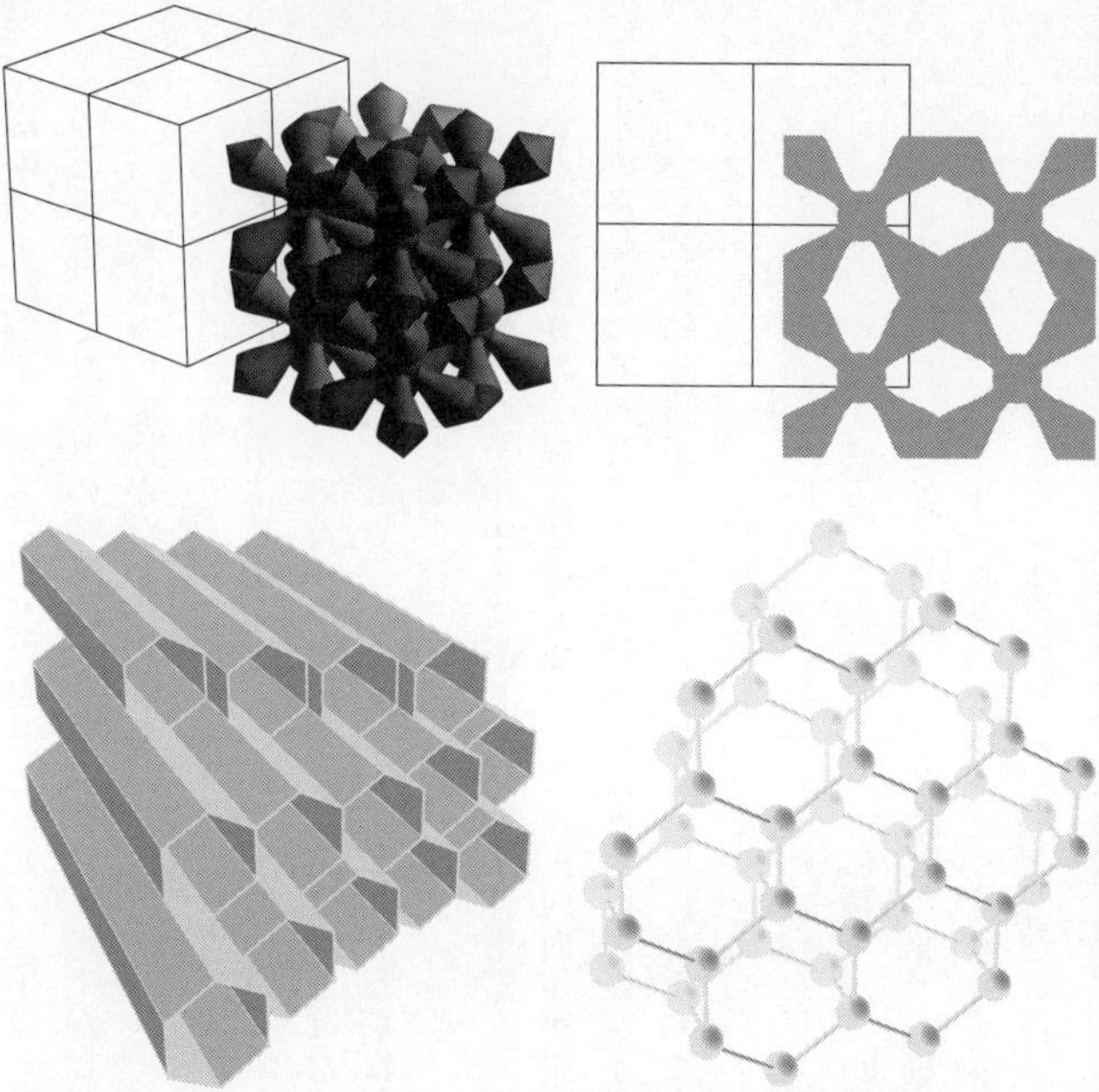

平面格子をつくるには、同じ基本単位をたくさんコピーしてそれを組みあわせればいい（右上）。同じことは空間格子にもあてはまるが、とりうる形は平面よりはるかに多く、全部で230種類にのぼる（左上）。氷の結晶格子もそのひとつであり、六角柱を積みかさねた形をしている。この格子が6回対称であることが雪の結晶の6回対称を生んでいる（下）。

ある。最初は骨組みにあたる格子の特徴にのみ目をむけ、次にその格子を対称的な「デザイン」で飾ることを考える。結晶の場合、この「デザイン」は原子配列である。二次元の格子には大きく分けて五つのグループがあり、それぞれ平行四辺形、長方形、菱形、正方形、正六角形のいずれかをベースにしていた。三次元の格子は一四種類あり、総称してブラベー格子と呼ぶ。それぞれの種類について「デザイン」がとりうる配置を検討すると、全部で二三〇通りの可能性が浮かびあがる。

これらはすべて雪の結晶に関係してくる。雪の結晶は何を並べているのか。答えは水の分子だ。氷は水が結晶化してできる。氷にはいくつもの形態があるが、いちばん一般的なタイプは六角形のハチの巣構造を若干変形させた格子を用いている。このタイプの格子は通常の大気圧下で〇℃を少し下回ると形成される。それより低温で高圧になると氷の結晶構造は違ってくる。

水分子は酸素原子を中央に配した正四面体構造だ。正四面体の二個の頂点は水素原子が占め、残りの二個には何もない。この正四面体が規則的なパターンに積みかさなって氷の結晶がつくられる。雪の結晶は温度と圧力が「正常な」状態でできるものなので、用いられる結晶格子の形は正六角柱を何層にも重ねたものに近い。六角形の各頂点に酸素原子が配置され、水素原子は辺の三分の一くらいのところに位置している。

この層を正面から眺めると、ハチの巣のような正六角形の長いトンネルが見える。層は六角形が横にずれることもなくきれいに積みかさねられており、トンネルの端の六角形の面も正確にそろっている。ところがこの格子を横から眺めれば、多少の凹凸はあるものの層が（ほぼ）平らだとわかる。しかもトンネルの両端はでこぼこしている。ケプラーはこのでこぼこの正体を勘違いした。だが、基本となるハチの巣構造は正しく把握していた。

平らな層はどちらかというと横にずれやすい。氷がすべるのはひとつにはこのためだ。また、六角形の面に沿った方向のほうが結晶は速く成長する。というのは、この面のなかには水素原子を置く場所が二ヵ所あるのに対し、面と垂直の方向（トンネルが伸びている方向）には一ヵ所しかないからである。氷の結晶が平らな正六角形の板から出発するのはこのためだ。この規則的な板が種となって、シダの葉のような美しい飾りが成長していく。

10章　スケールとらせん

対称変換を使えば物の大きさを変えることもできる。科学者はたびたびスケール（scale）の話をする。といっても、重さを計る道具のことでもなければ、魚の表面についているものでもない［「はかり」も「うろこ」も英語ではscaleという］。大きい・小さい、速い・遅いといった、空間や時間の尺度のことである。地図が地形をうまく表現できるのは、形は同じだけれど別の縮尺を用いているからだ。車や飛行機の模型は、現物の形を再現しながらも縮尺を小さくしている。

物体のスケールを変える対称変換を「相似変換」と呼ぶ。相似変換はあらゆる長さに一定の倍率をかける。倍率が一よりも小さければすべての長さが縮んで物体が縮小する。一より大きければすべての長さが伸びて物体が拡大する。

物体を相似変換すると、物理特性の種類に応じて変化のしかたが違う。いちばん単純なのは長さだ。何かの物体を二倍の大きさに（倍率二倍で相似変換）すると、その長さも（幅や高さやウエストまわり――あればだが――やその他の意味ある線形の距離がすべて）二倍になる。ほかの倍率でも同様だ。

面積も変わる。物体を二倍の大きさにすれば、その面積（表面積や、特定位置での断面積や、その他の意味ある面積のすべて）は四倍になる。大きさを三倍にすれば面積は九倍だ。このように、面積の増え方は長さの増え方の二乗になる。相似変換の倍率をその倍率でかければいい。

体積はこれとはまた違う増え方をする。長さの増え方の三乗になるのだ。倍率に倍率をかけ、その答えにさらに倍率をかける。長さが二倍になれば体積は2×2×2で八倍になり、長さが三倍になれば体積は3×3×3で二七倍になる。

このような関係は「スケーリング則」と呼ばれる。自然界では、ある種の法則やその法則に関連する概念のなかに一種の相似が見られる。それらはこのスケーリング則で説明ができる。たとえば樹枝状の雪の結晶はスケーリング則に従っている。個々の「小枝」が大きな枝の正確な縮小形になっているからだ。ある種の生物の形にも自然のスケーリング則が現れている。もっとも、生物の場合は工夫をめぐらす余地もある程度残されている。生物は規則を曲げるのが得意なのだ。生命は驚くほど臨機応変で、物理の法則に反しているように見えることも多い。だが法則を破ることはできない。このことがときに混乱を招く。たとえば、生物の能力をわかりやすくイメージできるようにと、尺度を変えて脚色することがある。「ノミがゾウ並みに大きかったら、エッフェル塔を跳びこすこともできる」。この種の表現だ。

　本当だろうか。

　もちろん、いわんとするところはわかる。これは比喩なのだ。実際のノミの大きさは砂糖粒くらいしかないけれども、砂糖の袋と同じ高さまでジャンプできる。でも、そういう数字をもちだしてもおもしろみに欠けるし、砂糖というのも新鮮味がない。それならゾウとエッフェル塔になぞらえたほうがインパクトが強い。しかし、あえてこの比喩を真に受けてみようではないか。何らかの方法でジャンボサイズのノミをつくることができたら、どれくらい高くジャンプできるのだろう。

　一個の物体がどれだけ上昇できるかはふたつの条件で決まる。物体の質量と、それを上方に押しあげる力だ。ジャンプできる高さはその力に比例するが、質量には反比例する（質量が大きければ低くしか跳べない）。質量は体積に比例するので、その増え方は大きさの増え方の三乗になる。では、ノミのジャンプ力はどれくらい増えるだろうか。正確に答えるのは難しい。だが、ジャンプ力を発揮するのは筋肉であり、筋力を示す最も重要な特徴は大まかにいってその断面積だ。そう考えるなら、まずまず妥当な答えが導ける。断面積の増え方は大きさの増え方の二乗だ。

　二乗より三乗のほうが大きいので、筋肉の断面積より質量の増え方のほうが大きい。結論――ノミがゾウの大きさになったらほとんど跳びあがれないだろう。さらにいえば、動物が自分の体重を支える力も断面積に比例する（この場合は骨の断面積で、ゾウであれば体内の骨格、ノミであれば表面を覆うキチン質）。ということは、ノミがゾウ並みの大きさになったらジャンプはおろか立つこともできない。自分の体重の重みで脚を折るのが関の山だ。

成長するらせん

スケーリング則は相似の例としては少し抽象的だ。雪の結晶が回転対称や鏡映対称をじかに見せてくれるように、相似変換のパターンを実感させてくれる例はないものだろうか。もちろんある。とくに、相似変換に回転変換が組みあわされた例がわかりやすい。そうやって生まれる模様は渦巻きだ。自然はいたるところで渦巻きを利用している。渦巻きは曲線であり、中心点のまわりをカーブを描いて回っている。一方向に向かうと中心点から遠ざかり、反対方向に向かうと中心点に近づいていく。渦巻きの種類は多いが、厳密な相似性を示すのはひとつしかない。「対数らせん」と呼ばれる形だ。なぜこういう名前かといえば、カーブの角度が半径の対数で求められるからだ。もう（ほんの）少し親しみやすい言い方で説明してみよう。無限の長さをもつ一本の棒が、固定された旋回軸のまわりを一定の速度で回転しているとする。その棒には一本の鉛筆がとりつけられていて、棒に沿って旋回軸から遠ざかる方向に移動していく。移動の速度はしだいに速くなっていく。正確にいうなら速度は指数関数的に増加する。つまり一定の時間ごとに速度が二倍になるわけだ。棒が旋回し、鉛筆が猛スピードで遠ざかっていくとき、その鉛筆の先が描く線の形が対数らせんである。

対数らせんのいちばんわかりやすい特徴は、中心に近いほど渦の間隔が狭く、遠ざかるにつれて広くなっていくことだ。これを数学的に表現すると、回転変換と拡大を特定の組みあわせにしたときに渦の曲線が対称になるといえる。つまり曲線をどれだけ回転させても、適切な倍率で拡大しさえすれば最初の渦巻きと位置も形も変わったように見えない。

天然の対数らせんとして最も有名なのがオウムガイの殻だ（口絵4ページ参照）。オウムガイは軟体動物で、南太平洋やインド洋の深海にすんでいる。じつはイカやタコと同じ頭足類だ。オウムガイの本体には長い触手が何本も生えていて、それでカニ類をつかまえて餌にする。殻は優美な対数らせんを描く。殻の内部はいくつもの小部屋に分かれ、その大きさは中心から外に向かってしだいに大きくなっている。拡大と回転対称の組みあわせでオウムガイの殻を説明できるのは、この生物の成長パターンに原因がある。オウムガイの本体は軟らかいが殻は硬い。殻の大きさが固定されていたらオウムガイはそのなかで大きくなれない。また、オウムガイが成長しても困らないように殻のほうが大きくなることもできない。ただし、なかの住人が家を建て増しするというなら話は別だ。そして、まさにそれこそがオウムガイのしていることなのである。殻の縁にくり返し材料をつけ足していくので、オウムガイが指数関数的に大きくなれば殻も指数関数的に大きくなる。殻が対数らせん形になるのは当然のなりゆきだ。もちろん、数学者の対数らせんが無限に大きくなるのに対し、オウムガイの殻はそうではない。これもまた、数学の理想モデルと実態が異なる例である。

オウムガイの殻を測ってみると、一巻きごとに幅がだいたい三倍ずつ広がっている。この倍率は巻貝の種類によって異なり、あらゆる貝に共通する数値というのはないらしい。動物学者のダーシー・トムソンは四〇種類以上の巻貝について一巻きごとの幅の比率を調べあげたが、それを見ると一・一四倍から一〇倍までさまざまである。

2章でも紹介したように、巻貝でもうひとつ有名なのが絶滅したアンモナイトだ。およそ三億年前、デボン紀、石炭紀、ペルム紀の海に生息し、各地で化石が見つかっている。一部のアンモナイトは殻の成長率が非常に小さく、アルキメデスのらせんに近い形をしている。アルキメデスのらせんとは、渦の幅が最後まで変わらない（倍率一倍）ものを指す。とはいえ、ほとんどのアンモナイトは

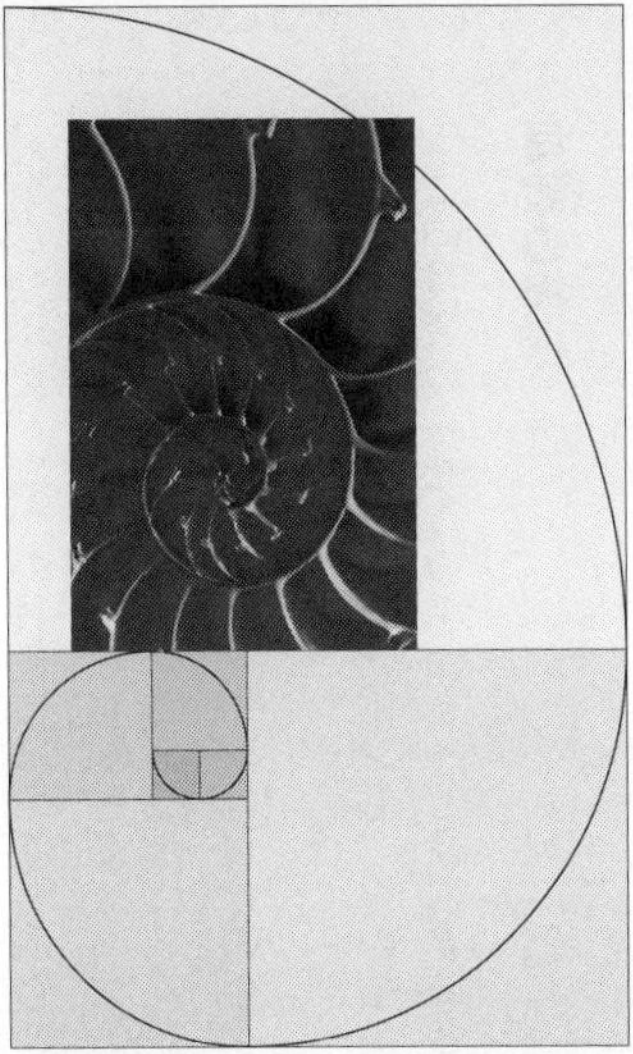

貝殻が対数らせんになる原因はオウムガイの成長パターンにある（上）。対数らせんに近い形を上手に描くには（ただしオウムガイのらせんとは比率が異なる）、この図のように正方形を並べ、それぞれの正方形に円周の４分の１を描いてつなげていけばいい（下）。

対数らせんだ。ほかの貝殻にはありとあらゆる奇妙ならせん形が見られる。要するに殻のなかの住人がどのように成長するか、またどれくらいの速さで新しい貝の材料をつけ足していくかが、殻の外見に記録されているようなものなのである。そこが重要なポイントだ。殻に見られるパターンは、その生物の成長の規則を知る手がかりになる。

そうか！

雪の結晶に見られるパターンも、雪の結晶の成長の規則を知る手がかりになる。この貝殻のらせんの話がきっと役に立つと私にはわかっていたのだ。

貝殻の模様

数学者は貝殻の形だけでなく貝殻の模様も研究してきた。貝殻の模様は魅力的なテーマである。貝殻は本質的に面であり、成長は面の縁でしか起こらない。いったん模様の一部がつくられたら、もう変化はしない。模様が形成されるどの段階においても、新しい線が今ある模様につけ加えられている最中といえる。だとすれば、色素がどう蓄積していくかという化学的な変化を時空間グラフで表したものが貝殻の模様と考えられそうだ。貝殻の巻く向きが時間の進む方向である。数学的に見るとじつに明快で美しい。

貝殻が大きくなるとき、なかの生物は外套膜からミネラルを分泌して殻の縁につけ足している。ドイツの数理生物学者ハンス・マインハルトは、貝殻の模様について誰よりも詳細な研究を行なっている。マインハルトの出発点はチューリングの理論だった。化学物質が反応し、何らかの土台を通って拡散していくという理論である（8章参照）。この反応と拡散の組みあわせから優美ならせん模様が描かれるのはすでに見たとおりだ。マインハルトはまず貝殻の模様から出発し、それがどんな化学反応から生まれたものかをさかのぼってつきとめようと考えた。そうすれば根底にある生命活動の特徴が割りだせる。

貝殻の模様は多種多様だがいくつかの基本形に分類できる。規則的な縞や斑点、蛇行する縞、さらには三角形やジグザグの線でできた半規則的な模様などだ。見た目が異なる二種類の模様が交互に現れる場合もある。たとえば、黒い斑点模様のところどころに無地の白い部分が挟まる、といった具合だ。

マインハルトの理論によれば、「近くを強化して遠くを抑制する」という図式でほとんどの貝殻の模様が説明できる。ひとつの領域で色素が合成されると、それが引き金となって周辺の領域でも色素がつくられる。ただし同じ色素とはかぎらない。それと同時に離れた領域の色素合成は抑えられる。近くを活性化する因子と遠くを抑制する因子とがせめぎあった末に模様が形づくられる。だが、このプロセスが適切に進むためには抑制因子のほうが優位に立つ必要がある。詳しくいうと、抑制因子が活性因子の七倍の速度で広がらなくてはならない。

ある種の貝殻には尖った三角形とジグザグの模様がついている。この模様は、波の伝わり方を時空間グラフで表したものとしてとらえることができる。たとえば、孤立した

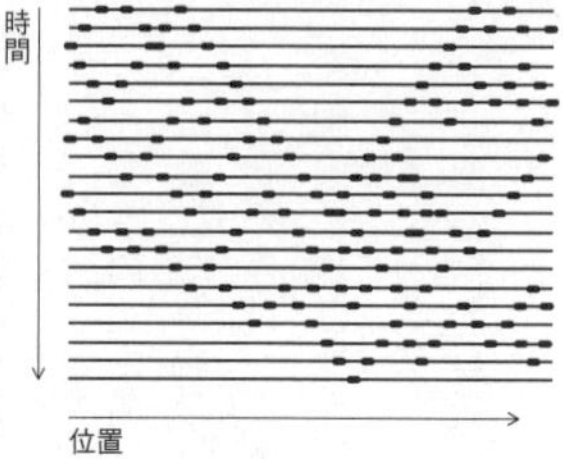

マクラガイの新しい色素の層がどうなるかは前の層によって決まる（左）。段階ごとに黒い色素の点が前の点よりひとつ外側に動くのだ。これによって斜めの線ができ、２本の線が合わさると三角形になる。マクラガイの美しい模様は不規則に見えるが、単純な数学的規則から生じたものである（右）。

一点に色素が蓄積されると三角形がつくられる。その一点が起点となり、時間がたつにつれて色素生成の波が起点から遠ざかる方向に移動していく。ひとつの波は左へ、もうひとつの波は右へ移動する。その結果できるのが三角形だ。起点がいくつかあれば、隣りあった三角形が最終的にはぶつかる。ぶつかってからどうなるかはそのときに作用する化学の法則しだいである。一般的には、ふたつの波は互いをうち消しあって消滅する。そうしてできるのがジグザグ模様というわけだ。

　波の振動が時間的に規則正しく起きる場合には、貝殻の模様が空間的に規則正しく配置される。縞や斑点のような模様であればこのメカニズムでわけなく説明できる。とりわけ興味深い模様をもつのが巻貝のタガヤサンミナシやマクラガイだ。これについては私たちが下地を固めおえたらもう一度とりあげるつもりだ（13章参照）。この模様は輪郭のはっきりした基本的な形——斑点、三角形、うろこ模様——からできていながら、その配置が少し不規則だ。単純な数学の規則からこれほど複雑な模様が生まれるなんて信じがたいと思うかもしれない。だが、コンピュータのシミュレーションからは、これがマインハルトの用いたチューリング的システムではごく普通の特徴であるのがわかる。

いちばん複雑なのは貝殻の場所によって柄のタイプが違うような模様だ。これはふたつの別個のシステムが相互作用した結果として生じ、それぞれのシステムで使用される化学物質や色素は異なる。そして、ある状況下では片方のシステムが勝ち、別の状況下ではもう一方のシステムが勝つという規則のもとでプロセスが進んでいく。一方のシステムが勝った領域ではそのシステムが自分独自の模様をつくり、負けた領域では別の模様が現れる。このように考えていけば、模様から「さかのぼって」化学反応を割りだすのも不可能ではない。

本物の貝殻は平らではないものの、面の縁に沿って成長することでつくられている。また、貝が最終的にどんな形になろうと模様自体にはあまり響かない。マインハルトとは違う数学モデル――先ほど見たようなオウムガイの成長をもっと精緻に表現したもの――を用いれば、成長プロセスの違いによって形がどう変わるかを調べることもできる。ポーランドのコンピュータ科学者プルゼミスラフ・プルシンキェヴィッツと共同研究者は、この分野でとりわけ精力的に研究を行なっている。彼らの手法とマインハルトのモデルを組みあわせれば、模様をすべて備えた三次元の貝殻を本物さながらに再現することも可能だ。しかも、出発点は単純な数学のレシピだけである。自然もこれとよく似たゲームをしているにちがいない。

植物数秘学

成長のパターンといえば、再び戻ってくるのが植物と花の話である。ピサのレオナルド、通称フィボナッチのことを思いだしてほしい。彼は自分の書いた算術の本のなかで、有名な数列、1、1、2、3、5、8、13……（最初のふたつを除いてどの数も前の二項の和に等しい）を生みだした。植物が成長するとなぜフィボナッチ数を示すようになるのか。その仕組みについては今やかなりのことがわかっている。しかし、背景となる生物学的なメカニズムについてはあまり解明が進んでいない。たとえば、特定の場所の成長を抑制するのにある種のホルモンが使われていると見られるが、それが何のホルモンかは特定されていないのが現状だ。

なぜフィボナッチ数が現れるのだろう。手短に説明するなら、植物の成長パターンがわずか数種類の形を好むからだ。その形のなかで最も興味深いのが、いわゆる「黄金角」をベースにしたらせん形である。黄金角はおよそ一三七・五度である。黄金角は数学的に見てフィボナッチ数と強い関連性をもち、フィボナッチ数が現れる原因となっている。

もっと長く説明すると……本当に長くなる。植物の若芽が土から顔を出して成長を始めるとき、おもな活動が起きるのは芽の先端だ。ここでは細胞がたえず分裂して新しい

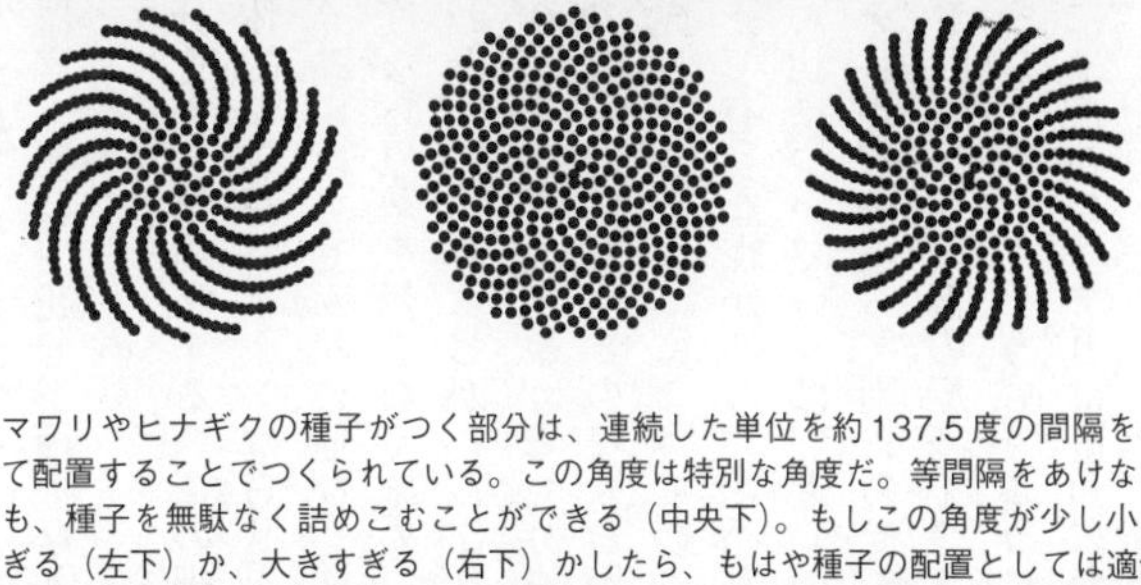

ヒマワリやヒナギクの種子がつく部分は、連続した単位を約137.5度の間隔をあけて配置することでつくられている。この角度は特別な角度だ。等間隔をあけながらも、種子を無駄なく詰めこむことができる（中央下）。もしこの角度が少し小さすぎる（左下）か、大きすぎる（右下）かしたら、もはや種子の配置としては適切でなくなってしまう。ロマネスコと呼ばれるカリフラワーの一種では、渦巻きの各単位がそれ自体で渦を巻いて全体のミニチュア版になっている（上）。

細胞をつくっている。新しくできた細胞は先端から縁に移動する。移動するとき、遺伝子の活動と生化学的な反応により、のちにさまざまな器官（側枝、花弁、種子など）が発達するためのお膳立てが整う。

頂点の近くには細胞群が形成され、それらの器官に分化する準備をする。この細胞群は「原基」と呼ばれ、一度に一個ずつつくられる。全体的な成長パターンはらせん形だ。ひとつひとつの原基は「成長らせん」と呼ばれるきつく巻いたらせん状に並び、隣りあった原基どうしの間隔は黄金角をなしている。この角度なら原基を無駄なく詰めこむことができるが、ほかの角度ではうまくいかないことがわかっている。しかし、これは特定のパターンで成長した結果として無駄がなくなったのであって、無駄がないからこのように成長したわけではない。配置に黄金角が見られるのも力学と化学のなせるわざであり、おかげで個々の原基はできるだけ広い領域内で成長できるようになっている。

こういうパターンで発達すると、植物が生き残るうえで有利な点がある。ためしに原基が発達して葉になる場合を考えてみよう。葉がらせん状についていれば、近くの葉どうしが重なって互いを影にすることがない。とはいえそれが理由なら、別にらせんでなくてもほかに少なくとも二通りの配置で解決できる。ひとつは、一個の原基をつくったら、二個めを茎の一八〇度反対側に配置すること。もうひとつは、そういうふうに向かいあった二個を一ペアとして、次のペアをつくるときには最初のペアとは直角になるように配置することだ。こういう選択肢もあることを思えば、生き残るうえで有利だからという言い分を鵜呑みにはできない。

ハンス・マインハルトは先ほども紹介したように、化学物質の活性化と抑制という図式で貝殻の模様を説明した。マインハルトによれば、同じメカニズムから今あげた三通りの成長パターンを生みだすこともできる。なかでもいちばん多いのが黄金角のらせん形だ。また、大勢の数学者や物理学者（葉の配列様式を研究するステファン・ドゥアディとイーヴ・クデも含む）が、原基の発生のしかたを物理実験で再現したり、コンピュータでシミュレーションしたりしている。彼らの研究からは黄金角が重要な意味をもつことや、そこからフィボナッチ数が現れることが裏づけられている。

黄金角がフィボナッチ数と密接な関係にあることは何世紀も前から知られていた。その関係をいちばんわかりやすく示すには、フィボナッチ数列の隣りあった二数の比率をとってみればいい。3／5、5／8、8／13……という具合に。この分数で円周を分割して角度に直してみると、その数字は急速に二二二・五度に近づいていく。これが若干姿を変えた黄金角だ。姿を変えているのは、同じ角度を内回りではなく外回りに計っているからである（三六〇度から二二二・五度を引けば一三七・五になるということ）。このように、黄金角とフィボナッチ比率がほぼイコールであるために、成長中の植物の原基の配置にフィボナッチ数が現れるのである。だから花びらの枚数がフィボナッチ数を示す花がこれほど多い。

フィボナッチ数が最も目立つのはキク科の花である。大きなヒマワリの頭部はとくにそうだ。ヒマワリの種のもとになる原基は、間隔が黄金角になるように成長らせんに沿って配置されている。こちらのらせんは葉のつき方の場合よりも渦巻き模様がわかりやすい。渦巻き線の数として多いのは、時計回りの渦が三四本と反時計回りの渦が五五本という組みあわせ。あるいは、五五本と八九本、八九本と一四四本というのもある。いずれも隣りあったフィボナッチ数だ。

同じ数字はカリフラワーにも見られる。カリフラワーというと、特徴がなくて白く軟らかい塊を思いうかべる人が多いだろうが、拡大して眺めてみるとその塊が美しい渦を巻いているのがわかる。数学者の目には、ときにほかの目が見逃したものが見えるのだ。

渦巻き

ヒマワリの優美な渦巻きについて思いめぐらせていると、自然界の別の渦巻きと比べずにはいられない。渦巻きはどういうときに現れるだろうか。移動途中のシステムや成長途中のシステムが、回転運動と放射運動を両方行なうときにかならず発生する。だから自然界にさまざまな渦巻き構造が見られるのも不思議ではない。そのうちのふたつについてはすでに見てきた。ヒマワリと貝殻である。ヒツジやヤギや、ガゼルなども、角《つの》がらせん状に生えることが多い。だが、自然界でとりわけ印象的な渦巻きのほとんどは生物よりも物理の領域に現れる。

一八六三年、フランシス・ゴルトンは高気圧を発見し、それを著書のなかで発表した。

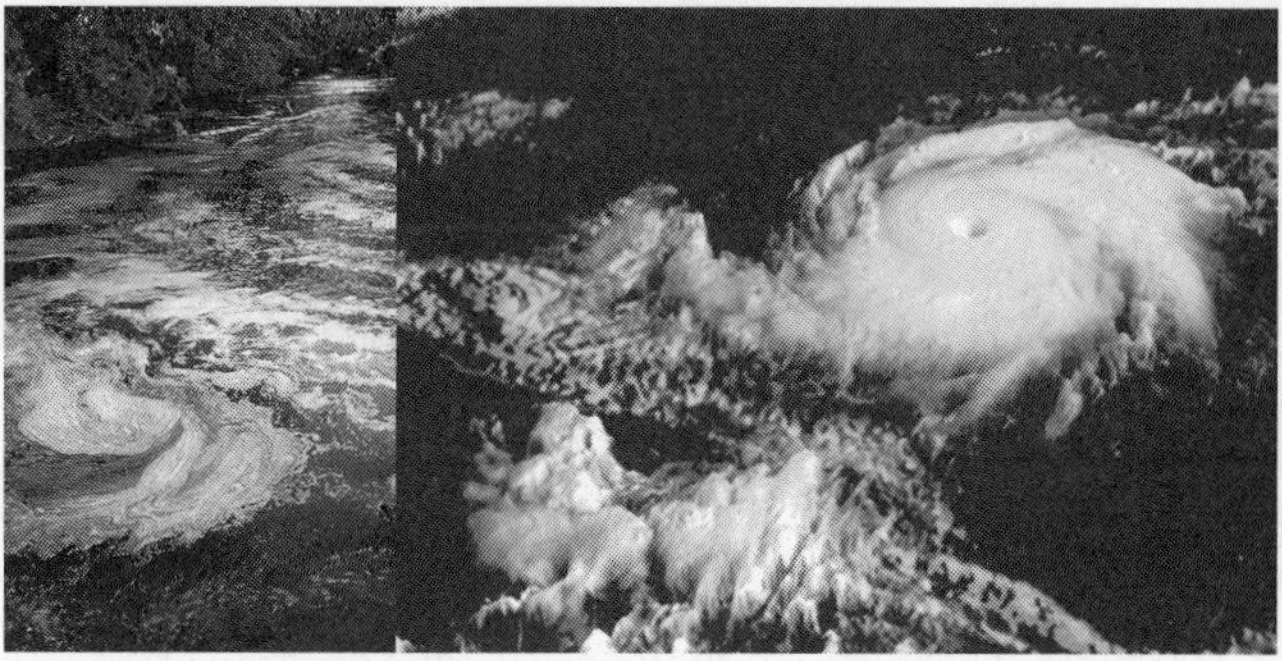

無秩序に荒れくるう熱帯低気圧も、遠くから眺めれば、暖かく湿った空気がゆっくりと渦を巻いた姿に変わる（右）。この写真に見える雲の渦巻きがそうだ。水の流れ方には複雑なパターンがあり、泡立つ乱流が起きる場合もある（左）。だが、どのパターンも回転した渦の連続によって生みだされており、個々の渦は熱帯低気圧に似ている。自然は単純な部品から複雑な形を組みたてる。

古い時代の統計的な研究における輝かしい勝利のひとつといえる。ゴルトンは一八六一年一二月の気象データを調べ、その結果を分析した。風向き、気温、気圧などである。だいたいイギリス諸島くらいの面積をもつ範囲を対象に、各項目の地域ごとの数値を地図に記入していったところ、それらが渦巻き形に並ぶ傾向を見出した。地球の大気が巨大な渦巻きをつくることができる——「できる」どころか渦を巻くのが当然な場面が多々ある——という考え方が本格的な観察によって初めて裏づけられたのである。

水のような流体の流れが渦を巻いて回転しやすいことには数学者も物理学者もすでに気づいていた。流れは中心のまわりで渦を巻き、その中心は固定されている場合もあれば移動する場合もある。この種の渦でいちばん有名なのがカルマン渦だ。一様な流れのなかに障害物を置くと、障害物の左右両側から反対向きの渦が交互に発生する。これがカルマン渦だ。二種類の渦は互いに映進の関係にある。

地球の大気の渦も似たような傾向を示すが、障害物から発生するわけではないし、二種類がペアになるわけでもない。それでも高気圧の渦の向きは北半球では時計回りで、南半球では反時計回りだ。こういう違いが生まれるのは地球が自転しているうえに、「上方」が地軸に対して垂直な方向ではないからである（赤道上を除く）。このために、大気は北半球と南半球で異なる方向に流れる傾向が生まれる。「コリオリの力」と呼ばれるものだ。このコリオリの力が渦の方向を決めている。

この事実を受けてひとつの科学神話が生まれ、よく話題にのぼる。オーストラリアで洗面台に水を張って栓を抜くと、水が北半球とは逆向きに渦を巻いて流れていくというものだ。たいていの神話がそうであるように、これも核心の部分は間違っていない。巨大な円形のタンクに水を張り、波立てないよう何日も放置してあらゆる動きを消してからであれば、北半球と南半球で渦の向きが異なることは実験で確かめられている。だが、同じ現象がホテルの洗面台で起きることはない。蛇口から水を出したことなどのために水が一時的に非対称になっているからだ。

ゴルトンが高気圧を発見して長い年月が過ぎてから、高高度飛行機や人工衛星でその実物を写真に撮れるようになった。今や、大気が渦を巻きやすいことはいわずと知れた事実として受けいれられている。とくに大気が最も荒々しい形態をとるときはそうだ。

熱帯低気圧である。高気圧は中心部でいちばん気圧が高い。熱帯低気圧——発生する地域によってハリケーン、サイクロン、台風などと呼ばれる——は中心部でいちばん気圧が低い。熱帯低気圧は自然が生んだこよなく美しい災いである。嵐雲が熱と水蒸気を燃料にして巨大な渦を巻き、秒速五〇メートルを超す強風をまき起こす。高いビルをなぎ倒し、都市全域を荒らしつくす場合もある。

もっともっと大きなスケールに目を転じれば、自然界で最も感動的なのは銀河の渦巻きだ。一個の銀河は回転する円盤であり、その円盤は数千億個もの星々でできている。円盤は何本かの渦状腕《かじょうわん》に分かれ、ネズミ花火が燃えているときのような模様をつくっている。銀河を数学モデルで表せば、回転と重力によって渦巻き構造が生まれるのを再現できる。ただし、中心からの距離に応じて回転速度がどう変化するかが明らかになっていない。銀河の力学を解明したと胸を張れるまでにはまだまだ膨大な研究が必要だ。通常、渦巻銀河には腕が二本あって、中心部の棒状構造の両端から伸びている。今では銀河の中心に巨大なブラックホールが存在すると考えられている。ブラックホールはいわば重力の排水口であり、ありとあらゆる物質を吸いこむ。では、銀河は宇宙の洗面台なのだろうか？　事実は小説より奇なりという言葉もある。

今後の展開に要注目だ。

11章　時間

渦巻銀河、流れの渦、そして熱帯低気圧は、写真でわかる以上の対称性をもっている。渦巻きを静止写真で見るとはっきりしたパターンがある。だが、腕が一本の渦巻きの場合、本当の意味で対称性をもつといえるのは対数らせんしかない。二本以上の腕をもつ渦巻きなら回転対称性がある。腕の一本をクリックして別の腕の位置にもってきても形は前と変わらない。渦巻銀河はたいてい二本腕なので、一八〇度回転させても(ほぼ)対称である。しかし、こうした物体を映像で見ると、別の種類の対称性が浮かびあがる。時間における対称性だ。

すでに「渦巻き」の「巻き」の部分が秘密を明かしている——自然界の渦巻きはすべて回転するのだ。しかも、回転しても形はおおむね変わらない。ということは無数の対称性が存在する。空間だけでも時間だけでもない。時空における対称性だ。

詳しく説明しよう。一定の時間が過ぎるにまかせると、渦巻きは角度にして何度分か回転する。だが形は変わらない。同じ角度だけ逆回転させればもとどおりになる。時間の経過と空間の回転が同時に起きても渦巻きの見た目に変化はないわけだ。一定した速度で回転している――自然界の渦巻きはだいたいそうである――かぎり、時間の経過と空間の回転が組みあわさっても形は同じである。しかも、特定の一瞬についてのみあてはまるのではない。渦巻きの回転を時空間的な軌道でとらえたとき、その始まりから終わりまで形が変わらないのだ。渦巻きの動きを時空間グラフで再現するために、映像の連続したコマを縦に重ねていったとすると、回転する銀河はらせん状のねじ山そのものに見える。渦巻銀河の時空対称性は、らせんの時空対称性とまったく同じなのだ。

時間も考慮するとしたらどんな対称性が現れるだろうか。数学的にいえば時間は一次元の連続体である。一本の直線だ。直線には二種類の対称性、並進対称と鏡映対称がある。並進対称は時間の線を丸ごと平行移動させる。この場合は系全体を時間的に前か後ろにずらすことを意味する。一方、鏡映対称は時間の流れを反転させる。映画を逆回しで観るようなものだ。5章でも説明したとおり、ニュートン力学の法則は時間を進めても逆戻りさせても変わらない。同じことはもっと近代的な物理法則にもほとんどあてはまる。

安定した状態には完璧な時間対称性がある。時間が経過しても時間が逆戻りしてもシステムに変化がなく、まったく同じに見える。いびつな形の岩が数百年前から同じ場所にあるとしたら、途方もない時間対称性を備えていることになる。だが、この種の対称性はおもしろみに欠けるので、注目されることはめったにない。

それにひきかえ私たちは周期的なサイクルには大きな興味をもつ。とくに同じ事象がくり返し起きる状況が好きだ。周期的サイクルにも時間対称性がある（口絵10ページ参照）。その周期を整数倍して時間を平行移動させても周期はまったく変わらないように見える。一〇六六年でも二〇〇一年でもどんな年でも、春夏秋冬はだいたい同じ日にやってくる。一年を整数倍して時間を平行移動させたところで何の不都合も生じない。ただし一年の何分の一か、たとえば六ヵ月分を平行移動させたら、夏がくるべきときに冬がきて、冬がくるべきときに夏がくる。

周期的なサイクルには、時間反転しても対称（つまり不変）なものとそうでないものがある。季節の移りかわりに伴う気温の変化は時間を逆行させてもだいたい変わらない。真冬から始めて時間を前に進めたとすると、気温の変化は低温↓適温↓高温↓適温↓低温となる。この順序を逆にしても見た目は同じだ。一方、月相の周期的変化はこれとは少し違う。月の見かけの形の変化は、新月↓三日月↓半月↓満月↓半月↓三日月形↓新月となるので、一見すると順序を逆にしても変わらないように思える。しかし北半球の場合、この流れの前半部分では月の右側が輝くのに対し、後半では左側だ。つまり、月相の本当の対称性は空間対称と時間対称が組みあわさったものといえる。具体的には、時間の反転と鏡映変換が同時に行なわれている。時間反転対称性をもつ自然界の現象にはこういう組みあわせが多い。

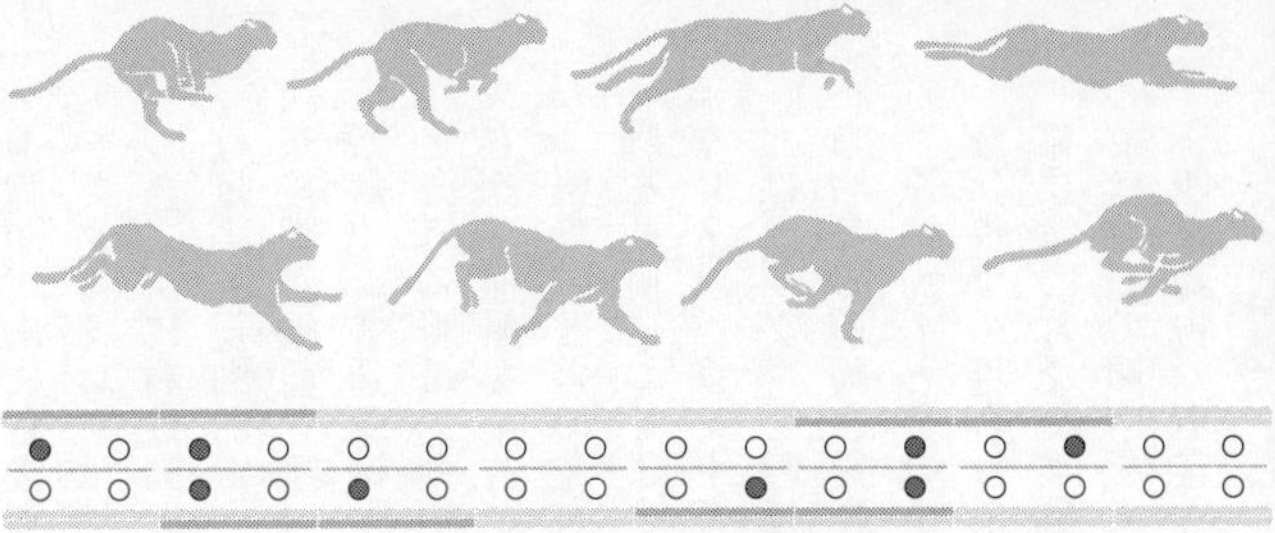

チーターが疾走するときの見事な脚の運びは、回転襲歩と呼ばれる単純な数学的パターンに従っている。

動物の動き

動物は時空対称性を利用して移動している。ゆっくり移動するとき、ウマは並足（ウォーク）で歩く。もう少し速く移動する必要があると速歩《はやあし》（トロット）になる。もっと速くなると普通駆け足（キャンター）をし、全速力で走るときには襲歩《しゅうほ》（ギャロップ）になる。動物の脚の運び方を「歩容《ほよう》」といい、何十もの種類がある。すべてに共通するのは、地面が平らで動物の動く速度が一定であれば同じ脚の動きが何度もくり返されるという点だ。歩容は周期的なサイクルである。もちろん、起伏のある土地を進むときなどに動物が周期的でない動き方をすることはある。だがその種の動きを歩容とは呼ばない。

ウマが並足で歩くとき、まず左後脚を動かし、次に左前脚、その次が右後脚で、それから右前脚を動かす。四個の蹄《ひづめ》は、時間的に同じ間隔をあけて地面につく。それぞれが歩容の周期全体の四分の一ずつだ。速歩の場合、蹄は二個ずつペアになって地面につく。具体的にはまず左後脚と右前脚が、次に右後脚と左前脚がそれぞれ同時に地面につく。この場合も、二本ずつ脚をつくタイミングは等間隔である。普通駆け足ははるかに複雑だ。まず、左後脚が地面につき、次に右後脚と左前脚が同時につき、最後に右前脚がつく。襲歩はかえって普通駆け足より規則的だ。まず、左後脚が地面につき、ほとんど同時に右後脚が続く。その後、左後脚が地面を蹴ってから半サイクル後に左前脚が地面につき、ほとんど同時に右前脚が続く（普通駆け足と襲歩の場合は、脚の運びを鏡映変換したパターンもある。だからとりうる形は二種類あるのだが、以後はそのうち一種類についてのみ触れることにする。もう一種類も左右が入れかわるだけの違いしかない）。

襲歩のときの左右の脚のわずかなずれをなくして、まず両後脚を同時に、次いで両前脚を同時につくようにすると、バウンド（跳ねとび）と呼ばれる走り方になる。ウサギやリスはバウンドで走る。イヌも非常に急いでいるときはバウンドで走る。ペース（またはラック）と呼ばれる歩容では、まず左側の前脚と後脚を同時に地面につけ、それから右側の前脚と後脚を同時につける。ラクダやシマウマがよく見せる動きだ。

全速力のときはチーターも襲歩で走る。ただ、ウマの襲歩とは脚の運びがわずかに違う。ウマの場合は前脚にしろ後脚にしろ、つねに左脚が右脚よりも先に地面につく。正確にはこれを交叉襲歩という。チーターも後脚についてはウマと同じだ。ところが前脚では左右の順序を入れかえ、右を先についてから左をつく。これを回転襲歩と呼ぶ。四足動物の歩容として最後に紹介するのはプロンクだ。プロンク歩容では四本の脚すべてを同時について跳ねあがる。若いガゼルがよくプロンクを見せるのはたぶん敵を惑わせるためだろう。プロンクは非常に対称性が高い。四本脚をどう入れかえても地面を蹴るタイミングはまったく変わらないからだ。

歩容の対称性に初めて注目を促したのは動物学者のミルトン・ヒルデブランドである。彼は歩容を対称的なもの（並足、速歩、バウンド、ペース、プロンク）とそうでないもの（普通駆け足と襲歩）に分けた。普通駆け足と襲歩はそれぞれの鏡像と異なるのに対し、ほかの五種類はそれぞれを鏡像にしても同じである。ただ、まったく同じかといえばそうではない。バウンド歩容であれば、右側と左側がつねに同じ動作をしているので鏡に映しても大差はない。しかし、ペース歩容の場合は少し異なる。ペース歩容をしている動物を鏡に映すと、動物が左側の脚を動かしているときに鏡像は右側を動かしているように見えるからだ。本物も鏡像もペース歩容をしていることに変わりはないが、左右の脚が地面につくタイミングが違う。

ほかにはどんな対称性が考えられるだろうか。ひとつには脚の前後の対称性がある。ペース歩容では前後の脚を入れかえてもまったく同じに見える。一方、バウンド歩容では半サイクル分ずれる。速歩はどうか。速歩の場合は左右の入れかえでも前後の入れかえでも半サイクル分ずれが生じる。だが、対角線上にあるパートナーと入れかえるならずれは解消し、どちらの脚も同時に地面につく。

このように、歩容の重要な対称性には空間（脚を入れかえる）と時間（サイクルの段

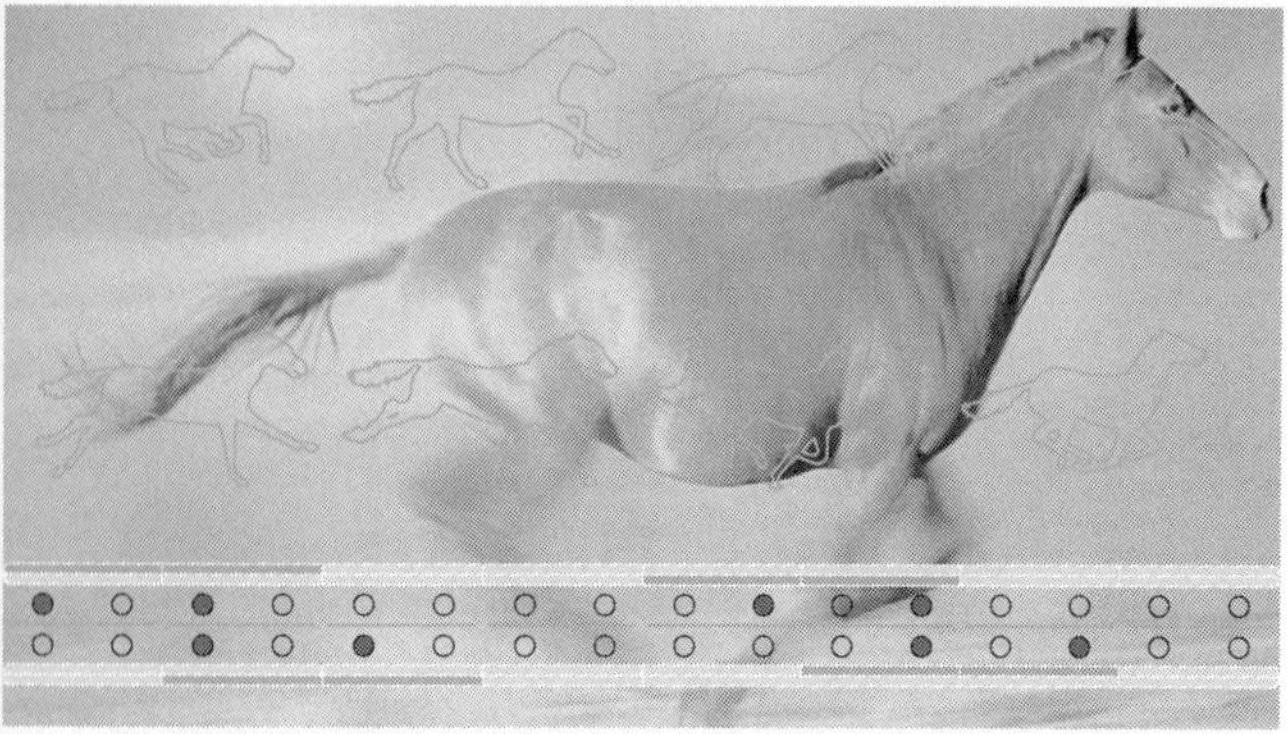

ウマの疾走の場合はチーターとは微妙に異なり、交叉襲歩と呼ばれる脚の運びになる。どう違うかといえば、チーターの前脚が地面につくときは後脚と左右の順序が逆になるのに対し、ウマの前脚は後脚と順序が同じである（線と丸の図は、脚が地面についたり離れたりするタイミングと、脚が最初に地面につくタイミングを表したもの）。

階をずらす）がかかわっている。この切り口から並足も見直してみよう。左後脚、左前脚、右後脚、右前脚の順に脚を入れかえて、サイクルの段階を四分の一ずらせば並足の時空対称がつくれる。これで私たちはヒルデブランドの分類をさらに改良したわけだ。彼がいう「対称的な」五つの歩容はどれも時空対称性をもち、しかもその対称性は種類が異なっている。

ロデオで大発見

動物の歩容は私自身の研究テーマのひとつだ。これにはおもしろい話があるので紹介したい。動物の歩容の時空対称性はあるパターンと非常によく似ている。結合された振動子のネットワークに自然発生するパターンだ。たくさんの振り子がゴムひもでつながったところを思いうかべてほしい。

なんとかしてカウボーイをふり落とそうと、ロデオの暴れウマは背中を丸めて跳ねあがる（上）。この動きを加えれば、予想される歩容パターンを集めた数学者のカタログはすべて埋まり、自然界で用いられているパターンと完全に一致する。この「ジャンプ」歩容では、ウマは両方の前脚を地面につき、すぐあとで後脚を地面につく（下）。そのあと宙に浮いているあいだは間があいて、どの脚も地面にはつかない。

個々の振り子はそれぞれ振動して左右に揺れている。一個の振り子の動きはゴムひもを通じてほかの振り子にも伝えられる。こうした結合系がどんなふるまいをするかを考えるのはじつに楽しいものである。

どうしてこの分野に興味をもったのか。すべては一冊の本の書評を書いているときに始まった。その本のなかには脚式ロボットをとりあげた箇所があった。私は書評のなかで脚と結合振動子の類似を指摘し、次のように記した。「誰か電子ネコの研究に助成金をくれないだろうか」。二四時間とたたないうちにジム・コリンズから電話がくる。ジムはオックスフォード大学で研究中の若きアメリカ人生理学者だ。「私にはお金は出せないけれど、出してくれる人を知っています」。彼は電車でコヴェントリーまでやってきて、私たちは共同研究をスタートさせた。この研究は今も続いている。まだ電子ネコをつくるには至っていないが、テレビ番組向けにゴム製のウマならつくった。

動物の運動でいちばんわかりやすい振動子は脚だ。だが、脚にだけ気をとられていると道を誤るおそれがある。歩容のパターンを生みだすのは脚そのものではない。脚はパターンを表現しはするが、本当に重要なのはその動物の神経系にある回路だ。そこから筋肉に信号が送られて脚を動かしている。この回路は「中枢パターン発生器」と呼ばれ、神経の振動子が結合された回路網だ。(脊椎動物の場合は)脊柱内部か脊柱近くにあると考えられている。

ジムと私が振動子四個のネットワークを組みたて、どんな数学的パターンが自然発生するかを調べたところ、それが四足動物の歩容によく似ていることに気づいた。また、振動子二個のネットワークは二足動物の歩容とうまく対応する。のちには、振動子六個のネットワークと六脚類（昆虫）にまで研究を広げた。そのとき、ふだん一緒に研究をしているマーティン・ゴルビツキーが技術的な欠点を指摘する。四個の振動子からなるネットワークでは、四足歩行の動きを完璧には再現できないというのだ。考え方のどこかにほころびがある。

私たちが最終的にたどり着いた結論は次のようなものだった。中枢パターン発生器は、脚一本につき振動子を二個ずつもっているにちがいない。大まかにいえば一個は押すため、一個は引くためである。賢い設計はそれ以外に考えられない。正しいかどうかはまだわからないものの、そう考えると興味深い考察がたくさん生まれることだけは確かだ。しかも、本物の動物の動きについても具体的な予想を導くことができ、その予想を裏づける証拠もしだいに集まりつつある。

ひとつ例をあげると、私たちの予想によれば四足動物にはもう一種類の歩容があるはずなのだ。四拍子のリズムで、次の順序で脚を動かす。

一拍め――両方の前脚が地面を打つ
二拍め――両方の後脚が地面を打つ
三拍め――どの脚も地面を打たない（地面に脚がついているか離れているかはわからな

　いが、とにかく地面を打つことはない）

四拍め——どの脚も地面を打たない

　いろいろ文献を探してみたが、こんなパターンはどこにも出てこない。だが、仮説が正しければ間違いなく存在するはずである。私たちはこの歩容にとりあえずジャンプという名前をつけた。

　それでもやはり心配だった。

　マーティンの所属はテキサス州のヒューストン大学である。テキサスといえばロデオ。私たちが振動子八個のネットワークを構築していたとき、たまたま町でロデオ大会が開催されていたので見に行った。暴れウマが人をふり落とそうとして跳ねるのを見ているうち、急にふたりとも身を乗りだすと指を折って数えはじめた。最初はウマの両方の前脚が地面を打つ。そのすぐあとに両方の後脚が地面を打つ。それからウマは跳びあがって、しばらく空中に留まっているように見えた。ウマは同じ動きを何度もくり返し、とうとう乗り手をふり落とした。

　私たちの未発見の歩容とじつによく似ている。あとでこの大会のビデオを手に入れ、コンピュータに取りこんで一コマずつ調べてみた。それぞれの脚が正確にいつ地面を打ったかをつきとめるためである。すると、タイミングは私たちが予想したのと二〇分の一秒しか違わなかった。これが決定的な証拠だなどといい張るつもりはない。だがしかし……

六本脚の昆虫

　脚が四本あると歩容のパターンはいろいろ考えられる。昆虫のように六本あったらそれをはるかに上回るはずだ。四本脚でも六本脚でも、それをいうなら二本脚でも一〇〇本脚でも、適用される数学の理論に変わりはない。本物の昆虫に観察される歩容は理論から導いたパターンのカタログと見事に符合する。この分野で好まれる実験動物はゴキブリだ。ゴキブリがゆっくり移動するときには、ウマでいう並足で歩く。脚を動かす順番は左後↓左中↓左前↓右後↓右中↓右前だ。脚を地面につけるタイミングは等間隔で、ウマやゾウの場合と変わらない。

　ゴキブリが速く移動したいときには三脚歩行を用いる。ウマでいえば速歩だ。左前・左後・右中の三脚で一セット。右前・右後・左中の三脚でもう一セットである。三本一セットを同時に地面についてそれを交互にくり返す。脚をつくタイミングは等間隔だ。この歩き方には大きなメリットがある。人間の写真家がカメラを三脚に固定するのと同じ利点だ。安定しているうえ、地面に凹凸があっても静止できる。

　昆虫の次にくるのが八本脚のクモ。次が一〇本脚のザリガニ。さらにムカデやヤスデが続く。とりわけ興味深いのがムカデだ。脚がたくさんあるおかげで、観察すると脚運びの規則正しさがじつによくわかる。すでに見たように、ムカデが移動するときには動

百足《ムカデ》の脚は百本ではないかもしれないが、相当な数であるのは確かだ。どうやって歩いているのだろうか。ムカデの場合は動きの波が体の左右両側を伝わっていく。ただし、左右の波の位置にはずれがある。ヤスデも同じようにして移動するが、波の伝わり方は左右まったく同じである。

きの波が左右両方の脚を伝わっていく（4章参照）。波は後ろから前に進んでいき、左右の波は同調していない。人間が歩くときに両足を同時に動かしたりしないのと同じだ。ムカデの体に沿って完全な形の波が数個現れる。

　ウマやゴキブリや人間と同じように、ムカデにも何段階かの「ギア」がある。ゆっくり移動する場合は完全な波が二、三個、体に沿って現れる。速度が増すと波の数は減っていき、体を左右にくねらせはじめる。特定の瞬間に体を支える脚の数も少なくなっていく。野生のムカデが猛スピードで移動していると、地面に三本の脚しかついていない瞬間があるという。しかも、観察対象となったムカデにはぜんぶで四〇本も脚が生えていたというのに。

ここまで見てきたように、脚の運び方は一見すると多種多様だがいくつかの共通点をもっている。どの場合も脚の動きが二組の波となって伝わることだ。一組は体の左側を伝わる波、もう一組は右側を伝わる波である。普通、波は後ろから始まって前方に移動していく。二組の波の現れ方には大きく分けて二通りある。体の両側で波が同時に動くか、左右で動きがずれるかだ。動物の歩容は多様に見えても、じつはこの基本的な共通パターンに手を加えただけにすぎない。中枢パターン発生器を数学モデルで表してみるとこの点がよくわかる。

では、この共通パターンはどこからきたのだろうか。答えは進化にあると私は思う。四本脚の哺乳類も六本脚の昆虫も、もとをただせば祖先は同じ。節足動物である。節足動物の体はたくさんの体節に分かれ、個々の体節には左右に一本ずつ、合わせて二本の脚が生えていた。頭と尾を除けばどの体節もほとんど同じ形をしている。体節には脚をコントロールする神経回路も備わっていた。中枢パターン発生器の数学モデルを用いれば一匹の節足動物の対称性を再現できる。節足動物の自然な振動のパターンは二個の波が伝わることであり、その二個は左右で同調するか、動きがずれるかのどちらかになる。

節足動物が進化するにつれて、体節（およびそこから生えた脚）の数が減ったり、体節どうしを融合したり、特殊な仕事をさせるために体節が改造されたりしていった。昆虫の頭部は六個の体節が融合したものである。胸部は三個の体節が融合したもので、それぞれから脚が二本ずつ生えている。腹部は八〜一一個の体節が融合している。哺乳類のゾウにしても、遠い節足動物の祖先から残った二個の体節でできていると見なせる。祖先がもっていた歩行制御回路の名残りも一緒に抱えているかもしれない。最近、アメリカの生物学者ランディ・ベネットと共同研究者が発見したところによれば、コクヌストモドキが幼虫のときに二個の遺伝子（Ultrabithorax と Abdominal-A）のスイッチを切ると、二二個の体節が発達する。ということは、祖先から受けついだ古い体の構造は現代の遺伝子にもひそんでいて、普段は抑圧されているだけなのだ。

過去に向かって進む

周期的なサイクルには時間対称性がある。一定の期間を整数倍した分だけ時間を前にずらしても、ふるまいはまったく変わらない。時間対称性にはもうひとつの種類があって、物理学においても哲学においても深遠な意味をもっている。それは時間を反転させること。「時の鏡に映す」のだ。

時間を後ろ向きに走らせたら何が起きるだろう。逆向きに動いていく世界を見るのはさぞ奇妙にちがいない。ゆで卵が生に戻る。割れて散らばった皿の破片が床をすべりながら集まってきて、自分を再び組みたてる。大人の体が縮んで子供になり、さらには赤ん坊に戻って、ついには母親の胎内に吸いこまれる。

ありえないと思うだろうか。だが、原理のうえではどれも私たちの宇宙で起こりうる。物理の法則によれば、宇宙は時の鏡のなかでも現実さながらに映る。時間を前向きに進めようと後ろ向きに進めようと、自然の法則は変わらない。ゆで卵は生に戻り、割れた皿はもとどおりになり、大人は子供に変わる。たとえこうした出来事が起きても、宇宙の営みの土台となる規則からは外れていないのだ。

とはいえ、私たちが知覚する宇宙には明確な方向をもった時の矢があり、その時間のなかでは卵はゆだり、皿は割れ、子供は生まれて成長する。私たちの意識はその時の矢と同じ方向に一秒につき一秒の割合で進んでいる。私たちは宇宙が一方通行であるように感じるのに、自然の法則は両面通行で反転可能だという。そのふたつの折りあいをつけるのは難しいように思える。それでも宇宙全体には本当に時間対称性があるのだろうか。前に進めても逆戻りさせても同じなのに、なぜか私たちが気づいていないだけなのだろうか。

宇宙自体が特定方向の矢を選んだのだろうか。

答えの一端を明かせばこうなる。たとえ「私たちの宇宙」が決まった方向の矢をもっていても、自然の法則が時間反転可能ということはありうるのだ。法則が時間反転可能という意味は、「別の宇宙」では私たちと逆向きに時間が流れている可能性があり、それでもまったく同じ法則が通用するということである。考えられるすべての時の鏡に対して私たちの宇宙のふるまいが時間対称だとしたら、何事も起こらず、時間は何の意味ももたなかっただろう。

では、どうして私たちの宇宙は皿をもとどおりにせずに、皿を割ることを選ぶのだろ

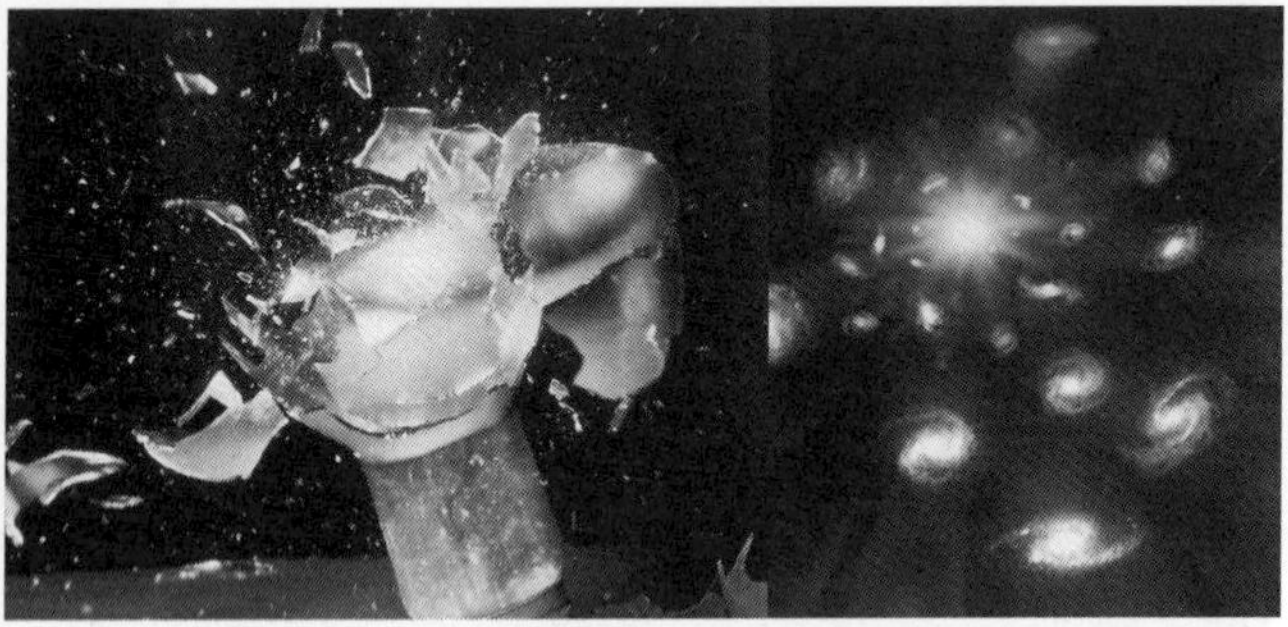

長らく物理学者は、自然の法則の奇妙な対称性に頭を悩ませてきた。時間対称性である。時間を逆向きに進めても、宇宙はやはり同じ法則に従うというのだ。宇宙はビッグバンによって膨張を開始した（右）。時間を逆向きにしたら収縮する宇宙となり、ビッグクランチで終焉を迎える。割れたグラスの破片がすべて適切な速度で正しい方向に集まってくれば、グラスは再びもとどおりになる（左）。だが、それをなしとげるためには、原子一個一個の振動までコントロールしなければならない。

うか。もちろん、たまたまそういう宇宙に暮らしているだけで、逆でもおかしくなかったのかもしれない。マーティン・エイミスの『時の矢』や、もっと古いフィリップ・K・ディックの『逆まわりの世界』に出てくる世界のように。あるいは、原因は私たちにあるとも考えられる。もしも精神を逆向きに働かせることができたら、あらゆる出来事は私たちにとって逆向きに動いているように見えるだろう。それでは、時の矢を一定方向に向けているのは私たちの意識なのだろうか？

　時間反転のシナリオは私たちの宇宙で実現するだろうか。たとえば割れた皿をもとに戻すことをまじめに考えてみると、すぐにひとつのことに気づく。皿を床に落として粉々に割るのと、いずれ皿になる破片がすばやく集まって組みたてられるのとでは、決定的な違いがあるということだ。割れることには完全にその場に原因がある。あなたが皿を落とす——そして「ガシャン」だ。すべては一個の動作が引き金を引いた。宇宙の遠い領域を巻きこんで、嘘のように絶妙なタイミングで手を貸してもらわなくても、皿は確実に割れる。ところが、割れた皿がもとどおりになるように手はずを整えるにはどうすればいいか。個々の破片を用意し、それぞれに適切な推進力を与え、残りすべての破片とぶつかる完璧な衝突進路に乗せてやらなくてはならない。しかも、破片はたまたまどれもが寸分たがわず一致していなくてはだめだ。同時に、床の離れた場所に振動波をつくりだし、破片が皿になるその瞬間に皿のところに集まってくるようにする必要もある。その振動波が皿を空中に放りあげ、待ちかまえた手につかまえられる。つまり、割れた皿をもとに戻す因果関係の連鎖はその場だけのものではない。離れた場所でいくつかの事象が同時発生する必要がある。

　こう考えると、時間の矢のふたつの方向を区別する道が開ける。人間の宇宙ではほとんどの因果関係が局所的なものであり、局所的でない因果関係はきわめて少ない。私たちの意識——もっと肩の力を抜いた表現をするなら環境に働きかける能力——は局所的な因果関係のもとで機能している。私たちは皿のような物体に目を留め、それを手に取ることもできる。だが、散らばった破片を見て、それらが床の上で集まってもとの皿に戻るかもしれないとは思わないし、どのみちそんな現象を起こすことはできない。だとすれば、時間の流れる方向が決まるのは、私たちが局所的な因果関係に縛られる生き物だからではないだろうか。私たちには対称性の破れた宇宙を経験するよりほかないのだ。

可能な方向はふたつあっても、そのうちのひとつ——たったひとつだけ——の方向しかもてない宇宙を。

第3部

単純さと複雑さ

12章　複雑さをもたらすものは何か？

自然界のパターンは何から生じているのか。その答えを探る私たちの旅は深遠な哲学の扉を開けようとしている。昔の考え方は素朴だった。宇宙は複雑そうに見えても、じつはすべてが単純な数学の法則に従っていると思われていた。私たちがパターンと呼ぶ自然の規則性はその法則が単純である証拠であり、またその直接の結果でもある、と。ところが、どうやら法則とパターンの——原因と結果の——関係はそれほど単純明快ではないらしい。

もしも単純明快だったら、単純な状況に単純な法則が働けばかならず単純なパターンが生まれるはずだ。また、複雑な状況で複雑な法則が働けばかならず複雑なパターンにつながるはずである。さらにいえば、「複雑さ保存の原理」のようなものがあって、原因の単純さや複雑さはそのまま結果に反映されてよさそうなものだ。

こういう考え方はもはや正しいとは思えない。だが、それに気づくまでには長い年月が必要だった。私たちの精神はまさしくそういう原理を好むようにできているからである。私たちは単純さや複雑さがどこからきたのかという話をする。まるで、それらが別の場所で始まったあとで、自分たちが話題にしている対象のところに移動させられてきたかのように。ひとつのパターンが別種のパターンから生じているのを、しかももっと深いレベルのパターンから生じているのを私たちは期待する。単純な重力の法則から楕円の軌道が生まれると私たちは喜ぶ。しかし、単純な重力の法則から不規則で見苦しい軌道が生まれたり、複雑な重力の法則から楕円の軌道が生まれたりすると私たちは不機嫌になる。時間が反転した宇宙をうまく理解できないのはこの点が大きい。時間反転のシナリオ（11章参照）では、もとどおりになる皿の破片がどこからくるかがわからないからだ。

科学や技術が何を求め、科学者や数学者が何に興味をもつかは刻々と変化している。新しい問題や新しい考え方や、新しい疑問が日々もたらされる。現代科学の最前線で働く研究者はひとつのことを認めてこざるをえなかった。単純な原因からしばしば複雑な結果が生じ、複雑な原因からしばしば単純な結果が生じるものだ、と。とはいえ、謎めいた雰囲気を残しておくために一言つけ加えるなら、どうしてそうなるかはじつにややこしい話なのである。

この点をあざやかに浮きぼりにするのが、新しい数学体系のひとつ「セル・オートマトン」だ。セル・オートマトンは数学的なコンピュータゲームの一種である。最初は色のついた一個の格子（セル）からスタートする。ゲームの「一手」が進められるたびに、決められた規則によってセルの色が変わる。たとえば「一個の赤いセルが、三個の緑のセルと五個の黄色のセルに囲まれたら、色を赤から青に変える」といった具合に。

こういうシステムをコンピュータで組みたて、プログラムを走らせ、結果を確認するのは易しい。はるかに難しいのは（というより不可能な場合もままあるのは）その結果に納得のいく説明を与えることだ。たとえば、「ライフゲーム」と呼ばれるセル・オートマトンがある。イギリスの数学者ジョン・ホートン・コンウェイによって考案されたもので、黒と白のわずか二色と、短い三つの規則のみでなりたっている。にもかかわらず、ライフゲームはコンピュータでできることは何でもできる。円周率を小数点何桁分も計算したり、素数を一個ずつ列挙したり、この本のなかから「コンウェイ」という文字を探したりすることもできる。計算のスピードは非常に遅いが、スピードは問題ではない。かつてクルト・ゲーデルとアラン・チューリングは、数学には証明不能な命題が存在するという重大な発見をした。そこからわかるように、たとえ私たちがライフゲームの規則を知っていても、与えられた白黒の配置がどうなっていくかを予測することはできない。何らかの初期配置を与えられたとき、規則をあてはめたら黒のセルがすべて「死んで」白く変わるのかどうか。たいていの場合は知りようがないのだ。数学者にわかるのはそれが数学の能力を超えた問いだということ。単純な原因から生じたにしては、これ以上ない複雑な結果ではないか。

セル・オートマトンは、有限個の状態（セルの色）をもつ力学系に「空間的な」構造がつけ足されたものと見なせる。そのため、生態系をモデル化するのによく利用される。たとえば赤いセルは空腹のキツネ、青は満腹のキツネ、灰色はウサギ、緑は植物、という具合だ。規則には生態系の現実を反映させる。空腹ギツネのセルはいちばん近くにいる灰色のウサギに向かい、ウサギを食べて青い満腹ギツネになる。灰色のセルは緑のセルを食《は》み……というふうに続いていく。どのセルにも生死のサイクルがあり、いくつもの異なる状態をとることができる。生、死、空腹、満腹、繁殖準備完了、などだ。規則を微調整すれば、驚くほど実際の生態系に近い結果を得ることができる。コンピュータでこうした手法を駆使すれば、複雑な生態系（ライチョウの猟場、熱帯雨林、サンゴ礁）のふるまいについても本物のヒントを得ることができる。

分岐とカタストロフィー

このように、私たちが大事にしてきた直感のひとつは間違っていたことがわかった。複雑さは単純な規則から生じる場合もあり、規則自体をはじめから複雑にしておく必要はない。逆に、サンゴ礁や熱帯雨林などは細部は非常に複雑に思えるのに、大きなスケールでは単純なパターンのふるまいを見せる。現在、新しい重要な数学の一分野として「複雑適応系」の理論が注目を浴びている。これは、創発的現象（部分の性質を合わせた以上の性質が全体として現れる現象）の理解を目指したものだ。

私たちが大事にしてきたもうひとつの直感によれば、原因にわずかな変化が加えられたら結果もわずかに変化するはずである。この直感は生物学にも顔を出す。たとえば、新しい種がどのようにして誕生するかを考えてみよう。突然変異は少しずつ進行していくのに対し、新種が生まれるのは著しい変化である。そこで進化生物学者たちは何か突発的な大事件が引き金を引いたと考える。大洪水や、新しい火山の噴火などだ。だが、複雑さに関する直感と同じで、少しずつ進行する原因から少しずつ進行する結果が得られると思うのは間違っている。もっとも、完全に間違っているわけではない。原因に生じた変化が小さければ結果の変化も小さいのが普通だ。しかし、ときに原因の小さな変化が結果を大きく変えることもある。そういうケースはまれだとはいえ、実際に起きてもおかしくはない。

この事実はずいぶん前から知られていた。ただ、それが数学にかかわってくるとは誰も気づいていなかった。たとえば「最後の藁《わら》一本でラクダの背が折れる」という諺《ことわざ》がある。「たとえわずかでも限度を超せばとりかえしのつかないことになる」という意味だ。ラクダの背中に少しずつ藁を積みかさねていくと、原因にゆっくりした変化を加えることになる。しばらくのあいだは結果もゆっくりと変化していき、ラクダは積荷が増えたことに気づく様子がない。ところが、藁がさらに積みかさなるとラクダは苦しみはじめる。重みで背中がへこみ、脚を震わせだす。そして突然、最後に乗せた一本の藁によってラクダは地面に崩れおちる。このように、何らかの臨界状態にあるシステムが、外部の小さな事象によってまったく異なる状態へと一気に変化することを「分岐」または「カタストロフィー」と呼ぶ。一九六〇年代、「カタストロフィー理論」と呼ばれる新しい分野が数学に誕生した。こうした現象全体を少しでも秩序立てようとする試みである。カタストロフィー理論の生みの親はルネ・トムとクリストファー・ジーマン。ほかにも大勢の数学者や物理学者、あるいは工学者たちが、こうした急激な変化につながりうる「典型的な」形をリストアップし、それを科学のさまざまな領域にあてはめていった。

そのひとつが動物の行動である。ジーマンはイヌの攻撃性がカタストロフィー理論で説明できることを示した。イヌが恐怖と怒りに駆られているときには、臆病から攻撃へと一瞬で変化し、再びもとに戻る場合がある。実際にイヌで実験が行なわれたことはないものの、縄張り行動をもつ魚の攻撃性についてはカタストロフィー理論が見事にあてはまることがわかっている。

ラクダの背中とよく似た現象が工学の世界では起きる。荷重がかかりすぎたときに橋がたわんだり崩落したりすることだ。じつは、トムがあげた典型的なカタストロフィーの例のひとつが橋だった。ほかにも、カタストロフィー理論でとりわけきれいに説明できる現象がある。「火線《かせん》」だ。火線とは光が集まってできる明るい曲線をいう。晴れた日にカップになみなみとコーヒーを注いで、その表面に注目すると火線が見える。二本の曲線が中央で出会い、その部分が尖って、全体がハート形のようになっている。光がカップの丸い縁に当たってはね返ったためにこの曲線は生じる。形を詳しく調べてみる

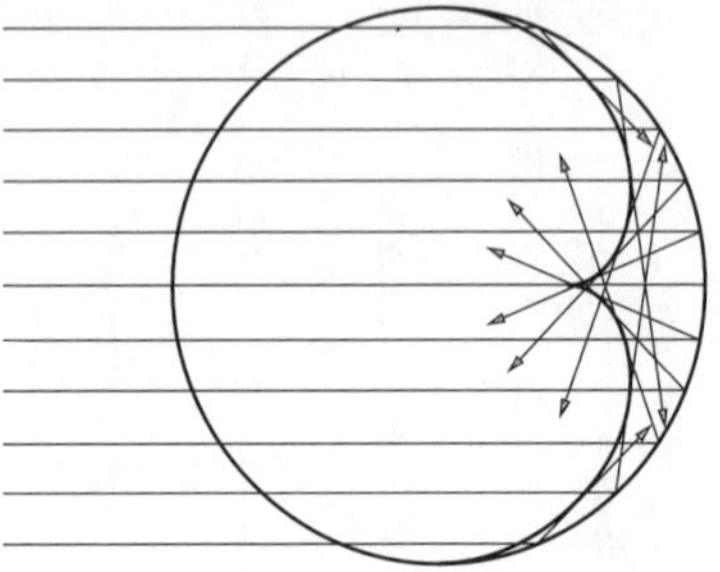

数学でいうカタストロフィーとは、少しずつ進行する原因によって急激な変化がもたらされることを指し、実際の惨事につながる場合とそうでない場合がある。実際の惨事につながる事例（上）。アメリカのタコマ・ナローズ橋は、風がしだいに強まったために橋桁が曲がり、ついには折れて崩落した。実際の惨事とは関係ない事例（下）。コーヒーカップに現れる「火線」は、カップから反射した光がつくる形によって急に明るさが変化することをいう。どちらの事例も土台となる数学の法則は同じだが、その現れ方は大きく異なる。

と、火線はトムがあげた例に正確にあてはまるのがわかった。形はだいぶ異なるものの別の種類の火線があって、雨粒からはね返った日光を集めて明るい円錐形を描く。それが6章でも見た虹の原因だ。

最近では「カタストロフィー」という言葉は好まれない。惨事を思わせるからであり、そもそもあまり良い選択ではなかった「カタストロフィー」には「大災害、破滅」といった意味がある」。それにかわってもっとあたりさわりのない「分岐」という言葉のほうが広く用いられている。小さな変化が外部から加わった結果、システムの状態が大幅に変化したとき、分岐が起きた、という言い方をする。分岐に関しては詳細で強力な理論がある。それを用いれば、さまざまな力学系で起きる突然の変化が理解できる。何を隠そう、雪がつくられるのも水分子というシステムの状態が分岐した結果だ。次はそれについて見ていこう。

相転移

雪の結晶ができるためにはひとつの重要な分岐が必要となる。凍ることだ。水温が凝固点の〇℃を下回ると、液体は固体になる。わずかな温度変化が水の分子構造と物理的性質を大きく変えてしまう。似たような大きな変化はもうひとつある。沸騰だ。水温が沸点の一〇〇℃を超えると水は水蒸気になる。液体が固体へ、あるいは液体が気体へというように、物質の物理的状態が大きく変化することを「相転移」という。相転移も分

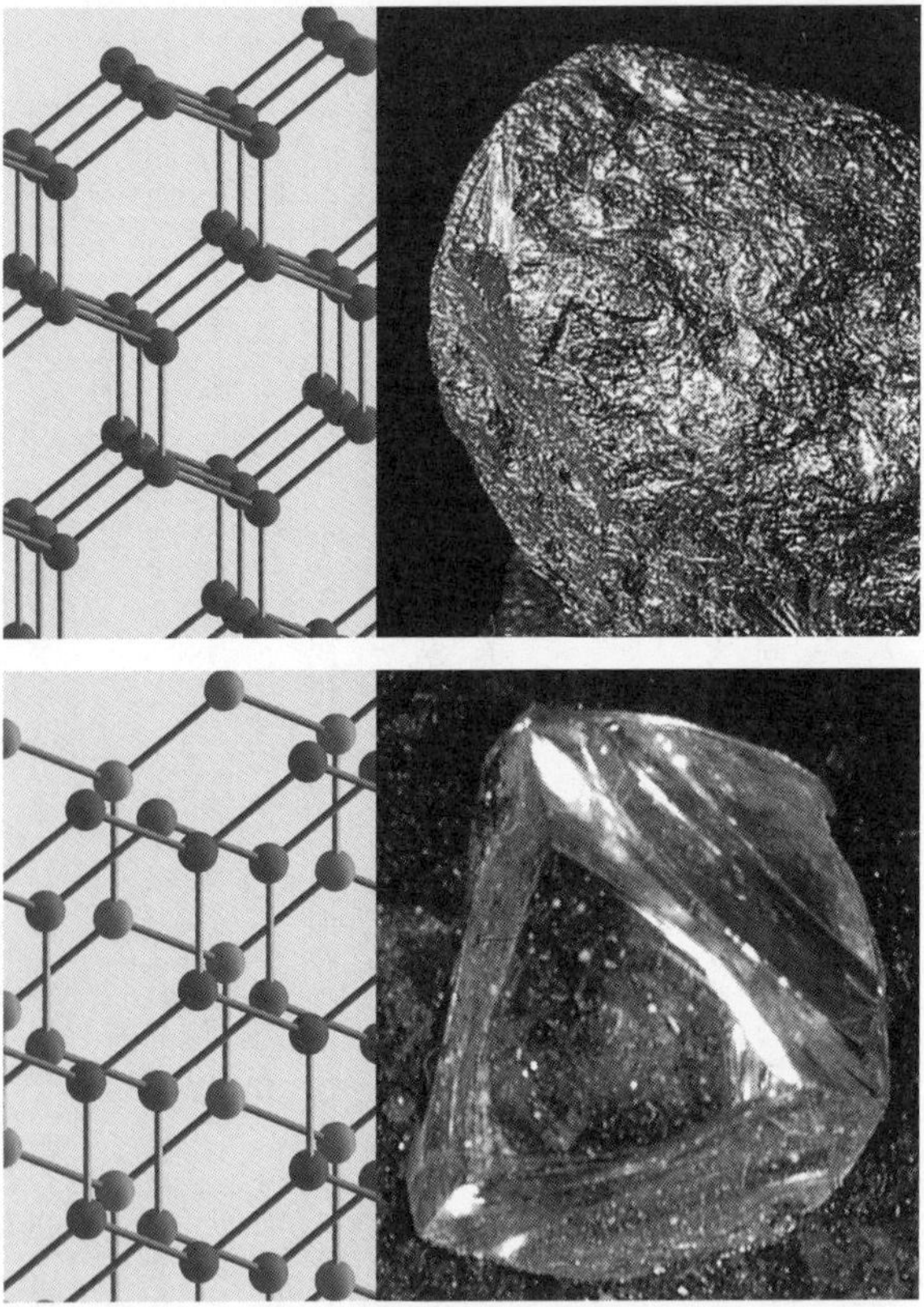

相転移とは物質がその状態を著しく変化させることをいう。グラファイトは炭素の一形態で軟らかく、ハチの巣状の平行な層が重なった結晶構造をもつ（上）。ダイヤモンドも純粋な炭素なのにグラファイトよりはるかに硬いのは、結晶構造が違うからだ（下）。原理のうえでは、グラファイトが相転移を起こしてダイヤモンドになる可能性はある。ただし、ふたつの状態を隔てるエネルギー障壁が大きいため、巨大な圧力をかけてその障壁を克服した場合に限られる。

岐の一種だが、きわめて複雑な分岐である。というのも、非常にたくさんの原子が一塊の集団としてふるまうからだ。

結晶化も相転移のひとつである。結晶化が起きるのは、固体が融けて液体になってから冷えた場合か、固体が何かの液体に溶解したのちにその液体が蒸発した場合だ。ひとくちに固体といっても、物質によっていくつか異なる状態がある。どの状態をとるかは原子配置の対称性（もしくは非対称性）で決まる。たとえば炭素はグラファイトになるか、ダイヤモンドになるかのどちらかだ（グラファイトは黒鉛とも呼ばれる軟らかく黒い結晶で、見た目が土くれのようなら価値もそれと似たようなもの。ダイヤモンドは硬くて透明。ばかばかしいほど過大評価されている）。原子そのものに違いがあるわけではなく、グラファイトもダイヤモンドも純粋な炭素に変わりはない。ダイヤモンドの場合、個々の炭素原子はほかの四個と正四面体をなして強力に結びついている。基本的に立方格子の構造のなかにこの正四面体が無駄なく詰めこまれているので、ダイヤモンドは非常に安定している。一方、グラファイトの場合、個々の炭素原子はほかの三個と強力に結合して平らな六方格子状に配置され、もう一個の原子とは弱い結合しかもたない。原子は平行な層状に重なるために横すべりしやすく、安定性が低い。グラファイトが軟らかいのはそのためだ。氷も結晶化した水であり、炭素と同じようにいくつか異なる形態をもっている。

氷の結晶構造には少なくとも一六種類があって、どれになるかは圧力と温度で決まる。

氷の通常の形態は氷Ⅰで、ほかにも氷Ⅱから氷XIVまである（カート・ヴォネガットの小説『猫のゆりかご』では「アイスナイン」のせいで世界が滅亡する。アイスナインは室温で固体の性質をもつのだが、かけらが偶発的な事故で海に落ち、海が凍って世界が死にたえる。幸いにして本物の氷IXにそんな性質はない）。

磁気も相転移を起こす。学校で磁石遊びをして、なんて不思議なんだろうと驚いた覚えは誰にもあるだろう。磁石は目に見えない力に包まれてコンパスの針を北に向けたり、砂鉄を並べて奇妙だが美しい模様をつくったりする。磁石のN極が別の磁石のN極と反発し、S極を引きつけるのを実際に感じることもできる。私たちが見たり感じたりしたものは磁場の作用だ。磁場はこの宇宙のあらゆる物質と同じようにたしかに存在している。しかし、人間の五感ではじかにとらえられないのでじつに謎めいているように思える。

電子の小さな磁場が並んで互いを増強すると、大きな磁場が生じる。熱は原子を振動させ、その整列を乱す。強磁性体と呼ばれる物質（鉄もそのひとつ）は「磁気をもった」状態から「磁気をもたない」状態へと独特の相転移を起こす。この相転移は温度がキュリー温度と呼ばれる上限を超えると起きる（鉄の場合のキュリー温度は約七七〇℃）。

なぜ物質は異なる相をもつのだろうか。

単純化した特殊な数学モデルを調べることで、相転移はかなり解明されてきた。最も有名なのが「イジングモデル」だ（エルンスト・イジングの名にちなむ。イジングはドイツ生まれの物理学者で、一九二五年にこのモデルを解析した）。イジングモデルは平らな平面上の四角い格子を用いていて、それぞれの頂点は「上」か「下」かのどちらかの状態をとる。この選択肢は電子のスピンの向きを表している。隣りあった二個の頂点は互いに影響を及ぼしあうので、各電子のスピンの向きは隣の電子のスピンの向きに左右される。スピンのパターンは臨界温度（計算で正確に求められる）に達すると唐突に変化する。分岐が起きるのだ。イジングモデルからは物質の対称性の変化に伴って相転移が起きることがわかる。もっともこれはじつに奇妙な対称性で、個々の要素の対称性ではなく、平均特性の統計的な対称性とでもいうべきものだ。

磁性も別の種類の相転移を起こす。加熱すれば物質の磁性を失わせることができる。

氷や炭素では、相転移が起きるときの詳細なプロセスがイジングモデルよりはるかに込みいっている。だがこの場合も、多数の分子からなる集合体の対称性が変化したものとしてとらえられる。

結晶構造の対称性の種類が異なるとエネルギーも異なり、そのエネルギーは圧力と温度に左右される。重要な変化は分岐として生じ、主要な性質の変化が突如として起きる。それこそが相の違いを分けている。

対称性の破れ

私たちはいよいよ問題の核心にさしかかってきた。

固体から固体への相転移が起きるときには対称性が変化する。だとすればひとつの疑問が湧く。パターン形成に関する現代のあらゆる理論の根幹にかかわる疑問が。複雑性やカタストロフィーの場合と同様、その疑問は私たちの直感を刺激し、私たちが後生大事に抱えてきた（ただし明確に表現されることはめったにない）思いこみを大きく見直すように迫る。

物理学者のピエール・キュリーは、妻マリーとともにラジウムを発見したことで知られる。一八九四年、彼はひとつの根本的な物理原理を示した。対称的な原因からは、かならずそれと同等の対称性をもつ結果が生じる。逆に、対称性をもたない現象を目にしたら、同じように対称性のない原因を探せばよい、と。

ここで、キュリーの原理があてはまるはずの現実世界の事例をふたつあげてみたい。この原理はどちらにもあてはまるが、そのうちひとつはおかしな方向に進んでしまう。この場合、キュリーの原理は厳密にいえば間違っていないものの、誤解を招きやすい。その反対で考えたほうが実際の状況の理解につながる。

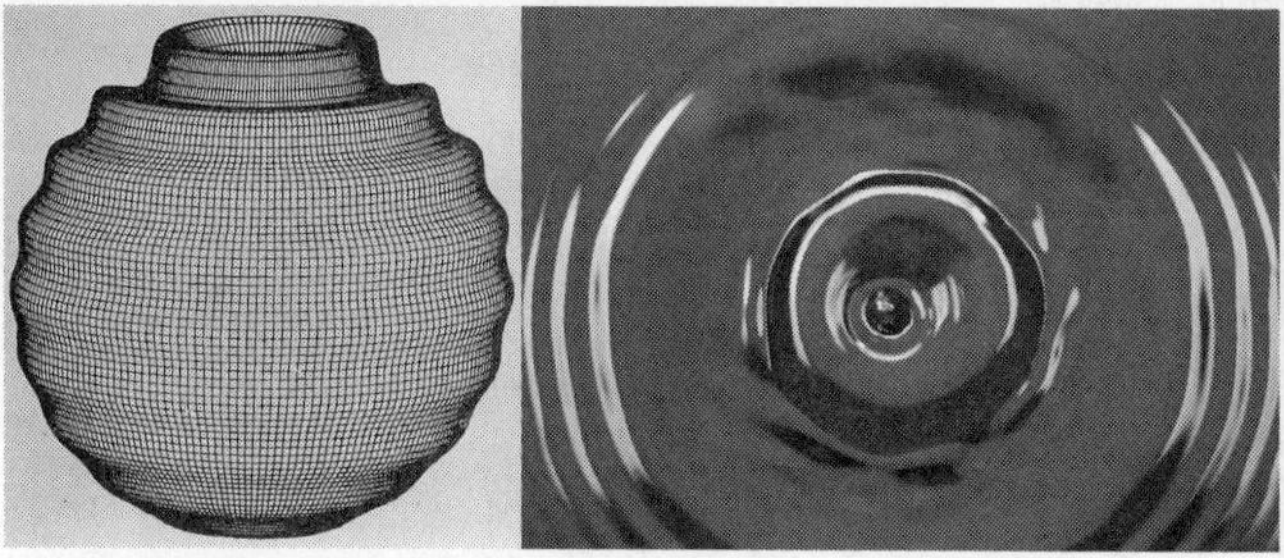

ピエール・キュリーは、原因がもっていた対称性は結果にも現れると主張した。しかし、そうならないケースもある。池に小石を１個落とす場合、原因は円対称であり、結果もそうである（右）。一方、中空の球体に一様な圧力を加えると、原因は球対称であるのに結果は球対称にはならない（左）。球にはしわが寄る。ただし、注目すべきはそのしわの模様が円対称だということだ。これは対称性の破れの一例である。

最初の例は池のさざ波だ。数学者は何でもすぐに理想モデルに置きかえたがるので、無限の広さをもつ均質な厚い水の層として池をとらえる。池は水面をどう動かしても対称性を保つ。並進対称、回転対称、鏡映対称だ。さて、池に小石を落としてみよう。数学者の小石なので一個の点である。小石は池の水を打ち、さざ波の輪が広がっていく。原因となる小石は水面に対してあらゆる対称性をもっているわけではない。結果として生じるさざ波もそうだ。原因は平面上の一点を特別な場所として選んだので（小石が落ちた場所はほかと同じではない）、原因がもつ対称性はその特別な一点を中心にした回転対称と、その点を通る鏡に映した場合の鏡映対称だけである。では、結果はどうかというと、これは不思議、まったく同じ対称性をもつではないか。だからさざ波の輪ができるのだ。キュリーの一勝である。

次に、海の底にピンポン玉を置くことを考えてみよう。これもまた数学者の理想モデルなので、玉は弾力のある素材でできた完璧な球体だ。はるかな海の底ではピンポン玉を押しつぶそうとする巨大な力が働く。海の深さに比べて玉はあまりに小さい。だから、押しつぶそうとする力はどの場所でも同じであり、玉のまさしく中心に向かって働くと考えられる。

何が起きるだろうか。原因となる玉には球対称性がある。だから、キュリーの原理に従えば玉は球体を保つはずだ。では、縮んで小さな玉になるだろうか？　私はそうは思わないし、読者も同じだろう。実際には玉はつぶれる。つぶれるという現象は数学的にとらえるとじつに興味深い。この場合、玉がつぶれ始めるときに表面に輪状のさざ波模様ができることがわかっている。さざ波にも対称性はあるが球対称ではない。玉の中央を通る軸を中心にした回転対称性だ。

それでも、厳密にいってキュリーの原理が間違っているわけではない。何かが引き金になってつぶれたにちがいないからだ。引き金は球の材質の欠陥である。厚みにムラがあったのかもしれないし、強度にムラがあったのかもしれない。では、このケースもキュリーの一勝だろうか。そうもいえるが但し書きがつく。だいいち、かりに欠陥があったとしても見つけられないほど微々たるものかもしれない。それに、欠陥が何であれ、つぶれ始めたときにできる模様が回転対称なのは事実である。圧力がさらに加わると、対称性はすぐに失われてただのつぶれた塊となるが、つぶれるのがいやなら一回り小さくて固い玉をなかに入れておけばいい。

キュリーの原理に従うなら、つぶれるという結果をもたらしたのは回転対称の原因ということになる。だが、そんな原因はなくてもいいのだ。観察で確認できる範囲においては、玉が縮んで球体になっても、欠陥のせいでつぶれてまったく非対称になっても、キュリーの原理と矛盾はしない。ところが、直感に反して回転対称の模様が生じることはキュリーの原理では説明できない。これは重大な欠陥である。

原因より結果の対称性が低くなる現象を「対称性の破れ」という。対称性の破れを説明しようとすると、安定性という別の要素がかかわってくる。深い海の底では、玉が球形である状態は不安定だ。わずかに乱されただけでもその状態は崩れる。一方、つぶれるときにできる模様の回転対称性は安定している。少なくとも、つぶれ始めたあとでかかるさまざまな力に対しては安定している。したがって、キュリーの原理は次のように修正してやればいい。対称的な原因からはそれと同等の対称性をもつ結果が生じるが、その結果が安定していない場合には対称性が破れる、と。

対称性はどこに行くのか？

対称性が破れるとは、じつに好奇心をそそられる現象だ。しかも私たちが対称性について何の疑いもなく抱いている思いこみに反している。

では、どういう仕組みで破れるのだろうか。

失われた対称性はどこに行くのだろう。

いや、どこかへ行くというわけではない。複雑性は保存されないし、連続性も保存されないのだから、対称性も保存される必要はないと思うかもしれない。だが、じつは一見するとわかりにくいかたちで保存されているのである。

ピンポン玉がつぶれ始めると、どこかの軸を中心にした回転対称の状態に落ちつく。問題は、どの軸か、である。数学的に考えれば原則としてどの軸であってもかまわない。上下に走る軸を中心につぶれてもいいし、左右に走る軸を中心につぶれてもいい。前後に走る軸でもかまわない。要するに玉の中心を通る軸ならどれでもいい。ありとあらゆる軸が考えられるのは、つぶれる球体を説明する方程式が玉の球対称をそのまま反映しているからだ。つまり方程式が球対称なのである。

どういうことかといえば、その方程式の答えを空間内で回転させても、同じくらい納得できる別の答えが得られる。キュリーの原理を文字どおりに解釈しすぎると、この回転させた答えがもとの答えと同じだと思いこむ「過ち」を犯す。答えがひとつしかないとわかっているなら——古典力学ではそういう前提が非常に多いが——キュリーは正しい。しかし、力学の方程式にはたくさんの答えがあってもおかしくなく、ピンポン玉のケースで起きているのはまさしくそれだ。

簡単にいえば、特定の答えによって対称性が破られても、考えられる答えをすべて合わせたものはいぜんとして対称なのである。対称性はいくつもの答えに「分配」されている。そして分配されるきっかけとなるのが、対称的な答えの安定性が崩れはじめるときだ。

この考え方を砂丘にあてはめてみよう。基本的なシステムは、無限に広がる平らな砂漠に一様な風が吹いている状態である。砂漠自体は平面をどう動かしても対称だ。だが、風がひとつの方向に向かって吹くため、回転対称性はなく（風を回転することはできないため）、ほとんどの鏡映対称性も（風向きと平行でない鏡に映ったものはすべて）除かれる。砂漠に何のパターンもつくられていない状態は、今説明したシステムと同じ対称性をもつ。ところが、この状態は不安定になりやすい。たまたまどこかに小さな砂山がつくられると、それが平らにならされるどころか大きくなる場合がある。

すると次に何が起きるか。

対称性の破れを数学的に考えると、砂丘はとにかく安定した新しい状態に移ろうとするはずである。新しい状態はたいていかなりの対称性をもつ。大まかにいって、システムはいやいや対称性を破るのであって、できるだけ多くの対称性に、できるだけ長くしがみついていようとする（例外もあるがごくまれだ）。かりに並進対称性が破れるとしよう。そうなったら状態はあらゆる点で一様とはいえなくなる。しかし、砂漠がある程度の並進対称性を維持する道はある。たとえば風が吹く方向に沿って一定の間隔をおいて並進対称になればいい。ということは、その間隔を整数倍した距離についても並進対称になれる。風向きと垂直の方向に関してはあらゆる並進対称を保つことができる。今

対称性の破れは砂漠でも見られる。平らな砂漠の平らな砂地に一様な風が吹いていても、一様でない模様がつくられる。それどころか状況に応じて多種多様な模様が生じうる。

のは横列砂丘の対称性を説明したものだ。風向きに対して垂直に一定の間隔をあけ、砂の稜線が平行に続いていく。あるいは風向きと垂直ではなく別の方向について並進対称を保つケースもあるだろう。これが縦列砂丘である。そのほかの砂丘についても同様だ。

なぜシマウマには縞模様があって、全体が一様な灰色にはならないのか。それはシマウマの皮膚の化学的な状態にとって一様な灰色が不安定だからである。だからその対称性が破れて縞模様が生じる。

水が跳ねかえるときの形はなぜ完全な円形ではないのか。それは円の状態が不安定なために円対称性が破れて、王冠のように不連続な回転対称性と鏡映対称性に落ちつくからだ。

どんな対称性が考えられるかを列挙することは、対称性が破れたあとでどんなパターンが生じる可能性があるかを列挙しているのと同じだ。砂丘の例だけではなく、ほかのさまざまな状況でも、最終的には既知のパターンのほぼすべてを列挙することになる。つまり、対称性の破れはパターン形成の普遍的なメカニズムのひとつなのである。

失われた対称性はどこへ行ったのだろうか。先ほども触れたように、これもまたいくつもの答えに散らばったのだ。砂丘はどんな場所にできてもおかしくない。現に砂丘は砂漠をゆっくり移動していくので、いろいろな場所にできる。それぞれの位置は並進対称の関係にある。並進対称、つまり、まさしく最初に破れた対称性が形を変えて残っているのだ。

パターンがつくられるシステムはほかにも数えきれないほどあり、それらについても同じことがあてはまる。花、波の渦、ヤスデの脚を伝わる波……

そして雪の結晶。

13章　部分と全体が同じ——フラクタル図形

自然について数学から学べる場合もある。だが、たいていは数学のほうが自然から教わってきた。一九七〇年代、当時ＩＢＭの研究員だったブノワ・マンデルブロは、自分の雑多な研究分野を共通の糸が貫いているのに気づく。

マンデルブロは一見何の脈絡もないさまざまな問題を研究していた。株式市場、川の水量、電子回路の干渉などである。ふいに彼はこれらの問題に共通点があることに気づく。いずれも複雑な構造をもち、しかも細部をどれだけ拡大してみてもその複雑さが変わらない。たとえば株価の変動を月単位のグラフで表してみると、かなり不規則な線になって上がり下がりが激しい。今度は週単位、日単位、時間単位、さらには分単位で表してみても、やはりかなり不規則な線になって上がり下がりが激しい。川の水量や、ノイズの多い電子回路に流れる電流の変化についても同じことがいえる。マンデルブロはこの種の構造に名前が必要だと思い、「フラクタル」という言葉を考案した。一部を取りだして拡大しても同じように複雑な構造を備えた形をいう。

　自然界で見慣れた形はほとんどがフラクタルだ。たとえば、樹木を細かく分けていくと次々に複雑な構造が現れる。幹、大枝、中枝、小枝などだ。低木やシダや、カリフラワーも同じである。岩の塊は山全体をミニチュアにしたように見える。小さい雲を拡大してみれば大きい雲と同じくらい複雑だ。月の表面は大小さまざまなクレーターで覆われている。

　古典幾何学の図形にこんな特徴はない。三角形にしろ、円にしろ球にしろ、複雑なところは何もない。球を拡大して眺めたとしても、表面がしだいに平らになっていくだけ。しまいには何の特徴もない平面のようになるだけだ。ところが、遠くの山を拡大して眺めたら（間近まで歩いていくなどして）、最初は隠れて見えなかった複雑な細部に気づきはじめる。

　フラクタル図形は数学者の理想モデルだ。自然界のフラクタルはじつに複雑だが、原子のレベルになるとぼやける。数学者のフラクタルはどこまでも複雑で、どれだけ拡大して眺めてもぼやけることがない。理想は現実よりも単純だ。ぼやけた箇所で何が起きているかを心配しなくていいからである。わかりやすいフラクタルの例に海岸線がある。オーストラリアの海岸線はどれくらいの長さがあるだろうか。地図で見ると、オーストラリア大陸の形はたしかに複雑ではあるが、地図上の海岸線の長さを合計するのは造作ないように思える。たとえば、ペンの先に歯車がついた道具で測ればいい。ところがもっと縮尺の大きい地図で見ると、最初の地図では小さすぎてわからなかった湾や岬がいくつも現れる。新たに見つかった部分も加えたら海岸線の長さは大幅に増える。地図が詳細になればなるほど海岸線は長くなっていくようであり、しまいには想像も及ばないほど大きな数字になってしまう。数学者のフラクタルな海岸線は無限に長い。その無限に近づくという意味では、オーストラリアはなかなか健闘しているようだ。

海岸線はフラクタルである。山の表面はフラクタルであり、ぎざぎざとした峰は、同じようにぎざぎざしたもっと小さい峰でできており、その小さな峰はさらに小さなぎざぎざの峰からできており、その峰は……と続いていく。雲の表面もフラクタルだ。拡大して見れば見るほど、水蒸気の塊はさらに細かい水蒸気の塊に分かれていく。木はフラクタルな植物である。川は、流れる水でできた木のようなものだ。本流が幹で、大きめの支流が大枝、丘の上の小川が小枝である。水は川に流れこみ、大地を木に似た奇妙な模様に削っていく。地質学者ならこの惑星全体がフラクタルなのだというだろう。

自然が同じカタログのパターンをくり返し使っているとき、賢い科学者はそこに目を留める。とくに数学者は自然界の隠れたパターンを観察することで非常に大きな前進を遂げてきた。ユークリッドの三角形も、もともとは土地の測量から生まれたものである。それが「幾何学（ジオメトリー）」という言葉の意味だ（「ジオ」は土地、「メトリー」は測量）。ならばフラクタルに注目して損はない。

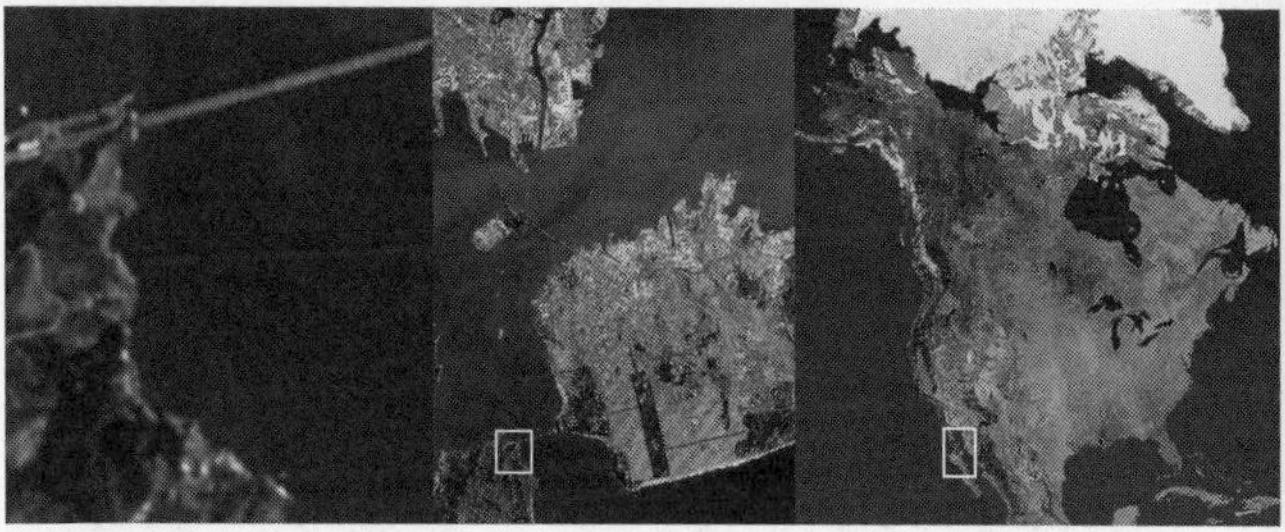

海岸線は不規則な形に見える。しかも、拡大して見れば見るほど不規則さが増していく。拡大の倍率が上がるにつれて新しい細部が現れ、それまでは小さすぎて気づかなかった不規則さがあらわになる。海岸線は自然に生じたフラクタルの一例だ。

フラクタルな数学

自然界のフラクタルを理解するうえで、鍵を握る数学の概念が「自己相似」だ。3章で見たように、ひとつの形がそれ自体の小さいコピーで構成されているとき、その形は自己相似であるという。正方形も自己相似だ。六四個の小さい正方形で大きな正方形のチェス盤をつくれる。だが、正方形というのはいかにも古臭い。ユークリッド幾何学からそのまま抜けでたようで、自己相似ではあるが複雑さに欠ける。もっと複雑な形が自己相似になることはあるのだろうか。もしあるなら、どんな縮尺で見てもかならず複雑さが保たれているはずだ。

ポーランドはワルシャワ出身の数学者ヴァツワフ・シェルピンスキーは、第一次世界大戦のときロシアに抑留されていた。彼はその頃いくつかのフラクタル図形を考えだす。しかし、当時その図形は「病的な曲線」であるとか「数学の化け物」などと呼ばれた。化け物じみて見えたのは、自然界に自然発生しているフラクタルなパターンがまだ見つかっていなかったからである。

シェルピンスキーのフラクタル図形のひとつは一個の正方形から出発する。その正方形を大きさの等しい九個の正方形に分け、中央の一個を取りのぞいてまわりの八個を残す。八個はいずれも、もともとの正方形と比べて辺の長さが三分の一になっている。次に、八個それぞれの正方形について同じ操作をし、さらにそれぞれの正方形について……と無限にくり返す。こうしてできるのが「シェルピンスキーのカーペット」だ。それ自体の八つのコピーで構成され、各辺の長さは前の正方形の三分の一になっている。

正方形のかわりに三角形を使ったのが「シェルピンスキーのギャスケット」だ。今度はそれ自体の三つのコピーで構成され、各辺の長さは前の三角形の二分の一になっている。

一九世紀後半には、スウェーデンの数学者ヘルゲ・フォン・コッホが三角形をベースにした別のフラクタル図形を考案した。今度は穴をあけるのではなく、三角形の縁に新しい三角形を貼りつけてつくる。出発点は一個の正三角形だ。正三角形の各辺の中央に、辺の長さが三分の一の正三角形を貼りつける。そうすると頂点が六個の星形ができる。次に、それぞれの頂点にある六個の正三角形に対し、新たに一二個の小さな正三角形を使って先ほどと同じ操作をくり返す。新たな正三角形の辺の長さは、どれもおおもとの三角形の九分の一になる。さらに今度は、辺の長さが二七分の一の正三角形を四八個使って同じ操作をし……とこれを延々とくり返す。すると、六角形の島に数学者の「海岸

数学者の好きなフラクタル図形。どれもしだいに小さなスケールにしながら同じ作業を何度もくり返してつくられる。シェルピンスキーのカーペット（右）。1個の正方形から出発し、その3分の1の大きさの正方形を中央から取りのぞく。残った8個の正方形の中央に再び正方形の穴をあけ、その作業をくり返していく。シェルピンスキーのギャスケット（中央）。今度は正三角形を使ってカーペットと同じような作業をする。雪の結晶曲線（左）。6つの連続した作業段階をひとつのイラストで示したもの。上の頂点の右側から時計回りに進んでいく。各辺には各段階ごとに小さな三角形がつけ足されていく。その結果できる形は、面積は有限だが周囲の長さは無限である。

線」が現れる。形自体の大きさは変わらない（ページからはみ出すことはない）のに線の長さは無限に増えていく（貼りつけの各段階ごとに長さが三分の四倍になる）。また、六回対称性をもっているので（なんと）「雪の結晶曲線」と呼ばれる。本物の雪の結晶に比べると形が規則的すぎるものの、雪の結晶が樹枝状に枝分かれしている様子をどことなくとらえているのは確かだ。

雪の結晶（スノーフレーク）曲線とよく似ていて、「内外《うちそと》の向きが逆転」しているのが「フロースネーク曲線」である。数学者は単語の文字を入れかえたり、いろいろな言葉遊びをしたりするのが大好きなのだ。最後にもうひとつ、「メンガーのスポンジ」を紹介したい。シェルピンスキーのカーペットと同じ方法でつくられるが、正方形ではなく立方体を用いる。メンガーのスポンジはそれ自体の二〇個のコピーでで

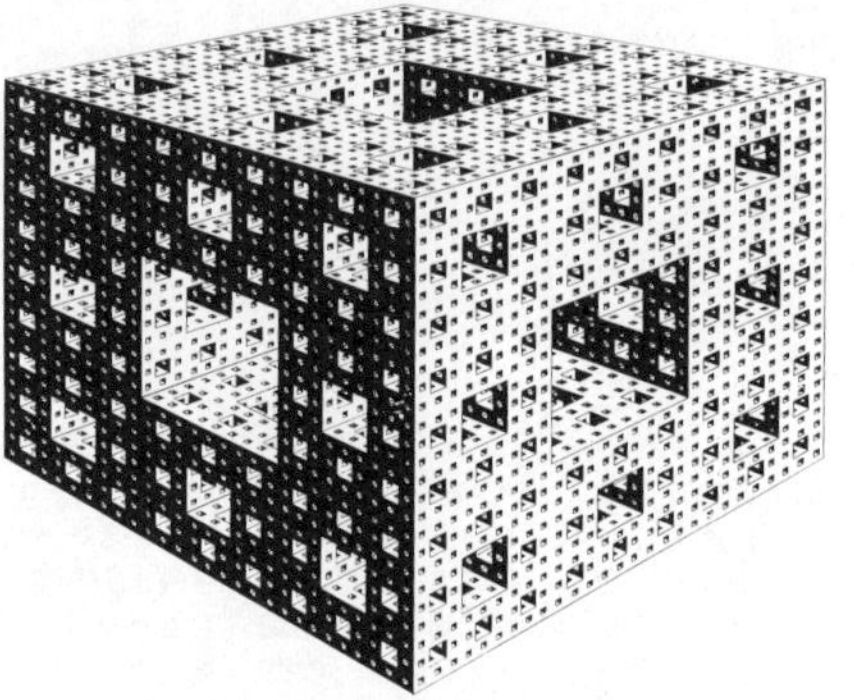

メンガーのスポンジ。やはり数学的なフラクタルである。シェルピンスキーのカーペットと同じようにしてつくるが、正方形ではなく立方体を用いる。以上のようなフラクタル図形はどれも自己相似だ。個々の部分が全体と同じ形をしている。

きていて、各辺の長さは前の立方体の三分の一になっている。

　フラクタル図形の種類は文字どおり無限だ。なかには「縁がでこぼこ」していて緻密に見えるものがある。ほかの図形より空間をたくさん埋められそうな形だ。どんなフラクタル図形にも、その複雑さを表す数字がある。「フラクタル次元」だ。縁がでこぼこしていればいるほどフラクタル次元は大きくなる。

　普通なら次元と聞くと空間内の方向を思いうかべる。直線は一次元、正方形は二次元、立方体は三次元だ。一方、フラクタル次元は整数とはかぎらない。たとえば、コッホの雪の結晶曲線はフラクタル次元が一・二五に近い。これは雪の結晶が一・二五個の異なる方向に突きだしているという意味だろうか。

　まったく違う。例によって数学界の悪い癖が出たにすぎない。より一般的な新しい文脈のなかで古い言葉を使いまわししているのである。直線、正方形、立方体といったなじみ深い図形については、フラクタル次元でも、もっと普通の意味の次元でも、それぞれを表す数字は一、二、三だ。だが、フラクタル次元はさらにいろいろな形に適用できる。形の大きさと構成要素の数の関係を表したものが、フラクタル次元なのである。

コッホの雪の結晶曲線を見てみよう。正確にいうならその三分の一の、おおもとの三角形の一辺に沿った部分に注目してほしい。これとまったく同じ曲線のコピーを四個つくると、曲線の長さは三倍になる。もしこれがただの直線（一次元）であれば、長さを三倍にするには三個のコピーがあればいい。これでは雪の結晶曲線の場合より少ない。もしこれが正方形（二次元）であれば、辺の長さを三倍にするには九個のコピーが必要だ。今度は多すぎる。したがって、雪の結晶曲線の次元は一次元と二次元のあいだのどこかになるはずで、しかもたぶん二より一に近い。整数ではうまくいかないが、一・二五であれば必要な条件をきれいに満たす。実際のフラクタル次元には厳密な定義があるのでそれに従って計算すると、雪の結晶曲線のフラクタル次元は一・二六一八となる。

自然界のフラクタル

フラクタル図形はそれ自体として美しいだけでなく、いろいろな問題に解決の糸口を与えてもくれる。実用的な分野においてもそうだ。たとえば、シェルピンスキーのギャスケットは、意外にも携帯電話のアンテナのデザインに適していることがわかっている。自然界にもフラクタル図形は存在する。それをとるに足らない偶然の一致だと思っているとしたら、科学の進歩がどういうものかを知らなすぎる。シェルピンスキーのギャスケットはいろいろなところに顔を出しているようだ。私がとくに好きな例は貝殻だ。何種類かの貝の殻にはシェルピンスキーのギャスケットと非常によく似た模様が見られる。ニシキマクラ（南米東海岸）、タラチネボラ（サウスオーストラリア州）、サラサニンギョウボラ（ウェスタンオーストラリア州）、タガヤサンミナシ（インド洋・太平洋）、じつに見事なウミノサカエイモ（南西太平洋）などがそうだ。これを偶然の一致と――あるいはとるに足らないと――片付けるのは簡単である。しかし、それ以上の意味があるように思うのだ。10章でも見たように、ハンス・マインハルトは説得力のある証拠を集め、貝殻の縁周辺の化学反応から模様が生まれるのを示した。このプロセスは、大きく分けるとチューリングの反応拡散系に分類されるが、生物の実態を踏まえている分、真実味がある。ホルモンやいろいろな遺伝子産物との相互作用から、時間的・空間的な活性化と抑制の複雑なパターンがつくられる。貝殻の模様はそのパターンを反映したものだ。こうしたプロセスは数学的に考えて納得できるものであるし、そこから縞のような規則正しくわかりやすい模様が生じうることも今ではわかっている。あるいは、縞模様ほどわかりやすくはないが別のパターンもできる――たとえばフラクタル図形だ。

だからマインハルトの仮説の詳細がどうあれ、貝殻のフラクタル模様はとても重要なことを語りかけているように思う。何かといえば、生物の成長パターンは力学的な規則によって決まるということだ。貝殻の場合なら、化学反応のネットワークが形成される

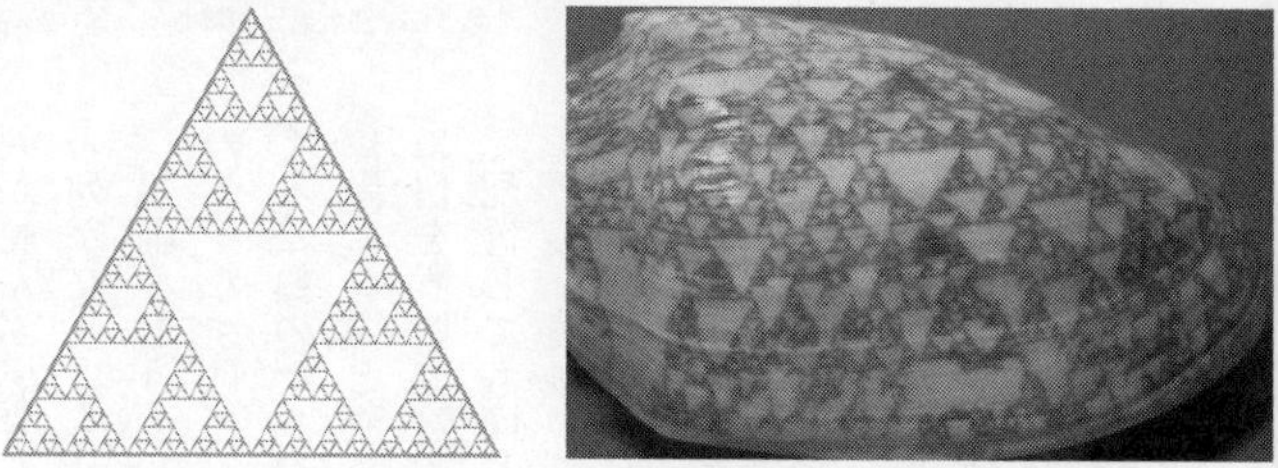

貝殻に見られるフラクタル模様（右）。たしかに複雑だが、色素をどこに堆積させるかを決める単純なルールがあればつくることができる。この貝殻の模様はシェルピンスキーのギャスケットに似ている。これもまた複雑な模様だが、単純なルールでつくられている（左）。

ときにその規則が適用される。私たちは遺伝子配列を好きなように決定できるかもしれない。でも、遺伝子どうしの力学的な相互作用はそこからはわからない。

　では、力学的な規則とはどういうものだろう。マインハルトの理論をもっとわかりやすくした事例にその核心部分を見ることができる。セル・オートマトンだ。成長中の貝殻の縁をモデル化して、四角形のセルが並んだ列と考えてみればいい。貝殻が少し成長するたびに四角形の列が一列増える。色素とホルモンをモデル化するには、ひとつのセルに黒か白の状態を与えてやる。反応と拡散の力学をモデル化するには、前の列の状態に応じて次の列がどう決まるかを規則で決めてやればいい。

　たとえば「どのセルもひとつ上のセルとは反対の色になる」という規則を決めたとしよう。これは個々の色素が自分の生成を抑制して、別の色素を活性化するという意味である。これで各セルの化学反応ができた。だが、これでは拡散がない。前の列で同じ位置にあったセルによってのみセルの状態が決まるからだ。たとえば、前の列がぜんぶ黒であれば次の列はぜんぶ白になり、次は再び黒くなる。これで黒の列と白の列が交互にくり返されて縞模様ができる。反復的な規則が反復的な模様を生むわけだ。

規則をもう少し複雑にすれば拡散を組みこむこともできる。たとえば新しい列の一個のセルに注目し、そのすぐ上の列にあって先ほどのセルの斜め右上と斜め左上の位置にくる二個のセルが両方とも同じ色だったら、新しい列のセルは白になり、そうでなければ黒になると決める。効果を最大限に高めるためにたった一列のセルから出発し、両端に白を置いて途中をすべて黒という配置にしておくといい（ただし黒と白を適当に選んで配置しても同じようにうまくいく）。

どんな模様ができるだろうか。じつはシェルピンスキーのギャスケットになるのだ。このように、反復的な規則から反復的でない模様が生まれる場合もある。私たちが大事にしてきた直感がまたひとつ敗れた。

無秩序を伴う秩序

フラクタル図形は、単純な規則から生まれる複雑な形だ。それがフラクタルであることは、秩序ある構造と複雑な「無秩序」が組みあわされているところからわかる。雪の結晶も複雑な形であり、しかも単純な規則から生みだされていることが予想される。つまり物理の法則だ。やはり雪の結晶にも秩序と無秩序という特徴的な組みあわせが見られる。秩序は六回対称であること。無秩序はシダの葉のような枝分かれした模様が見ら

科学における数学の重要な役割は、複雑な世界から単純な特徴を抽出することにある。その特徴を分析することで、土台となる法則の単純性が明らかになる。

れることだ。では、雪の結晶もフラクタルなのだろうか。もしそうなら、そのことから何がわかるだろう。

フラクタルは数学の抽象的な概念である。雪の結晶は実在する物体だ。このふたつが違うのは当然であり、だから雪の結晶はフラクタルではない。では、それで一巻の終わりだろうか？　いいや違う。もっとも、それで終わりだと考える頭のいい人がいるのにはいつも驚かされる。フラクタル幾何学に対しては異論が多い（その斬新さが原因ではないかと私はにらんでいる）。数学と現実は違うという言い分はフラクタルを認めたくないがためにしばしばもち出される。だが、それをいいだしたらどうなるだろうか。現実の惑星は球体でもなければ質点でもないのだから、ニュートンの万有引力の法則からは惑星について何もわからないことになる。結晶格子も完璧に規則正しいわけではないので、結晶学的な対称性からは結晶について何もわからない。オウムガイもらせん形ではなく、DNAも二重らせんではなく、鏡も鏡像をつくらず……とそういう議論になってしまう。

頭を切りかえて考えてほしい。数学の概念はつねに現実世界を理想化したものであって、現実そのものではない。いいではないか。それが数学というものだ。私たちはそういうやり方で数学を用いて自然を理解しようとする。だからこそ数学が役に立つ。単純で理解しやすい理想モデルを慎重に選び、乱雑な現実世界のかわりを務めさせる。そうすれば何かを明らかにできるチャンスが生まれる。だから私たちはこう問えばいい。理想的なフラクタル・モデルに置きかえて考えたら、雪の結晶について何か有益な手がかりがつかめるだろうか、と。そして答えは間違いなくイエスなのだ。

過去二〇年ほどのあいだに、いくつもの成長プロセスからフラクタルな形が生まれることがわかってきた。そのプロセスを調べることで、現実世界のよく似たプロセスや、パターンや形についてもたびたび手がかりが得られている。そのいい例が煤《すす》だ。煤は柔らかくふわふわした塊で、炭素粒子と煙突内のさまざまな分子が集まってできている。石炭や薪を燃やしたときの煙から生じ、煙突に溜まっていく。顕微鏡で覗いてみると、なぜ煤がふわふわしているかがわかる。粒子どうしがゆるやかにつながって、複雑に入りくんだ構造をつくっているのだ。その形は不規則なフラクタル図形に見える。煤を模倣した数学モデルは「拡散律速凝集」モデルと呼ばれる。

このモデルでは、炭素粒子に見立てた小さい円盤をコンピュータでいくつもつくる。円盤はあてもなく漂い、やがて円盤の塊にぶつかる。その塊は円盤を集めてしだいに大きくなっている途中であり、ぶつかった円盤もそこに付着する。そうしてできる形は紛れもなくフラクタルだ。しかもフラクタル次元が本物の煤と一緒である。このように、数学の理想モデルがけっして実情にそぐわないわけではないことは確かなデータで裏づけられている。

同じような考え方は別の場面でも利用されてきた。たとえば、採りきれなかった原油を回収するために油田に水蒸気を圧入することがあるが、その水蒸気の広がり方を説明

雪の結晶についてもっと細部まで理解しようと思うなら、単純な特徴を抽出しようとするのが理にかなっている。そこで、数学的にモデル化するために、私たちは雪の結晶が完璧な6回対称性を備えていると考え、枝分かれのパターンもフラクタルだと見なすことにする。

できる。また、金の薄膜が平らな面にどのように付着するかも明らかにできる。雪の結晶にはシダの葉のような枝分かれがよく見られ、これもやはり似たような、ただしもっと規則的な成長プロセスでモデル化できる。氷の結晶は、表面に新しい水分子が蓄積することで成長する（嵐雲のなかでは水分子が過冷却「凝固点以下にまで冷却されても固体にならない」の状態になっている）。表面がどのように成長して形がどう変わっていくかは数学モデルで分析できる。シダの葉模様ができるいちばんの原因は「先端分岐」と呼ばれる現象が起きるためだ。湿度と温度が特定の組みあわせになると、平らな表面が力学的に不安定になる。平らな表面に隆起ができると、その隆起はほかの領域よりも速く成長するので、隆起はしだいに大きくなっていく。だが、大きくなって丸みを帯びてくると隆起は平らも同然になるため（壁紙にできる空気ぶくれのように）、ある程度の大きさになるとまた不安定になり、小さな隆起が新たにできる。この状況は植物の茎が成長するときに似ている。先端がくり返し分岐して、二本ないしそれ以上の茎に次々に分かれていく現象だ。だから先端分岐という名前がついた。このプロセス全体を数学的にとらえれば、対称性を破る事象の連続といえる。平らな表面の並進対称性が破られるのだ。その結果、氷の結晶の場合であれば樹枝形と形容されるシダの葉のような模様が現れる。幼い頃、窓ガラスの霜が森のように見えたのには理由があった。雪の結晶をフラクタルと見なすことがどんな場面でも許されるとはいわないが、役に立つ手がかりをつかむことが狙いであるなら、そう考えてもさしつかえはないのである。

フラクタルな宇宙

何か壮大なスケールで考えてみたいという思いがしだいに抑えきれなくなってきた。もっと大きな獲物を狙ってみようか。宇宙はどんな形をしているだろう。そのなかで物質はどのように分布しているのだろうか。

ニュートンの時代、宇宙には無限の広がりがあって、とくに何の形ももたないと考えられていた。宇宙はごく普通の数学的な三次元空間でしかなく、つねに変わらないとされた。

アインシュタイン以後、物理学者は宇宙の広さに限りがあると信じるようになる。さらにいえば、宇宙は非常に大きな球体だと見なされるようになった。また、かなり広い範囲で考えるならば物質は均等に分布していると考えられた。もちろん、狭い領域に目を向ければ真空もあれば恒星もある。つまり、物質がまったく存在しない場所もあれば、ありすぎる場所もある。どこも一様とはいえない。しかし、直径が数千光年というような非常に広い領域で見れば物質の量に大きなかたよりはない。だから球形であるだけでなく、基本的に宇宙にムラはないとされていた。今では、ムラがないかどうかは非常に疑わしくなってきている（球形かどうかも怪しいのだが、その話はあとの章に譲りたい。15章参照）。

その昔、空を見渡せばどこを向いても大体同じ数の星が見えた。唯一の例外は天の川で、そこだけは星が密に集まっていた。やがて望遠鏡の性能が上がるにつれ、宇宙の物質が塊をつくっていることがわかってきた。天の川は一個の銀河である。膨大な数の星が集まってできており、そのなかには私たちの太陽も含まれる。宇宙の奥深くにはもっとたくさんの銀河がある。何十億という数だ。銀河と銀河のあいだには星はほとんど存在しない。その空間はひどく空っぽだ。

物質が塊をつくりたがる傾向はそれだけに留まらない。銀河が集まって銀河団を形成し、銀河団が集まって超銀河団を形成している。一九九〇年頃、アメリカの天文学者マーガレット・ゲラーとジョン・ハクラは、宇宙における物質の分布は均等ではなくフラクタルかもしれないと述べた。物質が集まる傾向があらゆるスケールに及んでいるからだ。ふたりは宇宙のフラクタル次元まで推測している。以後、二通りの見解が絶え間なく火花を散らしてきた。宇宙にムラがないと考えるグループはおもに、きわめて大きな規模で見れば物質の集まりは均等にならされると主張する。宇宙はフラクタルだと考え

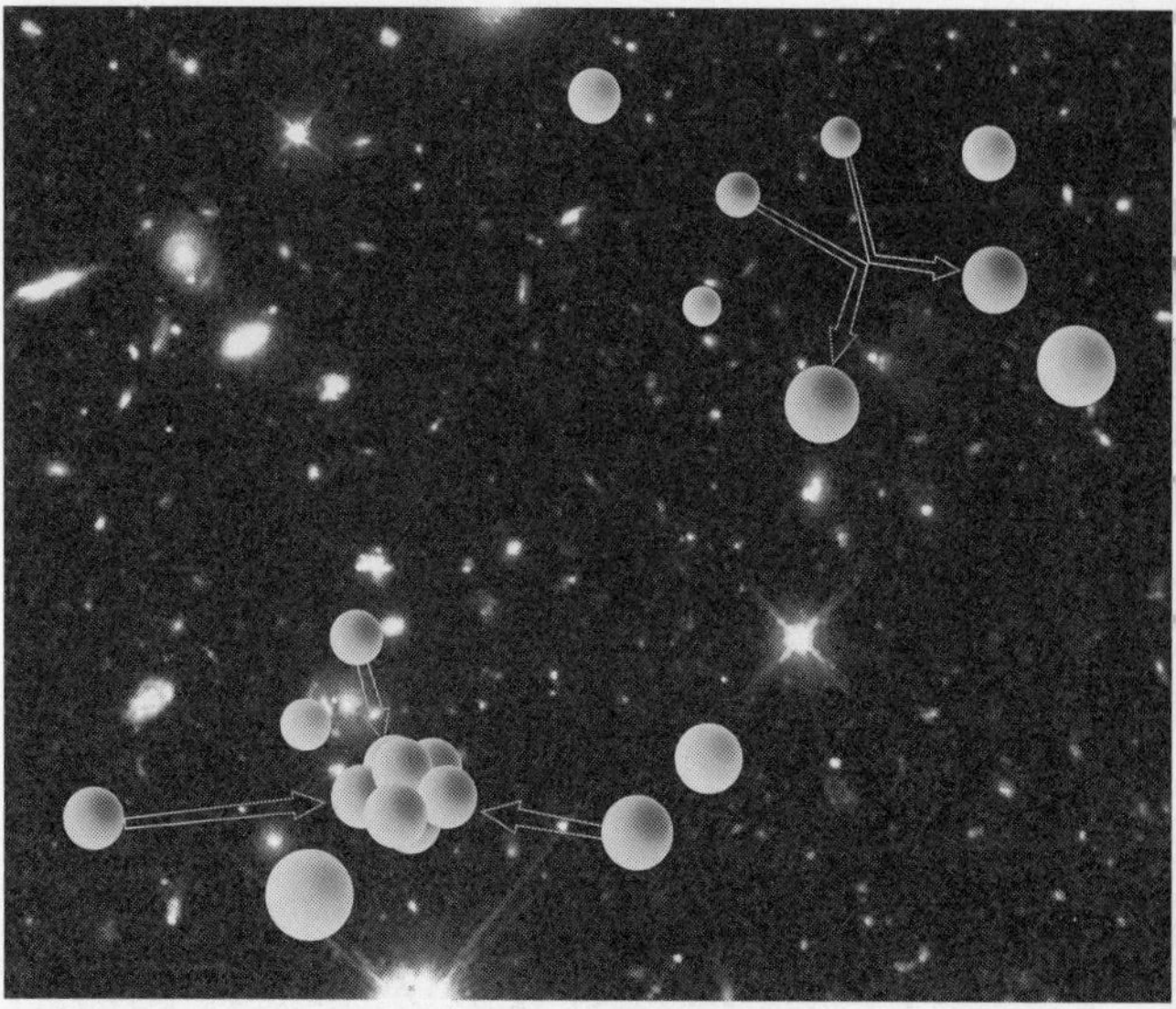

気体の分子どうしが互いに影響を及ぼすのは衝突するときだけである。衝突したら分子ははね返り、離れていく。だから物質は均等に分布する（上）。重力をもつ物質のふるまいはまったく異なる。粒子どうしはつねに影響を及ぼしあい、互いを引きつけあっている。だから物質は均等に分布せずに塊をつくる（下）。

るグループはそれを受け、新しい手法を開発して、その大きな規模での物質の分布を測定している。その結果、ほら見たことかといわんばかりに彼らは塊を見つけた。

この結果には物理学者も頭を痛めている。熱力学の第二法則によれば、長期的には物質は均等にならされて冷めたスープのようになり、宇宙は「熱的死」を迎えるはずだ。宇宙が塊をつくっているなら第二法則とうまくなじまない。なぜ物質は第二法則が命じるように均等に広がっていないのだろう。

物理学者のロジャー・ペンローズは次のように指摘している。宇宙がこんなに奇妙なふるまいをするからには、初期状態が信じがたいほど特殊だったにちがいないと。しかし、本当の原因は対称性の破れかもしれない。重力をもつ物質にとって、均等に分布する状態は不安定である。そのことは以前から知られていた。塊は大きくなりこそすれ、均等に広がったりはしない。一様な状態の対称性が重力によって破られ、物質が集まりはじめる。重力は規模に関係なく作用するのがわかっているので、塊はあらゆるスケールで見られることが予想される——フラクタルな宇宙だ。このメカニズムでは進行が遅すぎて、現時点で観察される塊を説明するには不十分だと当初は思われた。だが、宇宙の初期状態を表すモデルが改良されるにつれ、コンピュータ・シミュレーションの結果はフラクタル構造にますます近づきつつある。まさしく観測されているとおりに。

では、力学の第二法則があてはまらないのはどうしてだろうか。もともと第二法則は、気体のふるまいを説明するために編みだされたものだ。第二法則によれば、気体の分子が大量に集まるとぶつかりあってはね返り、均等に広がる。気体中で分子どうしが衝突するとき、分子間には互いを引き離す力（斥力《せきりょく》）が働く。この力は作用する距離が短い。分子は衝突すればはね返るが、そうでなければ互いを無視する。一方、重力をもつ粒子の場合、粒子間にはそれと正反対の力が働く。互いを引きつける力だ。しかも作用する距離が長く、どの粒子もほかのあらゆる粒子を引きつける。第二法則があああいう内容になったのは前提とする力が斥力だったからだ。斥力は短い距離に作用するので、塊があればたしかに均等にならされる。塊のなかにある粒子は衝突する確率が高いからだ。重力系の働き方は反対である。長距離に作用する引力は塊を好み、物質が均等に分布するのを妨げる。重力をもつ物質に熱力学の第二法則があてはまると考えるのは単なる惰性にすぎない。そこには何の根拠もないし、これまで一度もあったためしはなかった。私たちの宇宙は第二法則の権限が及ばないところにある。

14章　カオスの秩序

人間の精神は飽くことなくパターンを探す。敵のひしめく世界で生きのびるために私たちはパターンをとらえる能力を進化させ、そのパターンを用いて自分たちに何が起こるかを予測してきた。パターンがないように思えるときでも、何か理由を見つけて存在しない理由を説明しようとする。かりに何も見あたらなくても、じつはそれが錯覚にすぎない場合もある。複雑で混乱しているように見えながら、じつのところ単純な規則に従っているケースもある。逆に、私たちが長らくパターンだと思っていたもののほうが錯覚だったとわかることもある。

たとえば私たちの遠い祖先がでたらめに散らばる星々を見たとき、彼らの視覚系は見覚えのある形にグループ分けして星座をつくった。これはお姫様、これは獅子、これは熊、といった具合に。天空に見えた形のことを祖先は子供たちに話す。だが、空に本当に熊がいるわけではないし、そもそも星座というものも存在しない。そこには何の意味もないのだ。大熊座を構成する星々にしても、数光年しか離れていないものもあれば、数百光年離れているものもある。地球から遠く離れた別の世界で同じ星々を眺めたら、その形もグループ分けもまったく違って見えるだろう。大熊は本物のパターンではない。星々を理解しようとするとき、星座に分けるというのは重要な考え方ではないのだ。深い意味は何もなく、宇宙の仕組みについて何かを教えてくれるわけでもない。それでも人間はパターンをつくりたがる。人や動物の姿を天の星々に見、それにまつわる神話をつくりあげて、意味をもたない無秩序な世界に秩序の仮面をかぶせようとする。

その一方で、パターンが本当に存在して、宇宙の大切な真実を語りかけている場合もある。私たちはそのパターンを自然の法則と呼ぶ。科学の目的はまさにそこにある――宇宙を動かしている秘密のパターンを見つけだすことだ。人間がパターンを考えるときには数学を用いるのがいちばん便利である。だから私たちは自然の法則が数学でできて

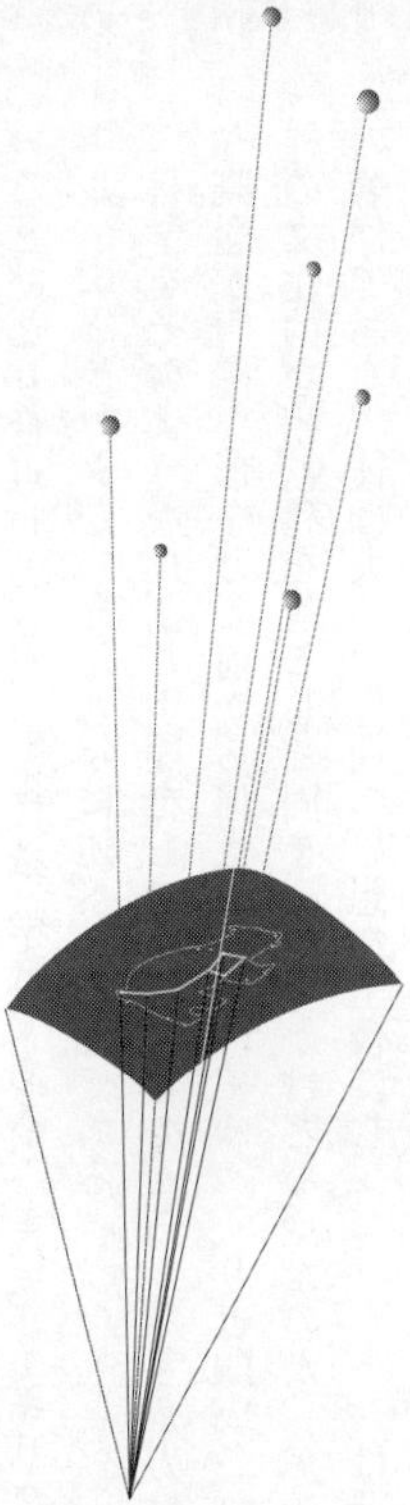

天上の見せかけの秩序。大熊座はクマではない。それどころか星が本当に集まっているわけでもない。

いるとひとり合点してきた。「神は数学者である」とは、イギリスの偉大な物理学者ポール・ディラックが一九三九年に述べた言葉である。

科学をそのような役割と手段をもつものとしてとらえる考え方は、まだ「科学」という概念が明確な形をとる前から何世紀もかけてゆっくりと醸成されていった。それが一種の文化的な相転移を起こして固まるきっかけとなったのが、アイザック・ニュートンの著作である。彼は大勢の先人の思想を土台にし（ニュートンはそれを「巨人たちの肩の上に立っている」と彼らしからぬ謙虚な言葉で表現している）、物質の運動と重力の作用から数学的な規則を引きだすことに成功した。惑星の複雑な回転運動はもちろん、月の自転軸が揺れていることや、木星と土星が互いに追いぬき追いこししていることなど、本当に細かい部分に至るまですべてがニュートンの法則に従っていた。

ニュートンの数学には注目すべき特徴があって、その哲学的な意味が表に現れるにはしばらく時間がかかった。ニュートンの数学が惑星の運動を予測する場合、現在の状態を出発点とする。太陽系のすべての天体が今どこに位置し、今どれだけの速さで動いているかがわかれば、あとは数学のハンドルを一まわしするだけで一年後の位置や一年後の速度を割りだせる。同じハンドルをもう一まわしすれば二年後のことがわかる。一〇〇万回まわせば一〇〇万年先を予測できる。

一八世紀後半のフランスの数学者ピエール＝シモン・ラプラスは、この考え方を次のような力強い言葉でいい表した。「自然を動かすすべての力と、自然を構成する物質の相互の位置を、あらゆる瞬間において把握できる知性が存在し、しかも自らの情報を分析にかけられるほどの莫大な能力を備えているならば、その知性は、宇宙で最も大きい天体の運動から最も軽い原子の運動まで、すべてをただひとつの公式へと凝縮できるだろう。そのような知性にとって不確かなものなど何もなく、その目には過去とまったく同じように未来も映っているはずだ」

これが決定論の思想である。宇宙を時計仕掛けの機械ととらえ、機械がひとたび動きだしたらその未来はすべてあらかじめ決められていると考える。もちろんラプラスは、宇宙全体の未来を予測するような計算が人間ごときにできるとはいっていない。かりにできるとして、時計仕掛けの宇宙はそれを許すだろうか。人間のその行動はあらかじめ決められた未来にすでに織りこまれているのだろうか。一見、私たちには自由意志があるように思えるのに、それと決定論とにどう折りあいをつければいいのだろう。

このように決定論というものはきわめて深遠で理解が難しいものであったし、じつは今もそれは変わっていない。しかし、そこから生まれた科学は見事なものであり、幅広く成果をあげた。それどころか地球全体を一変させたといってもいい。宇宙において自分たちをどう位置づけるかが変わった。適切な状況にあれば私たち自身が未来を予言できるようにもなった。

惑星の運動には紛れもない秩序があり、それがこの太陽系儀の根拠となっている。太陽系儀は太陽系の運動を機械的な模型で表している。

カオス

　ラプラスの力強い言葉に基づいて研究計画を立てるとしたら、最も難しい部分は予測ステップそのものにあるとすぐに的を絞れる。ラプラス自身も、「自らの情報を分析にかけられるなら」と但し書きを添えている。ところが、問題はそんなにわかりやすいところにあるのではなかった。真の問題点はそれよりはるかに深刻である。というのも、ラプラスのいささか誇大妄想的な計画だけでなく、妥当な規模の研究計画にまで影を落とすからだ。難しいのは、現状をもとにして未来の結果を予測することではない。そもそも現状がどうなっているかを知ることなのである。

　本当の問題がどこにあるかが初めてほのかに垣間見えたのは一八八七年のこと。スウェーデン王のオスカル二世が、いくつかの疑問に数学的証明を与えた者に賞金を与えると発表した。その疑問とは、「太陽系は安定しているのか。一個の惑星が他と衝突したり、仲間のもとを完全に離れたりすることは起きるのか」というものである。オスカルは「安定している」という答えを期待しており、その正しさを証明できた者には二五〇〇クローナを与えると約束した。フランスの数学者で、天文学や哲学も研究するアンリ・ポアンカレがこれに挑み、賞金を獲得した。しかし、この問題は彼の知性をもってしても非常に難しいことがわかる。ポアンカレが王に提出した原稿には、天体三個だけからなるミニ太陽系であればつねに決まった道筋をたどることが証明されていた。

しかし、正式に出版された彼の報告書には天体三個についての記述がいっさい見られない。そのかわり、はるかに興味深い言葉が記されている。その道筋はひどく不規則になるおそれがあり、複雑すぎて予測ができない、と。この間の顚末が明らかになったのはつい最近のことである。ポアンカレが最初に提出した原稿には、三天体がつねに決まった道筋をたどるとたしかに記されていた。ところが、賞を受賞し、報告書が印刷されはじめてから、彼は誤りに気づく。すでに刷った分をあわてて回収し、さまざまな考察を加えた末に修正版がポアンカレの自費で出版された。おかげで出費は賞金を大幅に上回ったという。だが、科学の見地からすれば修正版はこのうえなく貴重である。なにしろ、そのなかでポアンカレは新しい重要な現象を明るみに出したのだから。それは、単純で決定論的な方程式から、複雑で規則性のないように見える答えが得られる場合があるということ。今ではこうした予測不能のふるまいを「カオス」と呼んでいる。正式には「決定論的カオス」というのだが、短いほうがパンチがきいている。

ポアンカレの時代にカオスの重要性が理解されることはなかった。ポアンカレにとってそれは天空の力学の進歩を阻む壁であり、乗りこえがたいように思えた。彼はその問題について研究するのをやめてしまう。だが、あとを継いだ者たちがいた。なかでも特筆すべきは、一九三〇年代のジョージ・バーコフと一九六〇年代のスティーヴン・スメールである。彼らは難題を受けて立ち、ポアンカレのカオスの背後にあった秘密のパターンを暴いた。一九八〇年代に入る頃には天文学から動物学まで、科学のあらゆる分野にカオスが顔を出すまでになる。詳細な数学理論が次々に提出されて、カオスがどのように生じるのか、なぜ決定論的なシステムなのにカオスが現れるのかを説明しようとした。

ボウルのなかで卵の白身を泡立てているとしよう。泡立て器のほうは予測可能な規則正しいパターンで円を描く。そこには何の意外性もない。一方、卵の動きははるかに複雑である。白身がしだいに混ざりあうからだ。泡立て器はそのためにある。では、特定の卵の粒子はどんな道筋をたどるだろうか。予測はできない。互いの区別がつかないほど近くにある粒子でも、最後にはボウルのまったく別々の位置に落ちつくものだ。食品用の着色料で卵の半分を赤く、半分を白く色づけしたとする。これを泡立てれば一様なピンク色になる。赤かった半分はどこへ行ったのか。白かった半分はどこへ行ったのか。いたるところだ。いたるところだ。これでラプラスの推論の本当の欠陥が見えてきた。卵の粒子がどこへ行くかを予測するには、それがどこから出発するかを知る必要がある。

しかも小数点数千桁に至るまで正確に。出発時の位置の測定を少しでも誤ったら、たちまちそれが大きな誤差となって動きの予測に響いてくる。だが、測定に誤りはつきものだ。

先ほども触れたように、難しいのは出発時の位置を知ることなのである。ポアンカレの発見を一言でいえばこうなる――天体三個からなる太陽系の力学は泡立て器のようにすべてを混ぜあわせてしまうのだと。複数の粒子が非常に近いところから出発しても、最後には遠く離れた位置に落ちつく。運動はたしかに決定論的だ。だが、そこから意味のある結果が得られるのは位置を正確に測った場合に限られる。そして、それは不可能なのだ。決定論は、物事の予測ができるできないとは別の問題なのである。ラプラスのいう「莫大な能力を備えた知性」は情報を分析にかけられるだけでは足りない。

まずその情報を得ることができなければならない。

不規則性と規則性

「カオス」という言葉は誤解を招きやすい。頭に「決定論的」をつけない場合はとくにそうだ。おかげで「カオス」は単に無秩序を表す風変わりな新語だと勘違いされやすい。だが、そうではない。

カオスは一見すると不規則なふるまいに見えるが、その原因は一〇〇パーセント決定論的である。手に負えないふるまいではあるものの完全に規則に支配されている。規則正しさと不規則さとのあいだのグレーゾーンにすんでいるのだ。カオスは私たちが大事にしている直感に反する。だからこそ正しく把握するのは簡単ではない。たとえば先ほどの文章のように「一見すると」という言葉を使えば、問題は手軽に解決できそうに思える。カオスがどんなに無秩序に見えても実際には完全に無秩序とはいえない、無秩序であるはずがないのだ、規則によって生みだされたのだから。そう考えればよさそうな気がする。

あいにく現実はそれほど甘くない。カオスにも本物の不規則性がひそんでいる一面があるからだ。大まかにいうと、カオス系を支配する規則は初期状態のごくわずかな不規則性をとらえ、それを増幅して大規模なふるまいのなかに不規則性が現れるようにしてしまう。

おまけに哲学的な問題が絡んでくるので話は余計にややこしくなる。その問題とは、真の偶然性は本当に存在するのか、というものだ。偶然性を表すたとえとして、よく引きあいに出されるのがサイコロの目である。だが、サイコロはただの立方体であり、転がり方は決定論的な規則に支配されている。では、サイコロの偶然性はどこからくるのだろうか。それはサイコロを転がすときの初期状態を私たちが把握していないからだ。サイコロを振るときに両手で覆うようにしたり、箱に入れたりするのは、それをわからなくするためである。かりにわかっていたとしても、初期状態を測るときにほんの少しでも誤差が生じれば、サイコロがテーブルを転がっているあいだに誤差は増幅される。もしかしたらサイコロの出目はたったひとつと決まっているのかもしれない。しかし、私たちもサイコロも、さらには宇宙も、あらかじめ決められた数字が何かを「知る」ことはできず、サイコロを転がして確認するまで待つよりほかない。

ひとつ例外が考えられる。物理学者の主張によれば、量子力学はまったくの偶然性に基づいているため、極微のスケールでは宇宙の営みが一〇〇パーセント偶然によって決まるという。そうなのかもしれない。しかし、違う考え方の天邪鬼《あまのじゃく》もいる。量子世界が確率論的なふるまいをするということ自体が幻想であり、そこにすら決定論的な規則が隠れているのではないかと。私が思うに、「無秩序」や「秩序」という概念は、人がつくった数学モデルと照らしあわせて初めて意味をなす。どちらの概念も、あたかもそれが絶対的な区分けであるかのように実際の宇宙にあてはめていいものだろうか。

カオスには秩序と無秩序という不思議な二面性がある。この二面性がとりわけ問題になってくるのが、数学の慣例に従って力学を図形で表現しようとするときだ。どんな力学系も独自の幾何学空間と関連づけて考えられる。この空間を位相空間といい、その系がもつ変数で座標を設定する。初期状態は座標値の特定の組みあわせで表す。つまり位相空間内のどこかの一点だ。時間の経過とともに座標値は変化する。力学の規則に従って運動するにつれ、何らかの曲線か流線に沿って最初の点が位相空間を移動していくのだ。初期点が異なれば流線の形も変わる。そして、すべての流線をまとめたものがその力学系の流れとなる。

　カオスではない系の場合、この流線は単純な形に落ちつく。安定した状態なら一個の点、周期的な運動であれば閉じた曲線だ。一方、カオス系ではもっと複雑な形が現れる。この形をアトラクターと呼ぶ（口絵9ページ参照）。アトラクター（attractor）だからといって、重力のように引きつける（attract）作用を及ぼすわけではない。どこから出発してもまもなくひとつのアトラクターに近づいていくという意味だ。つまり、アトラクターは系の長期的なふるまいを表している。

　カオス的なアトラクターは流線をくり返し引きのばし、それを位相空間内の限られた同じ領域に再び戻す。流線が発散してしまうことはないものの、引きのばされているので単純でわかりやすいふるまいができない。流線が曲がりくねっているために、でためで明確な構造をもたないように見える。混沌としているようにすら思える。系のふるまいは予測不能で、その理由はすでに説明したとおりだ。出発点を把握するときのわずかな誤差が、未来の予測における大きな誤差へと変わるからである。

　カオス・アトラクターはじつに複雑な形をしていて、しかもその形はフラクタルだ。細部をどれだけ拡大して眺めても入りくんだ構造をもっている。なぜそうなるのかを確かめるには、時間を逆戻ししてみればいい。大きなスケールで見ればアトラクター自体にも構造はある。時間を反転させると、カオス状態で起きる引きのばしは逆に折りたたみに変わる。その結果、大きなスケールの構造が縮んで、小さなスケールの構造をつくる。時間をさらに戻せばその構造はますます小さくなっていく。このように、アトラクターの形がカオスとフラクタルというふたつの概念を結びつけている。

個体数の変動

カオス理論は生物学に対する私たちの見方も変えつつある。かつては「自然の均衡」という言い方がよくされた。キツネがウサギの個体数を抑えるとか、ウサギがどの程度いるかでキツネの個体数が限られる、といった意味である。言葉にされない自然への深い信頼がそこには透けて見える。放っておけば、自然はかならず予測可能で安定した状態に落ちつくと思っているのだ。生まれる数や死ぬ数に多少の前後はあっても、いつも同じ数のキツネが同じ数のウサギを餌食にするはずだ、と。そう考えると心安らかでいられる。同じ状態が永遠に続くことが明らかなのだから。

心安らかかもしれないが、自然は人間の安心など少しも気にかけてはいない。私たちはようやく悟りはじめた。地球の生態系は放っておいても何かに落ちつくとはかぎらない。少なくとも、安定した状態などという単純なものには絶対にならない。均衡などなく、あるのは絶え間ない変化だけだ。最初にひとつの種が優勢になると、それが引き金となって別の種が増え、するとその二種が一緒になって今度は別の種の崩壊をひき起こす。姿が見えず正体も定かではない鼓手がリズムを打ち鳴らし、それに合わせて生態系はあちらへこちらへとつき進む。

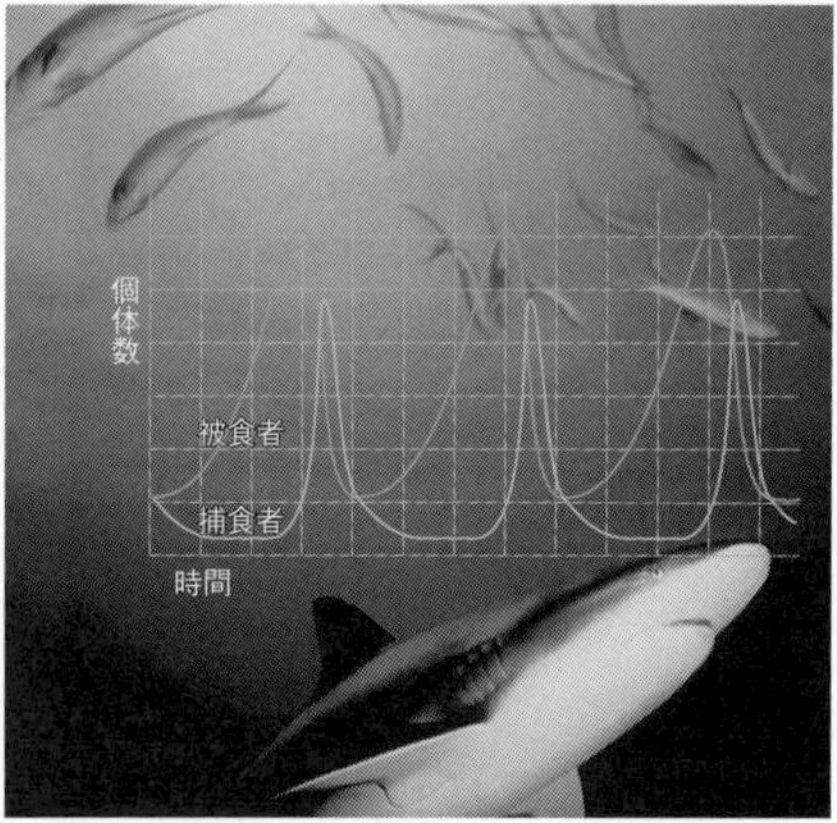

生物の個体数は複雑に変動する場合がある。外部の要因によって本来のリズムが妨げられたわけでなくても、そういう例は見られる。このグラフは捕食者と被食者の相互作用をきわめて単純なモデルで表したもの。このモデルからは、それぞれ似たサイクルが時をほぼ同じくしてくり返されることが予想される。被食者の個体数が増えてから減り、少し遅れて捕食者の個体数もやはり増えてから減る。

一九二〇年代、イタリアの数学者ヴィト・ヴォルテッラは方程式を考案し、アドリア海における食用魚と捕食者（サメなど）の個体数をモデル化した。彼のモデルが予測したのは均衡ではなく周期的サイクルだった。最初に食用魚の個体数が爆発的に増える。捕食者もそれに反応するが、遅れが生じる。サメが子をつくるには時間がかかるからだ。次にサメの個体数が急激に増えて食糧を「乱獲」してしまう。食用魚の個体数は減少し、多くのサメが食糧不足で死ぬ。捕食者の数が減ったので食用魚の個体数は爆発的に増え……と、こうしてサイクルがくり返されていく。たしかに、実際の個体数も変動することはさまざまな証拠によって裏づけられている。しかし、ヴォルテッラのモデルほど規則正しい周期ではないようだ。最近までは、不規則な結果が生じたらすべて外部から乱されたせいだとするのが普通だった。ところが一九八七年、オーストラリア生まれの数理生態学者であるロバート・メイは、標準的な個体数モデルの多くでカオス的な変動が生じうると指摘した。もしも現実世界がカオス的な力に従うのなら、結果が不規則なサイクルであってもおかしくはない。しかも、その不規則性がすべて個体群の内部で生みだされていても不思議はないのだ。

理由はよくわからないものの、メイの指摘は生態学界からあまり歓迎されなかった。たしかにメイのような仮説を検証するのは難しい。外部からの影響はなかなか取りのぞけないからだ。だが、安定状態か周期的サイクルを予測すれば良いモデルと見なされるのに、カオスを予測したとたんにそのモデルはお払い箱になる。そういう風潮が以前にはあった。秩序もカオスも、同じ力学のコインの裏と表だとほとんどの数学者は考えている。だからこういう対応には戸惑うしかない。方程式が適切だと思うか、思わないかのふたつにひとつだ。こと数学に関してはより好みはできない。

先ほども触れたように、実験を検証する際の大きな問題点は外部の影響を排除しきれないことだった。一九九五年、アメリカの集団生物学者ジム・クッシングはいい方法を思いつく。彼と同僚はコクヌストモドキという小さな昆虫を使ってその方法を試してみた。小麦粉業界にとってコクヌストモドキはたちの悪い害虫である。小麦粉に入りこんで人間の食用に適さなくしてしまうからだ。おまけに、私たちが不快に思う習性をほかにももっていて、たとえば自分の卵を食べたりする。この不快な習性も考慮したうえでクッシングたちは数学モデルを開発し、コクヌストモドキの個体数の変動を予測した。

個体数の変動がカオス的になる場合もあり、そうなると予測がつかなくなる。コウモリやイナゴの大群は自然界のカオスを示すものなのか、それとも外部の要因によってひき起こされるものなのか。あるいは、(これがいちばん可能性が高そうだが) そのどちらもが少しずつ混ざっているのだろうか。まだ明らかになっていないものの、少なくともそうした疑問を抱くことはできる。

このモデルにはいくつものパラメーターがある。死亡率や産みつけられる卵の数などである。外部からの影響がなぜ厄介かといえば、こうしたパラメーターを変えてしまうおそれがあるからだ。では、モデルの正しさを実験で検証するにはどうすればいいか。簡単である。パラメーターが変わらないように注意すればいい。コクヌストモドキがたくさん死にすぎたら、生きたコクヌストモドキを補充してやる。卵を産みすぎたら余分を取りのぞく。

けっして不正ではない。物理の実験なら、実験中の温度や圧力を一定に保つためにまさに同じことをする。実験を厳密に制御して初めて、予測どおりの変動が起きるかどうかをテストできるというものだ。クッシングのグループはこの検証実験を行ない、一九九七年までには自分たちのモデルと見事に一致することを確認した。そこには紛れもないカオスの特徴が現れていた。しかも彼らが予想したとおりの場所に。

天気予報

予測といえばいちばんの標的にされるのは天気である。農家はいつ干草を刈ればいいか、いつコムギを収穫すればいいかを知りたい。間違った判断をしたら大金がふいになる。山に登る人であれば、いつ頃吹雪になりそうかを把握したい。

天候も潮の満ち引きも自然の法則に支配されている。潮の場合は海という流体が、太陽と月の重力に引かれてどう動くかを法則は説明する。天候の場合は大気という別の流体が、太陽熱の日々の周期的変動を受けてどう動くかを説明する。潮の満ち引きは何年も先まで予測できるのに、なぜ天候はそうならないのだろうか。

一九二二年、ルイス・フライ・リチャードソンという科学界の異端児が驚くべき構想を発表した。「天気予報工場」である。当時はコンピュータがなかったので、サッカー場くらいの巨大な建物に大勢の人を集めて手作業で計算させることを考えた。気象予報のための方程式をもとに、個々の計算を指示したリストをつくる。各人は膨大な計算の一部を担当し、得られた結果を互いに伝えあう。その大騒ぎのなかから正確な天気予報が現れるというわけだ。明日の天気も来週の天気も、来年の天気も思いのままである。

この荒唐無稽なアイデアが実行されることはもちろんなかったが、現代の私たちは高性能のコンピュータを使って同じことをしている。コンピュータの内部はやはり大騒ぎで、チップやワイヤのなかを電子があちこちに飛びかっている。そして、そこから明日の天気に関する正確な予報が得られる。だが、来週の天気予報はいぜんとして外れることが多い。来年の天気にいたっては予測するなど夢のまた夢だ。

コンピュータの性能を上げればいいというものではない。方程式が間違っているわけでもない。何が問題なのかといえば方程式の答えがカオス的なのである。方程式はまず、今日の天候に関するできるだけ正確な測定値から出発する。気象観測気球、地上観測所、および気象衛星がつくる世界規模のネットワークからその数値を集める。次にコンピュータは予測のための規則を適用し、初期状態がこの先どのように展開していくかを確認する。厄介なのは、カオスが初期状態のわずかな誤差を時間とともに急速に大きくしてしまうことだ。ついには誤差が予測を覆いつくしてしまう。

一九六三年、エドワード・ローレンツという名の気象学者がまさしくこの問題を予言している。ローレンツは大気対流の単純なモデルを研究していてこの問題にぶつかった。コンピュータで方程式を解いたとき、彼は三つの重要なことに気づく。ひとつめは方程式の答えが一定しておらず、ほとんどでたらめといっていいほどであること。ふたつめはその答えを幾何学的に表現するとかなり奇妙な形になること。これが先ほども触れた「カオス・アトラクター」である（これについては数学者のウォーリック・タッカーによって一点の疑いもなく証明された）。三つめの発見はのちに「バタフライ効果」としてかなり有名になる。カオス的な力学系はごくわずかな誤差に左右されるのだ。ローレンツは講演のなかで次のような趣旨のことを述べている。一匹のチョウが羽ばたいただけで天候は完全に変わりかねない、と。

本物のチョウを使ってバタフライ効果を検証するのは不可能だ。地球の全歴史を二回くり返して違いを比べなければならない。一回は羽ばたき有りで、もう一回は羽ばたき無しである。だが、天気予報の方程式を使って試すことはできる。実際に試してみるとローレンツが一〇〇パーセント正しいとわかった。観測時に誤差が生じるのは避けられない。その誤差があるために予測できる範囲は限られてしまう。どんなに頑張ってもその予測範囲を超えた未来の天気はわからない。予測できるのはだいたい四日から六日先のようであり、それ以上は無理だ。

これは悪い話とばかりはいえない。私たちの役に立つようにカオスを利用することができるからだ。最近の気象予報士はたった一通りの予測をするのではなく、いつもだいたい五〇通りくらいの予想を立てる。そのうちのひとつは実際の観測に基づくもの。残りは同じ観測結果に「チョウを羽ばたかせた」ものだ。つまり、ごくわずかに不規則な変化を加えてやる。五〇通りの予測がすべてひとつの答えで一致すれば、それが実際に起きると確信がもてる。大部分が一致すれば、かなりの確率で起きると考えられる。予測のばらつきが激しければすべては白紙に戻る。だから昨今の天気予報には予想確率がついてくるのだ。未来を確実に見通す水晶の玉がない以上、それが私たちにできる精一杯のことなのである。

太陽系のカオス

なぜ天気が予測できないかを理解したところで、今度は予測可能と見なされているシステムに疑問の目を向けてみたい。太陽系はその好例である。ニュートン物理学の偉大な成果はふたつの重要な発見にある。ひとつは太陽系が単純な法則に従うこと。もうひとつは、その法則を用いれば惑星の運動が説明できるうえに未来の予測までできることだ。一六八二年にエドモンド・ハレーは、今や彼の名を冠した彗星を発見し、それが再び戻ってくると予言した。過去の文献に彗星の出現が何度か記されているのにハレーは目を留め、それが同じ天体を指していると気づいた。楕円形の軌道で太陽のまわりを回りながらくり返し現れていたのである。そうと決まればあとは軌道の周期を計算するだけでよかった。それから一〇〇年以上たって数学者のカール・フリードリヒ・ガウスはケレスの再出現を予測した。ケレスは小惑星としては初めて発見された天体だったが、発見されたあとで太陽に接近したために、明るさで行方がわからなくなっていたのだ。一八四六年にはユルバン・ルヴェリエが、新しい惑星である海王星の存在を予言する。のちに海王星は予言どおりの場所に見つかった。ルヴェリエはこの天体が木星や土星の運動を乱していると仮定して、位置を計算していた。

一方、アンリ・ポアンカレは三天体からなる太陽系を人工的に構築し、その天体の動きにカオスを見出した（本章「カオス」の項参照）。実際の太陽系には数百個もの天体が存在する。三天体より単純であろうはずがない。一九八〇年代に入る頃には天体力学の科学者たちも疑問を抱きはじめていた。太陽系は本当は見かけほど予測可能ではないのではないか。一九八四年、一見予測可能な鉄壁に初めてひびが入るきざしが見られた。ジャック・ウィズダム、スタントン・ピール、フランソワ・ミニャールという三人の天文学者が、土星の衛星ヒペリオンの自転がカオス的だと指摘したのである。ヒペリオンは丸くなく、ジャガイモのような形をしている。そういう形の天体がどう運動するかを分析したところ、カオス的に揺れうごいているはずだとわかった。軌道自体は規則正しく予測可能なのだが、ヒペリオンがどちらを向いているかが予測できない。態度の悪い生徒と同じである。のちにヒペリオンを惑星探査機で宇宙から観察し、地上からも望遠鏡で観測した結果、三人の正しさが裏づけられた。

天空のカオスのもうひとつの例が土星の環である。惑星探査機ボイジャーが土星の写真を送ってきて以来、土星の環が私たちの予想とは違っていることがわかってきた。かつては一枚の平たい円盤に何本かリング状の隙間があいていると考えられていた。実際には非常に複雑な構造をしていて、細い環が何本も集まっている。環はCDの溝のように密に並び、ところどころ不思議な隙間や不規則な形が存在する。環の正体はきわめて小さな天体で、岩石や氷が無数に集まってできている。隙間が生じるのは、この小さな天体が近くの衛星の影響でカオス的に動きまわるためだ。

イギリスの天文学者カール・マレーが数学的なカオスモデルで分析したところ、衛星

土星の環には何ヵ所か隙間があいていて、その隙間の一部がつくられるうえではカオスがかかわっている。隙間とカオスの関係を理解することで、天文学者は新しい衛星の存在を予測した。実際に予測どおり発見されている。

の質量と、その衛星によって生じる隙間の幅には相関関係があるのがわかった。幅は質量の七分の二に比例する。衛星が存在するかどうかが未確認の隙間もある。だが、このモデルを使えば未発見の衛星がどれくらいの質量をもつかが予測できるとともに、今ある望遠鏡で発見できる見込みも把握できる。土星ではこれまで、予測どおりの質量をもつ衛星が数個、新たに発見されている。

太陽系におけるカオスの事例はその後も年を追うごとに増えていった。ウィズダムのグループはデジタル太陽系儀をつくった。これは太陽系の未来を超高速で予測するためだけに開発された特殊なコンピュータである。デジタル太陽系儀を動かして太陽系の時間を早回ししてみたとき、ウィズダムたちは冥王星の軌道がカオス的であるのに気づいた。今から一億年たつと、軌道自体は今と同じなのに冥王星が太陽のどちら側にいるかがわからなくなる。冥王星は太陽系の一部であり、ほかのすべての天体と影響を及ぼしあっている。ならばもっと長い時間が経過するうちには太陽系全体がカオス的になってもおかしくはない。「太陽系は安定しているか」というオスカル二世の問いは本人が思う以上に手ごわい難問だったのである。

ウィズダムたちのライバル、ジャック・ラスカル率いるグループは、惑星のほとんどがヒペリオンのようなカオス的傾向をもつことを示している。ただ、その傾向がヒペリオンよりゆっくり進行しているだけだ。たとえば火星はおよそ一〇〇〇万年ごとに上下逆さまになる。おもしろいのは、月が地球を安定させているために地球はほとんど揺れないことだ。それが地球の生物の進化を助けたのではないかとラスカルは主張するが、これには異論もある。ラスカルのグループも太陽系の時間を数十億年先に進めてみた。どうやらオスカル二世への答えは「ノー」のようである。水星が軌道を少しずつ外れはじめ、今から約一〇億年後には金星に近づく。その結果おそらくどちらかが太陽系から弾きだされるだろう。どちらが？　それはわからない。

太陽系はカオス的なのだ。

対称性とカオス

カオスは単純な規則から生まれる複雑な構造である。この特徴は雪の結晶を説明するのに欠かせないものだ。だが何かが足りない。そう、対称性だ。雪の結晶の形を考えるうえで、対称性が重要な鍵を握っているのはまず間違いない。それは最初から明らかである。雪の結晶に対称性がなければ、そもそも形を気にかけたりはしなかっただろう。非対称な雪の結晶はただのいびつな氷のかけらだ。

これまで私たちはいくつもの例を通して自然界のさまざまな対称パターンを眺めてきた。そこから見えてきたのは、もっと深くてもっと大きな対称性が雪の結晶の謎めいた規則性に表れているということだ。つまり自然の法則の対称性である。しかも雪の結晶を生みだす自然の法則は、結晶そのものよりもはるかに高い対称性を備えている。

キュリーの原理（12章参照）が何といおうと、対称性の破れという現象からひとつのメカニズムが生まれるのを私たちは知っている。そのメカニズムが働くと、対称性の高い原因から対称性の低い結果がもたらされる。自然の法則は高い対称性を備えているが、氷のかけらという形をとらなければならないためにその対称性が破れる。雪の結晶がもつ対称性は、破れた対称性の名残りではないだろうか。こう考えれば、雪の結晶が規則的な形をしているのも納得がいく。だが、それだけでは雪の結晶のもうひとつの側面が説明できない。結晶の不規則さだ。雪の結晶がこれほど人を惹きつけるのは、対称性と不規則性が組みあわされているからにほかならない。

では、法則が支配する宇宙のなかで不規則性はどこからくるのだろうか。当然思いうかぶのがカオスである。

だとしたら、対称性とカオスの両方をなんとか一個の数学的プロセスで扱えれば、雪の結晶の謎が解ける道が開ける。そんなことはチョークとチーズを一緒にするようなものだから無理だ、と思うだろうか。心配はいらない。チョークとチーズが正反対であるかのようにいくら諺《ことわざ》が思わせようとしても、実際はそれほどかけ離れてはいないのだ

対称性とカオスはけっして相容れないわけではない。同じ力学のコインの裏と表の関係にある。数学的に考えれば対称性とカオスの共存は可能であり、実際に共存したときには対称的で美しいアトラクターをつくる。全体の形は対称性を反映しつつも、複雑な細部はいかにもカオス的である。ここに紹介したアトラクターは単純な6回対称の方程式から生まれた。雪の結晶に似ているのはたぶん単なる偶然だろう。しかし、もっと精緻な方程式を用いれば、物理学的に意味のある雪の結晶モデルをつくることもできる。しかも使う材料はまったく同じ。カオスと対称性だ。

［英語では「まったく違ったもの」のたとえとして「チョークとチーズ」という言い方をする］。考えてみてほしい。チョークもチーズも動物からつくられている。無数の動物の死骸が石化したのがチョーク。生きた動物からほとばしり出てからさほど時間がたっていないのがチーズ。違いはそれだけだ。

一九八〇年代後半、私の同僚のマーティン・ゴルビツキーは対称性とカオスを一個の数学モデルのなかで一緒に扱う簡単な方法を見つけた。ひとつの力学系を支配する法則――過去をもとに未来を決める規則――に対称性があれば、その力学系は系としての対称性をもつ。いいかえれば、対称性において関連しあった原因から、同じ対称性と関連した結果が得られる。

この少しわかりにくいレシピを読みかえると、その系の方程式に基づいて数学的な条件を割りだせる。幸い一九世紀の古典数学者たちのおかげで、条件に応じてどの式を使えばいいかはすでにわかっている。

サンプルの方程式を見つけて試してみるのは難しくない。

方程式自体に対称性がないと、そこから生まれる力学は規則的なこともあればカオス的なこともある。それは方程式が対称性をもつ場合も同じなのがわかっている。方程式内の数字を適切に調節すれば、対称的な規則に従うカオス的な力学が得られる。対称性をもつカオス。いったいどんなふるまいをするのだろうか。幾何学的にとらえてアトラクターを描いてみるのがいちばんわかりやすい。すると、カオス的でもあり（力学がそうだから）対称的でもある（規則がそうだから）アトラクターが現れる。考えてみれば当然だ。雪の結晶の六回対称性を表す力学方程式を書き、数字を調節して力学をカオス的に変えてみると、六回対称性をもつカオス・アトラクターが得られる（雪の結晶に似ているものもあるが、たぶんただの偶然だろう。アトラクターは現実の空間ではなく位相空間の住人だ。とはいえ方程式を少しパワーアップすれば、対称的なカオスから実際に樹枝状の枝分かれ模様を生みだすこともできる）。この手法を初めて試したのは、ゴルビッキーとフランスの応用数学者のパスカル・ショサである。彼らはこの種のアトラクターを「アイコン」と呼んだ。カオスはアトラクターのなかに複雑で美しい構造をつくりだす。系が特定の点を訪れる頻度に応じて色をつければ、その構造が鮮やかに浮かびあがる。対称性がカオスを何度もコピーするので、さながら万華鏡のようだ。

この発見からほどなくして、ゴルビッキーと私がパターン形成に関する会議に出席していたとき、たまたま織物についてのテレビ番組を見た。織物には壁紙と同じような模様が、同じような理由で用いられていることが多い。これを見て、カオス的な壁紙模様をつくれないかと私たちは考えた。基本的な発想は雪の結晶の場合とまったく同じである。ただし今度は壁紙の格子対称性を表す方程式を使う。選択肢はぜんぶで一七種類だ。試してみたら初回にいきなり大当たりが出て、カオス的な花模様のようなものができた。

カオス・アトラクターは物理学にとってどんな意味をもっているのだろうか。カオス・アトラクターは「平均的な」パターンを表す。そのいい例がファラデーの有名な実験だ。ファラデーは平たい容器に液体を入れて振動させ、波を起こした。すると容器が丸かろうと四角かろうと、波の模様はカオス的になった。ところが、その模様の平均をとれば丸か四角と同じ対称性をもっていたのである——まさしく予想どおりに。

15章　宇宙の形

数学の歴史をふり返ると、いくつかの大きなテーマが貫いているのがわかる。そのひとつが、地上の人間的スケールの出来事と天上の宇宙的スケールの出来事を調べ、その一貫性を明るみに出すことだ。ニュートンその人も次のように述べたといわれている(もしかしたら彼自身がこしらえたつくり話かもしれないが)――重力はリンゴに対しても月に対しても同じように作用する、と。重力は銀河に対しても同じように作用し、超銀河団にも、さらには宇宙全体にも同じように作用する。

物理の法則もまた、宇宙のどこでも同じように作用する。銀河と銀河のあいだの空間が徹底した真空であろうと、シリウスの内部が原子炉であろうと、それぞれの場所で働く法則は同じだ。違うのは、その法則がどのようなかたちで現れるかである。銀河間の虚空にシリウスを移動させても内部はやはり原子炉のままであり、今とほとんど変わらずに動きつづける。

システムのふるまいを支配する法則はシステムの形にどう影響するのか。私たちはその答えを追っている。こうなったら行くところまで行き、宇宙全体に対してその問いを投げかけてみるのも悪くない。宇宙の形、歴史、起源についてはどんなことがわかっているのだろうか。また、それが物理の法則とどう関係してくるのだろう。

ニュートンの壮大な著作『自然哲学の数学的諸原理（プリンキピア）』は一六八六年から八七年にかけて出版され、「世界の秩序」を明らかにする書だと自らうたった。ニュートンの宇宙は絶対空間と絶対時間からできている。絶対空間のなかを天体が動き、絶対時間が変化のタイミングを決める。特定の瞬間は宇宙のあらゆる場所で同時に発生する。

アルバート・アインシュタインは二〇世紀初頭、電気や磁気や光の性質がそうした絶対性と一致しないことに気がついた。彼はまた、宇宙は対称性をもつという無敵の原理を打ちたてた。宇宙が従う法則はあらゆる座標系において不変だという原理である。動く座標系の場合であっても、その物体が一定の速度で運動しているかぎりは同じ法則があてはまる。このような「相対的」な原理と、重力の新しい解釈を組みあわせ、アインシュタインは相対性理論を編みだした。相対性理論は一見すると奇妙に感じられる。空間と時間がある程度は入れかえ可能だというのだから。しかも重力はそもそも力などではなく、時空の湾曲が表れたものにすぎないと説く。巨大な星のまわりでは時間と空間が「曲がる」。アインシュタインはこの種の湾曲を表す方程式を書いた。一般相対性理論が発表された当初は、球対称性に関する方程式以外は誰も解くことができなかった。球対称の方程式を解くと三通りの答えが得られる。時間の経過とともに収縮する球体、大きさが変わらない球体、そして膨張する球体の三つだ。その後、アメリカの天文学者エドウィン・ハッブルによって、遠くの星々のスペクトル線の波長が偏移するのが発見される。この発見は宇宙の膨張を裏づける確たる証拠となった。宇宙はどう見ても膨張する球体であるらしかった。

今では宇宙が本当に球体かどうかはわからないと考えられている。それでも、宇宙が昔も今も膨張を続けていることは間違いない。ハッブルの発見はこれまでに一〇〇〇回以上も確認されてきた。時間を反転させれば宇宙全体が一個の点にまで縮んで消えうせる（これをビッグクランチという）。宇宙は推定一二〇億年前に、一個の点として無から誕生した。それが途方もない速度で膨張を続けて現在の巨大な宇宙ができた。これがビッグバンである。

では、何が膨張したのだろうか。それを理解するのは難しいが大事なことだ。周囲を空間で囲まれ、内部を時間と物質で満たされた泡のようなものが膨張したわけではない。その泡こそが空間だった。空間自体は無から膨張した。時間もビッグバン以前には流れていなかった。時間を始動させたのはビッグバンである。だから本当はビッグバン「以前」という表現もおかしい。「前」などなかったからだ。ビッグバン説に対して異論が噴きだしたのも無理はない。しかし、この説を支持する証拠は日ごとに力強いものとなっていった。光が進む速度は有限なので、望遠鏡で宇宙の遠くを眺めればそれだけ時をさかのぼって過去が見える。そうすれば、宇宙の初期段階にビッグバン説と一致する部分があったかどうかを確かめられる。とくに重要なのは、宇宙の背景放射（宇宙のあらゆる方向からやってくるマイクロ波の放射）が観測できることだ。背景放射はビッグバンのかすかな名残りと見られている。少なくとも、ビッグバンの名残りならばこうなるはずだという予想と完全に合致する。

宇宙はどんな形？

対称性は複雑さを減らすので方程式が解きやすくなる。三次元の図形のなかでは球がいちばん対称性が高く、しかも重要な構造をもっている。だから、宇宙全体の形と運動に関するアインシュタインの方程式を初めて解こうとしたとき、物理学者に唯一扱えたのが球対称の方程式だったのも無理はない。やがてもっと対称性の低い方程式の答えも得られるようになったが、その頃には誰もが宇宙を球対称と考えるのに慣れてしまっていて、別の可能性をなかなか受けいれられなかった。そのため、ビッグバンに関する裏づけはたくさん集まっているのに、私たちの宇宙の形については証拠といえるものがほとんどないのが現状である。

この場合、「形」というのはあまり適切な言葉ではない。私たちが一個の物体の形を確かめたいとき、程よい距離から眺めて判断する。物体は三次元空間にとり囲まれ、そ

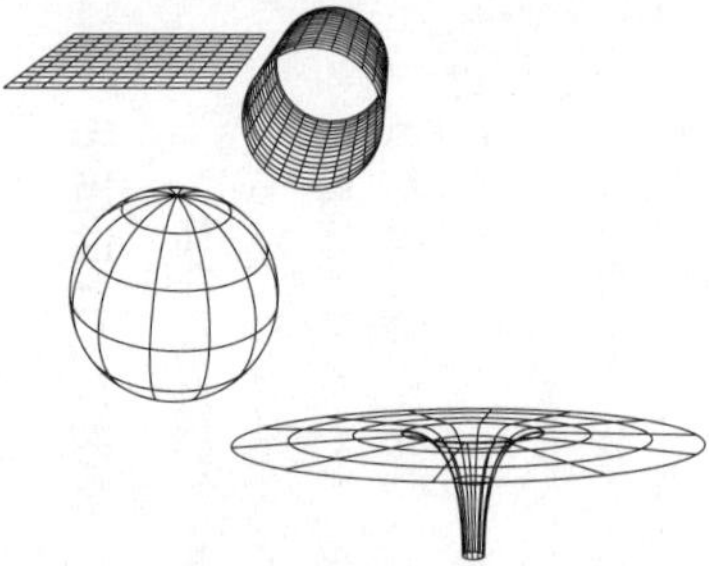

アインシュタインによれば重力は力ではなく、時空の湾曲が表れたものである。平面は平らだ（左上）。数学的に考えるかぎり、それを丸めて筒状にしても平らであることに変わりはない（右上）。球は正の曲率をもち（中央）、漏斗形（恒星の重力場をモデル化したもの）は負の曲率をもつ（下）。時空の曲がり具合を確かめるには、遠くの銀河からくる光が重力によってゆがめられているのを観測すればいい。通常、ゆがみは非常に小さいが、ブラックホールの近くではかなり大きくなる。

の空間の一部を占めている。「形」というのは、その一部分を全体と関連づけて表現するときの言い方だ。ところが、宇宙の場合は宇宙がその全体である。私たちは宇宙の内側にいるので、外に出て離れたところから眺めるわけにいかない。外など存在しないし、外から眺める距離も存在しない。

数学者はとうの昔にこの手の難題と折りあいをつけてきた。ひとつの数学的な「物体」または「空間」において、複数の点のあいだに距離が存在すると考えてさしつかえない場合は、その物体ないし空間が何らかの形をもっていると見なす。形というのは、異なるすべての点が互いとどういう関係にあるかをまとめたものである。物体や空間がもともともっている固有の性質が形であり、周囲の空間内にどう位置しているかとは関係がない。

テーブルに乗ったグラフ用紙は平らである。平らであることを判断するには、印刷された格子の線に注目するのがひとつの手だ。グラフ用紙には縦横二組の平行線があって、互いに直角に交わっている。さて、グラフ用紙を手に取って、表面がアーチ形になるように曲げてみよう。外からは紙が曲がっているように見える。しかし内側から見れば相変わらず平らだ。各点間の距離を紙に沿って測ってみても前と少しも変わらない。周囲の空間を取りのぞいてしまえば、残されるのは内側から見た固有の形だけになる。紙の格子の特徴が平面を表すものであれば、その紙は平らなのだ。

球体上の緯線と経線の場合は話がまったく違ってくる。緯線も経線もやはり直角に交わるものの、どちらも円であって無限に長い直線ではない。球体が平らでないことは、外から見るだけでなく固有の形からも判断できる。グラフ用紙上の格子線と球体上の経線には特別な性質がある。与えられた二点間を結ぶ線の長さが最小になっているのだ。こうした線を「測地線」と呼ぶ。ということは、測地線の形状を見れば空間の固有の形がわかる。同じように考えれば、宇宙の形についてもつきとめる道が開ける。では、宇宙の測地線はどういう形状になっているだろうか。宇宙の場合、光線が進む道筋が測地線に相当する。

遠くの星を見るとき、私たちは宇宙の測地線の一本に沿って眺めている。もしも時空の固有の形が曲がっているのであれば、私たちにもその曲がり具合が見えるはずだ。そして実際に見えるのである。銀河の重力は非常に強いので、近くを通過する光線はそれとわかるほどに曲げられてしまう。その銀河の向こう側に非常に明るい光源――別の銀河かクエーサー——があると、その光はゆがめられ、同じ光源が複数の像となって見える。この現象を「重力レンズ効果」という。これまでに重力レンズ効果は天空のさまざまな領域で確認されているので、私たちは実際に曲がった時空を見ていると考えていい。

もっと極端な湾曲が起きることもある。恒星が重くなりすぎて、自分の重力で崩壊してしまう場合だ。恒星がある程度の大質量に達すると、重力崩壊を起こして非常に高密度な状態になり、そこから光がまったく脱出できなくなる。これが「ブラックホール」だ。宇宙のほかの領域から切り離され、外の世界と因果関係をもたない時空領域である。私たちはブラックホールそのものを見ることはできず、光が脱出できない境界面を見るだけだ。この面を「事象の地平面」と呼ぶ。現代の天文学では宇宙のいたるところにブラックホールが存在すると考えられている。大きな銀河の中心部ではとくにそうだ。私たちの銀河も例外ではない。

とすると、私たちの宇宙の「形」はスイスチーズに似て小さな穴がたくさんあいている。だが、これだけではチーズ全体が丸いのか平らなのか、はたまた円筒形なのかドーナツ形なのかはわからない。それをつきとめるには、時空の形状についてもっと徹底的に考える必要がある。その作業にとりかかる前に、自然の法則というものをもう一度見直してみたい。

法則は対称？

私たちの宇宙には複雑な事象が次々に起きる。その複雑なことといったら途方にくれるばかりだ。にもかかわらず根底には法則と秩序が流れていて、ありとあらゆる騒ぎもすべてそれで説明できる。私たちの脳は宇宙がしていることを細部までは把握できない。自分がしていることの細部ですら脳は把握していないのだから。私たちの行動をコントロールしているのがほかならぬ脳であっても、それは無理な相談なのだ。起きていることが多すぎる。だが、人間は宇宙の複雑さを扱いやすくするトリックを見つけた。ある程度単純で理解しやすい規則をつくるのだ。単純だが正確さに問題がなく、宇宙が何をもくろんでいるかを的確に見抜ける規則であればいい。

かつては、その規則が宇宙の実際の仕組みを表していると考えられていた。「自然の法則」という言葉自体が何よりの証拠である。ニュートンが万有引力の法則を数学で公式化したとき、当時はその公式が実際の重力の作用を正確に述べたものと解釈された。アインシュタインのおかげで今の私たちはそうでないのを知っている。たしかにほぼ正確にとらえてはいるものの、極端な状況のもとでは万有引力の法則はなりたたないのだ。今日でさえ、自然の法則の最新版が真実だと思いこんでいる物理学者は多い。過去の試みはおおよそのことしかとらえられなかったけれど、今あるものは何の誤りもないのだと。彼らのいうとおりなのかもしれない。だが、歴史をふり返ればそうではないことが垣間見えてくる。

自然の根本に単純性があることをアインシュタインは誰よりも深く理解していた。

自然界の基本的な４つの力。物理学のすべてはこの４つを土台としている。重力(右)。空間の曲がり具合いによって決まり、木からリンゴを落とす。電磁気力（中央右)。私たちにテレビとラジオを与えてくれる。強い力（中央左)。原子を構成する粒子どうしを結びつける。弱い力（左)。原子どうしを結びつける。

章でも見たように、彼は対称性の原理を土台にして自らの物理観を築いている。時空を対称変換しても自然の法則に変化はない。それがアインシュタインの考え方である。相対性理論とは、その対称性の原理が電磁気力と重力の世界でどう作用するかを考えたものである。電磁気力と重力は物質のふるまい方を決める重要な力だ。

量子力学はこのふたつのほかに強い力と弱い力を加えた。さらには新たにいろいろな対称性原理を導入した。その原理が量子力学の法則に制約を加えている。ちょうど時空の対称性が相対性理論に制約を課したのと同じだ。量子力学にかかわる対称性には理解しやすいものもある。鏡映対称、時間反転対称、荷電共役対称などがそうだ。荷電共役とは正と負の電荷を入れかえる変換をいう。これら以外の対称性は量子世界の数学のなかでしか姿を見せない。

量子力学の中核にあるのは素粒子物理学だ。素粒子は物質の最小の構成要素である。その素粒子の種類を調べあげ、系統立てることを目指すのが素粒子物理学だ。その作業は当初は簡単に思えた。素粒子には陽子、中性子、電子の三種類しか見つかっていなかったからである。しかし、種類は急速に増えていった。光子、ニュートリノ、K中間子、パイ中間子……。すぐに数百種類にふくれあがり、そのどれもが同じように「根本的な」粒子であるとされる。歓迎すべき状態とはいいがたい。

一九六二年、アメリカ人物理学者のマレー・ゲルマンとイスラエル人理論物理学者のユヴァル・ネーマンは、ハドロンと呼ばれる素粒子の一群が内部に美しい対称性をもつことを発見した。ハドロンを表す数学方程式をSU（3）と呼ばれる対称性に従って変換すると、たとえば陽子を「回転」させて中性子に変えることができる。陽子の方程式を中性子の方程式に変換できるわけだ。自然は風変わりで深い内部構造をもっており、その構造のなかでは粒子の素性さえ定まらない。

現代物理学の最大の目標は自然界の四つの力をすべて統一することである。これは別名「万物理論」とも呼ばれる。それがどの程度役に立つのか、あるいは重要なのかについては、哲学的な側面から議論がなされている。万物理論ができたからといって、人間の心理や経済や、あるいは結晶についてさえ、どれくらい理解が深まるのかという声もある。それでも、量子力学と相対性理論を同じ旗印のもとにまとめることができたら、このうえない偉業になるのは間違いない。現在、理論の最前線では「超ひも理論」と呼ばれる仮説に大きな期待が集まっている。超ひもは素粒子に似ているが、点ではなく曲線のような姿をしている。超ひも理論全体の土台となるのが明快で美しい数学的対称性だ。ゲルマンとネーマンが見つけた対称性に近いが、よりいっそう風変わりである。

あいにく実験による超ひも理論の裏づけは存在せず、今後も証拠を得るのは難しいだろう。関係するエネルギーがあまりに小さすぎて、今ある装置では測定できないのだ。それでも、宇宙の深いレベルでの対称性が自然の重要な法則に表れているという考え方は、いぜんとして物理学の中心にある。

宇宙は対称？

不思議なことに、最も深いレベルの対称性は今ある宇宙の特徴を映しだしていない。ビッグバン直後の状態を表している可能性がある。もしかしたらそれは単に数学がこしらえたつくり話にすぎず、私たちの宇宙にはそんな状態など一度もなかったのかもしれない。なぜそういう問題が起きるかといえば、私たちの宇宙において、一見対称に思えるものの一部がときにそうではなくなるからだ。対称性が破れる場合がある。この事実が初めて明らかになったのは一九五六年のこと。弱い力が鏡映対称性を破ることを理論物理学者のリー・ツンダオ（李政道）とヤン・チェンニン（楊振寧）が指摘し、実験物理学者のウー・チェンシュン（呉健雄）が証明した。私たちの宇宙を支配する法則と、その宇宙の鏡像を支配する法則が実際には異なっていたのである。鏡映対称性が破れるのは弱い力に限られるようだった。重力、電磁気力、強い力の三つについては、鏡に映した世界でもまったく同じように作用する。しかも弱い力の非対称の度合いは比較的小さかった。かつて宇宙は今より欠陥がなく、対称性が高かった。四つの力がすべて鏡映

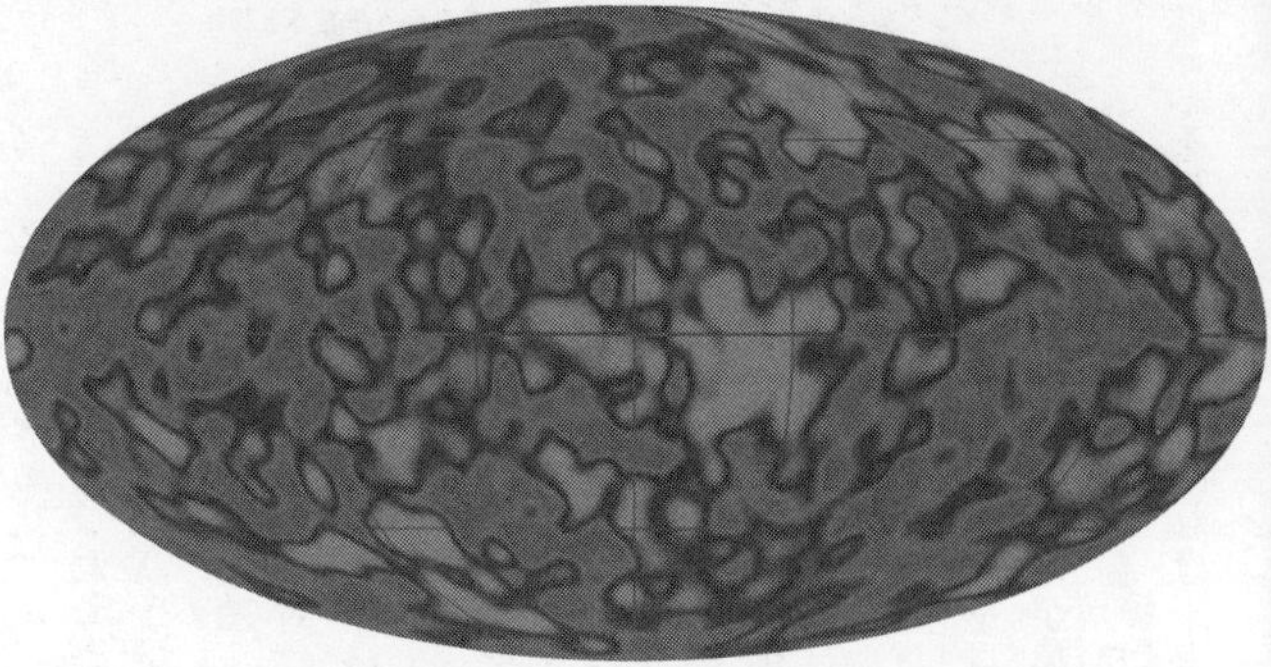

時の端のゆらぎ。COBE衛星が探知した宇宙背景放射の不均一さ。これを見ると、誕生まもない宇宙にわずかなムラがあったことがわかる。ある程度のムラができると、重力によってそのムラはさらに大きくなる。その結果、現在観察されるようにあらゆるスケールで物質の分布が不均一になった。

対称性をもっていた。その宇宙の法則をわずかに乱した結果が今ある私たちの宇宙の法則。そう考えればすべてに辻褄が合った。

ビッグバンを表した数学モデルのなかには、とりわけ魅力的なものがあり、今述べた説以上に明快で美しい宇宙の姿を予測している。四つの力がひとつだった時代があるというのだ。ところが、宇宙が爆発とともに誕生したときの猛烈な高温が冷えはじめると、宇宙は続けざまに相転移を起こした。水蒸気が水になり、水が氷になるように。この表現は比喩というよりありのままに近い。私たちの宇宙の法則は結晶化して四つの法則に分かれ、それぞれが独自の特徴を備えるようになった。

数学的に考えると、誕生まもない宇宙の法則は今より単純で、より美しかった。一個の力しかないというのは理想的で、完璧すぎるほどだ。そんな宇宙が一度でも存在したのかどうかはわからない。もしかしたら、現実が「ほぼ対称」にすぎないことを説明するために数学がでたらめな理屈をひねりだし、完全に対称な時代があったふりをしているだけかもしれない。氷のたとえでいうなら、氷でできた宇宙はこれまでもつねに氷でできていたのであって、液体の水が存在した時代などなかったかもしれないのだ。しかし、液体の水の宇宙や、よりいっそう対称性の高い水蒸気の宇宙が存在したと仮定し、その対称性が破れた結果として氷の結晶格子ができたと考えれば、氷の構造を数学的に解きあかす手がかりが得られるのではないだろうか。世界のなりたちを数学に物語らせたところで、実際にはそのとおりのドラマなど演じられなかったかもしれない。それでも、ドラマに出てきた気のきいたセリフが何かの役に立たないともかぎらないのだ。

確実にいえるのは、私たちの宇宙はビッグバンが起きた直後にそれとは別の種類の対称性の破れを経験したということである。物質は最初は均等に分布していたのに、すぐに塊をつくりはじめた。私たちから見れば、ここで塊ができたのは人間という存在を生むうえで決定的な出来事である。その塊が核となって物質が集まり、やがては銀河や恒星や、惑星が誕生したのだから。一九九〇年代の初め、宇宙背景放射探査衛星（ＣＯＢＥ）が時の端にゆらぎを見つけたと世界中で見出しが躍った。均等な分布からかたよった分布への最初の変化が起きたときの名残りをとらえたのである。かたよりといってもその程度は微々たるもので、均等な状態からは一万分の一程度の違いしかない。だが、それだけの差があれば十分だった。しだいに宇宙が膨張して冷えつづけるにつれてゆらぎは大きくなっていき、虚空と超銀河団が織りなすフラクタルなネットワークへと姿を変えたのである。そして今日見るような宇宙ができた。

物質が塊をつくりやすいにもかかわらず現在の宇宙は非常に平らである。どうしてだろう。これもまた天文学における大きな謎である。塊を取りさってその背後にある宇宙の形を眺めたら、曲がり具合は驚くほど少ない。重力の面から考えると宇宙はまるで平らな砂漠のようで、ところどころに丘や小山が点在しているだけだ。丘や小山が物質だが、その土台となる地面は基本的に平らである。だが、平らでなくてもいいはずなのだ。たとえば砂漠を丸めて球にするか、巻いてドーナツ形にしたあとで、丘や小山をつけ足したような宇宙でもおかしくはない。

この平坦さはどこからくるのだろう。

現在主流なのは「インフレーション理論」と呼ばれる筋書きで、宇宙の膨張速度がにわかに途方もなく加速してから現在の膨張速度に落ちついたと考える。風船をふくらませて小さな球体にしたあとで、それを一気に一〇億倍の大きさの巨大球体に膨張させたようなものだ。そういう球体であれば、どの部分をとってみても平らな平面と区別がつかない。地球が本当は丸いのに、地表面は平らに見えるのと同じだ。急激な膨張の時代が具体的にどのようなものだったのかはまだ議論の決着を見ていない。ただ、今あるような宇宙になるには、インフレーション理論の筋書きと非常によく似た出来事が起きたはずだと考えられている。

世界の終わり

現在の宇宙が平らであることはもうひとつの大きな謎とつながっている。その謎とは、宇宙はどのようにして終わるかだ。

一般相対性理論によれば、物質の量が多ければ多いほど宇宙の曲がり具合は激しくなる。重力が物質を引きつける力は大きなスケールで宇宙をひとつにまとめ、すべてが飛びさってしまうのを遅らせている。もしも物質が多量にあれば、最終的には引力がまさって宇宙の膨張はゆっくりになり、やがては止まって収縮に転じる。物質の量が少なければ宇宙は永遠に膨張しつづける。私たちの宇宙は平らにきわめて近い状態なので、膨張を継続するか終末に向かって収縮するかの境目にあるように思える。

そんなことはあるまいと文句をつけたければ、否定する証拠を示さなくてはならない。最新の望遠鏡で見える領域については物質の量を調べられる。しかもその領域は最近ではかなり広がっているので、宇宙全体の物質量も概算できるようになった。観測対象となる領域で見えているものがすべてだとするなら、膨張をくい止めるのに必要な物質量の一〇パーセントしか宇宙に存在していない。信じがたい数字である。別の言い方をすれば、宇宙をこれほど平らにするのに必要な量の一〇パーセントしかないのだ。観測される状態と、理論から導かれる結論とのあいだには、どう考えても大きな隔たりがある。

宇宙論の研究者たちは残り九〇パーセントの正体として、おもに仮想の物質に望みをかけてきた。「冷たいダークマター」である。ダークマターは奇妙な物質で、今ある装置では観測できない。宇宙全体に広がることができるがその存在はまったく見えず、重力をもつことによってのみ探知できる。ダークマターに懐疑的な人たちは手抜き理論だといって批判する。たとえるなら、月には生物がすんでいるのだが、その存在は見えないし聞こえないし、触ることもできないといっているのと同じだと。「失われた質量」が「見つかった」という論文は毎月のように発表される。星間ガスのなかに。あるいは、直径三〇〇〇光年の範囲に広がる質量ほぼゼロの素粒子のなかに。いずれも決定的な証拠とは見なされていない。それに、間違っているのは失われた質量のほうではなく、私たちの理論のほうである可能性も大いにある。なにしろ宇宙論というのは、難問を実験で解決できるような研究分野ではないのだ。

かりに理論が正しいとして、失われた質量が何らかのかたちで存在するとしたら、私たちはまさに臨界質量に達しつつある。この質量がやがては宇宙の膨張を遅らせ、膨張を止め、収縮へと向かわせる。ビッグバンで誕生した宇宙は、ビッグクランチで終焉する未来へといやおうなく進んでいく。

もしそうなら、熱力学の第二法則は問題に突きあたる。一般にこの法則は宇宙の無秩序――専門的にいえば「エントロピー」――が不可避的に増大することを示したものと解釈される。問題は単純だ。宇宙は一個の点という非常に秩序立った系として誕生し、膨張を始める。膨張するにつれてエントロピーが増大する。そこまではいい。だが、ついに宇宙が膨張をやめて収縮を始めても、第二法則に従えばエントロピーは増大を続けなければならない。最終的に宇宙がもとどおりの状態になって一個の点に戻っても、やはりエントロピーは増えつづける。しかし、最後のエントロピーは最初のエントロピーと同じになるはずだ。ビッグバンが始まったときの状態でビッグクランチは終わるのだから。

この矛盾を解決するためにさまざまな試みがなされ、数々の興味深い推測が提案されてきた。エントロピーが増大する方向は時間の矢の向きと関連しているようである。そこで、次のように考える物理学者がいる。宇宙が膨張をやめれば時間も止まり、宇宙が収縮を開始するときに時間が後ろ向きに始まる（そういう言い方が許されるのなら）のだと。後ろ向きの時間のなかでエントロピーが増大するということは、前向きの時間のなかでエントロピーが減少するのと同じだ。そう考えれば矛盾に思えた状態は消えうせる。

私はもっと理にかなった答えがあると思う。その鍵を握るのは、熱力学の第二法則がどういう性質のもので、どういう領域で効力を発揮するかだ。この法則は蒸気機関に関する研究から生まれ、熱エネルギーを使って永久に運動しつづけるのが不可能であるのを示すためのものだった。だからその領域においてはじつにうまくあてはまる。しかし、13章でもとりあげたように、エントロピーの増大があてはまるのは気体系である。気体系では短い距離で斥力が働く。長い距離で引力が働く重力系には第二法則はそぐわない。

宇宙は両方の力を混在させているので、エントロピー・モデルが適用できる問題もあれば、そうでない問題もある。同様に、重力モデルが適用できる場合もあれば、そうでない場合もある。重力によって物質が塊をつくり、それによって「秩序」が大きくなると、熱エネルギーの拡散によって「秩序」が減った分を相殺する。エントロピーの帳簿は帳尻合わせの必要がないのだ。

非ユークリッド幾何学

そろそろ準備ができたので、宇宙の形についてあらためて考えてみたい。新しい物理学は新しい幾何学を必要とする。ほとんどの人にとって、「幾何学」とは直線や円などの平面図形を扱う学問だ。こうした幾何学の概念をさかのぼれば、紀元前三〇〇年頃の古代ギリシアに生きたユークリッドに行きつく。しかしすでに当時においても、私たちのまわりの世界を理解するには別種の幾何学が必要ではないかという考えが芽ばえつつあった。じつはこの「まわりの」という言葉がポイントである。というのも、古代ギリシア人は地球が（ほぼ）球体であることを認識していたからだ。

丸い地球の表面で船を正確に航行させたい。その必要性からもうひとつの幾何学である「球面幾何学」が生まれた。平面上では測地線――二点間を最短距離で結ぶ線――は直線である。だが、球面上の測地線は大円だ。大円とは、球の中心を通る平面で球体を切ったときにその切り口にできる形をいう。経線はすべて測地線だが、緯線は（赤道を

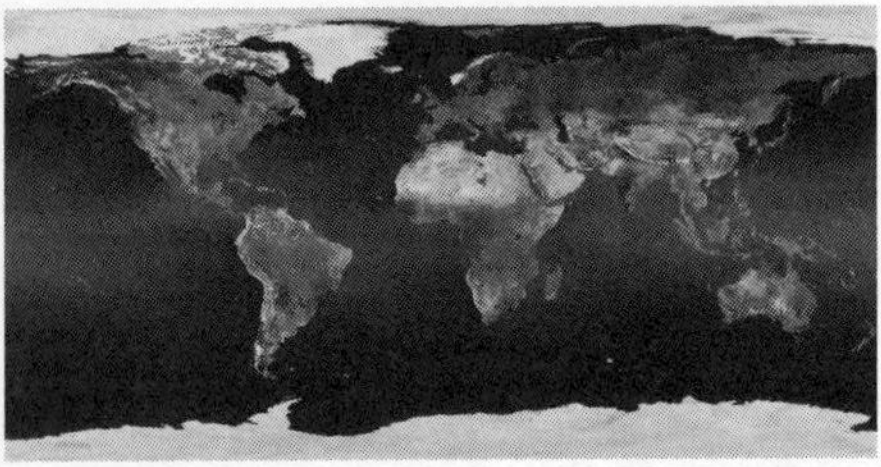

私たちの地球は本当は丸いが、十分な大きさがあるので人間のレベルではほとんど平らに見える（右）。そのせいで、実際は曲線の幾何学なのに平らな平面の幾何学と混同されやすい。地球は平らではないため、平らな地図ではかならず大陸の形がゆがんでいる（左）。

除いて）測地線ではない。緯線が描く円は球の中心を通る平面上にないからだ。そのため、球面幾何学とユークリッド幾何学では異なる部分が多い。とくに違いが際立つのは三角形の内角の和だろう。ユークリッド幾何学では一八〇度と相場が決まっている。ところが、球面幾何学ではつねに一八〇度より大きくなるのだ。どれだけ大きくなるかはその三角形の面積に比例する。このように図形の性質が異なるため、丸い地球の地図を平らな紙に描こうとすると際限なく問題にぶつかる。地球上の測地線を地図上の測地線として表現し、なおかつ角度を正しく保つのは無理だ。当然ながら形の特徴をすべてとらえることはできない。どの特徴を残すかに応じて、数えきれないほどの地図投影法が誕生した。最も有名なのが一五六九年に登場したメルカトル図法である。メルカトル図法の長所は、羅針盤で示される針路（方向）と地図上の針路が一致することだ。そのかわり面積はゆがめられている。だから、両極に近い地方が実際よりもはるかに大きく見えるし、国々の形も比率が正しくない。

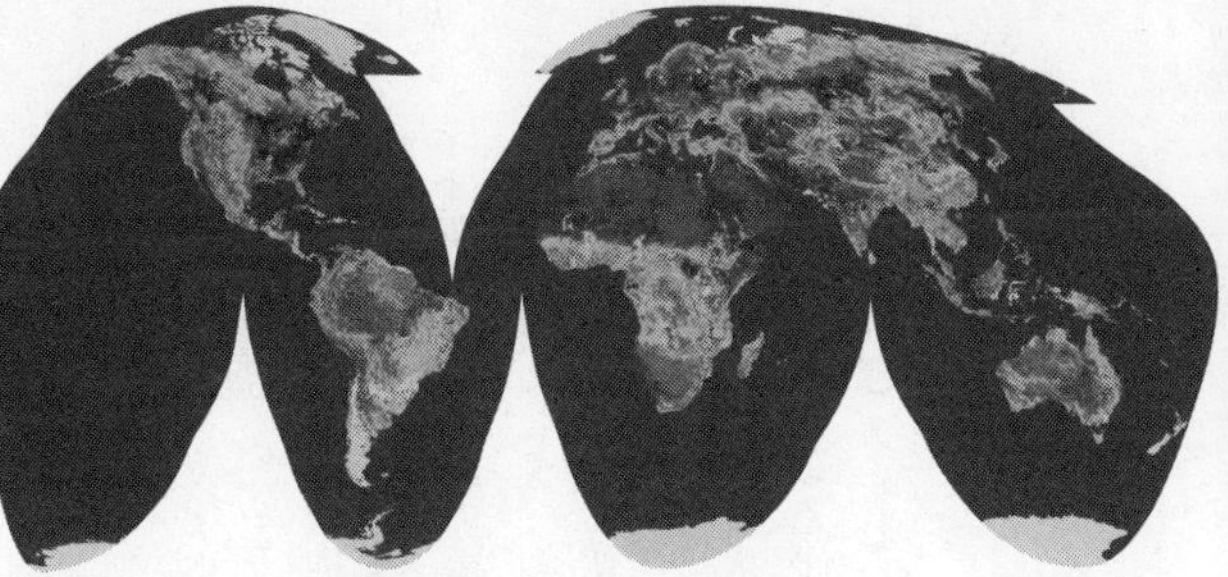

うまく妥協すれば平らな地図でもかなり忠実に再現できるが、そのためには海の部分に沿って地球を切り裂かなくてはならない。

ユークリッドは『原論』のなかでいくつかの根本的な前提、つまり公理を定めている。そのうちのひとつはほかと比べて格段に複雑に思えた。一本の直線と、直線外の一点を与えられたとき、その点を通って直線と平行になる直線はただひとつだけ存在するというものである。これがほかの公理から導けるだろうかと当時の人々は頭を悩ませた。

球面幾何学もユークリッド幾何学の公理にはほとんどすべて従う。唯一の例外がこの平行線の公理だ。球上ではすべての二直線はどこかで交わる。平行線など存在しない。また、ユークリッドの別の公理では二直線が一点で交わると述べられているのに対し、球上の二直線はかならず（直径上の正反対の）二点で交わる。現代の数学では、この「点」を「直径上の正反対に位置する二個の点の組」と読みかえることで厄介な問題をうまくかわしている。しかし当時は一点は一点であって、二点が一点にはならなかった。

平行線の公理を証明しようという試みから、ユークリッド幾何学にかわるもうひとつの幾何学が生まれる。この幾何学でも平行線は存在するが、ひとつだけではない。この新しい幾何学は「双曲幾何学」と呼ばれる。アンリ・ポアンカレは、双曲幾何学を目で見て理解しやすくする方法を編みだした。平面上に円板を置き、すべての点はその円板の内部（境界の円周上を除く）にしか存在しないと仮定する。「直線」の定義を、円周と直角に交わる円、と定める。もっと正確にいえば、直交する円のうち円板内に位置する部分が「直線」になる。すると、まるで奇跡が起きたかのように、この図形はユークリッドの公理をすべて満たす。ところが平行線の公理だけは別だ。平行線の公理がほかの公理だけを用いて証明できるなら、双曲幾何学にもその公理はあてはまるはずである。ところが証明はできない。

双曲幾何学を別の切り口からとらえると、つねに負の曲率をもつ（へこんだ）表面上に測地線が存在するということができる。球面幾何学が扱う測地線はつねに正の曲率をもつ（ふくらんだ）表面上にあり、ユークリッド幾何学が扱う測地線は曲率ゼロの表面上にある。いわゆる平面だ。

だとすれば、これらを統合する概念は曲率である。

天空の円

地球の表面はカーブしている。つまり地球は球形だ。

宇宙はどんな形をしているだろう。曲がっているのだろうか。もしそうならどのように？

宇宙は比較的最近まで無限だと考えられ、三次元のユークリッド空間を用いてモデル化されていた。しかし、それが間違いだったと今の私たちは確信している。私たちが考える宇宙は有限だ。ただし、空間が終わって「行きどまり」になるような場所は存在しない。

二次元の世界では、有限で端がないのは球の表面だ。そのような表面上でしか動きまわれない生物がいて、それ以外の世界が存在するのを知らないとしても、幾何学的な規則を観察することで表面の形を推測できるはずである。私たちも宇宙について同じことをやってみよう。

ここまで見てきたように、幾何学はユークリッド幾何学だけではない。ユークリッド的な図形――平らな平面――だけでなく、正の曲率をもつふくらんだ空間も存在し、そこでは三角形の内角の和が一八〇度より大きくなる。また、双曲幾何学で扱う空間は負の曲率をもってへこんでおり、そこでは三角形の内角の和が一八〇度より小さい。ドイツの数学者ゲオルク・ベルンハルト・リーマンは、同じような考え方が三次元以上の空間にもあてはまることに気づいた。私たちの宇宙は本当に曲がっているのかもしれない。宇宙が何かに巻きついているわけではない。非常に大きな三角形が、小さくてユークリッド的な三角形のようにはふるまわないという意味である。アルバート・アインシュタインは、空間が湾曲しているから重力が生じると指摘した。

私たちは現在、宇宙がビッグバンとともに生まれたと考えている。空間と時間はともに一個の点として誕生し、その点は急速に大きくなっていった。では、大きくなってどんな形になったのだろうか。すぐに思いつく候補は三次元球面である。三次元球面とは球の表面を三次元的に表現したものだ。正の曲率をもち、有限で端がない。これはアインシュタイン方程式の初期の答えのなかで想定されていた形である。だが、じつに興味深い可能性がもうひとつある。宇宙が負の曲率をもっているというものだ。それでいてやはり有限なのである。そういう形はたくさんある。いや、数えきれないほどあるといっていい。数学者はそれらをまとめて「双曲多様体」と呼ぶ。

双曲多様体をつくるには、ポアンカレ円板内でタイル張りをしてみればいい。双曲幾何学はタイル張りに適している。たとえば、じつにいろいろな種類の三角形を使ってポアンカレ円板を対称的にタイル張りできる。対称的なタイル模様の数はユークリッド幾何学ではもっと少なく、いちばん単純なのは正方形の格子模様だ。少し数学的な想像力を使って、格子状に並んだいくつもの正方形がすべて同じものだと考えてみてほしい。すると、一個の正方形の一辺から出発した点は向かい側の辺に戻ってくる。コンピュータゲームでよく見るように、画面の右端に消えたものが「ぐるりと回って」左端から現れるようなイメージだ。こんなふうにタイル張りされた宇宙とはいったいどんな形なのだろうか。答えは「トーラス」である。穴が一個あいたドーナツの表面だ。一個の正方形の向かいあった辺を貼りあわせると（トーラスがやっていることも基本的にそれと同じ)、正方形だったものが丸く筒状になる。次に、その筒の両端を曲げてつなげて輪にする。それがトーラスだ。トーラスは有限だが端をもたない。

双曲多様体は、同じようにポアンカレ円板にタイル張りをすると生じる。対称的なタイル張りから始め、別々に見えるタイルが本当は同じものだと想定する。そうするとタイル張り模様が「ぐるりと回り」、トーラスのように曲率がつねに負で、しかも有限で端のない形ができる。私たちの宇宙もまた、そういう奇妙な形をしているのではないかという説がある。ただ、ポアンカレ円板のような二次元ではなく、時空の四次元でできている点が違う。

夜空を観察すれば、宇宙がどんな形をしているかをつきとめられるかもしれない。かりに宇宙がトーラス(正方形を丸めて筒にしてからその両端をつなげてドーナツ形にしたもの)だとすれば、同じ銀河が別々の方角に見えるはずだ。トーラスは本質的に平坦だが、空間の形自体が湾曲していればほとんど同じ現象が起きる。問題は、無数に存在する銀河のうちどれが複数ヵ所で見つかるかを見きわめることだ。非ユークリッド幾何学の助けを借りれば問題は扱いやすくなるが、それでも大変な難問であることに変わりはない。

もしそうなら、どうやって確かめればいいだろう。宇宙が有限で端がなく、空間が曲がっているのなら、空を見回したときに同じ銀河が別々の方角に見えるはずだ。私たちの宇宙は巨大だとはいえ、最新の望遠鏡は非常に高性能になっている。数学者の計算によると、もしも宇宙が負の曲率をもつなら、遠方にあるまったく同じ銀河がいくつもの特殊な円のなかにくり返し現れる。この円を観測すれば宇宙がどんな形なのかをつきとめることができる。その円を見つけるためには、考えられるすべての円についてそこに見える銀河をコンピュータで比較しなければならない。膨大な作業だ。それでも望遠鏡は天空を探査する準備をすでに始め、コンピュータには円を探すプログラムが組みこまれつつある。

宇宙全体の形の解明はすぐ手の届くところまできている。

16章　雪の結晶の謎の答え

日常の何気ない疑問がこれほど遠くまで連れてきてくれるとは。本当に驚くしかない。私たちは雪の結晶の形について思いめぐらせるところから出発し、深遠で哲学的な問題をひとつひとつ見てきた。物理法則の土台、空間の性質、時間と物質、そして宇宙の形と歴史である。私たちはまったく新しい種類の幾何学と出会った。また、自分たちの知識の範囲を広げて、六回対称の小さな氷の結晶だけでなく物理的な世界の不思議なパターンをすべて取りこんできた。生物学的なパターンもそうだ。何よりも魅力的で興味をそそられる自然界のパターンは、生きている生物のなかに見つかるからである。

さらにいえば、生物が生きていられるのは、生物をつくりあげているパターンのおかげだ。しかし、命をもたない普通の物質とは違って、生物はそうしたパターンをコントロールしながら利用する能力を進化させている。パターンどうしが特定のかたちに組みあわさるようにするためだ。そうすれば生命特有の奇妙な自己言及的プロセスが確実に機能し、生命は奇跡を行なえる。つまり自分を複製できるのだ。生命は自分で自分を複雑にすることができる。生命は自分で自分をつくりあげることができる。命をもたないごく普通の物質にこうしたプロセスが見つかるとは誰も思わない。逆に、そういうプロセスが見つかったら、それは有機物だとすぐに判断するだろう。もしも何かがアヒルのように子をつくり、アヒルのように自分の体を組みたて、アヒルのように生きているとしたら、アヒルのように鳴くはずだ。

だが、よく考えてみればこんな区別はおかしいのである。有機物などというものは存在しない。生きているアヒルも、死んだアヒルと同じ種類の原子でできている。その原子が従う法則は、岩や海や土星の第一一衛星のなかの原子と少しも変わりがない。有機物といっても、単に物質が特定のかたちに組みたてられているだけである。自分で自分をつくりあげるという驚くべき特徴はその成分に備わっているのではない。全体としてのシステムに備わったものだ。逆説的に聞こえるが、生命の柔軟性と適応性は、柔軟性のない厳格な自然法則から生じている。

直感が惨敗するのはこの部分だ。すでに見てきたように複雑さも単純さも、規則から結果へと進む過程で変化する。対称性や連続性も、規則から結果へと進む過程で変化する。そして今度は、柔軟性のなさと厳格さもまた、規則から結果へと進む過程で変化するのだ。意味のあるものであれば、規則から結果へと進む過程で変化せずにいられないのだろうか。

ただひとつ例外がある。潜在性だ。

もともと法則のなかに備わっていた潜在性は、結果によって明るみに出る。ただ、その法則がどんな状況で働くかに応じて潜在性の現れ方が違うという点が重要だ。アヒルの体内にある炭素原子だろうと、土星第一衛星の内部にある炭素原子だろうと、炭素原子であれば同じ法則に従う。しかし、その法則がどういう役割を果たすか、またその役割をどのように果たすかがふたつのケースではまったく異なる。

では、以上のことが雪の結晶とどうかかわってくるのだろうか。

まず、雪の結晶を理解するのは可能だということがわかる。宇宙の形をつきとめようという望みがもてるくらいなのだから、雪の結晶を扱えないわけがない。

逆に、雪の結晶の形についてどんな説明をしようとも、それが決定的な答えにはならないこともわかる。だから、できるだけ説得力のある筋書きを組みたてる。それが私たちにできる精一杯のことだ。筋が通っていると確認でき、実際にうまくいくおもしろい実験が提案でき、注文に応じて雪の結晶がつくれる程度の信頼性があればいい。それ以上を人間が目指すことはできないし、目指すべきでもない。唯一絶対の真実は永遠に私たちの理解の及ばぬところにある（もっとも、唯一絶対の真実などというものがあればの話で、私は怪しいと思っている）。私たちに目指せるのはごく普通の真実だ。限られた領域でうまくあてはまる科学の筋書きをつくればいい。その程度でも、単純な材料でこしらえたわりには驚くほどうまくいくものだ。

雪の結晶は気象の鋳型のようなものでつくられるのだろうか？　そうではない。

宇宙の未知の処方箋に従って成長するのだろうか？　いや、少し違う。

雪の結晶の形は物理の法則から生じるが、そのプロセスは複雑すぎて隅々まで把握することはできないだろうか？　もちろんそうだ。

では、そのプロセスを大まかに把握することで有益な手がかりを得られるだろうか？　間違いなくできる。

そのプロセスは相転移の一種か？　そうだ。

それは分岐か？　そうだ。

それは対称性の破れか？　そうだ。

それはカオスか？　そうだ。

それはフラクタルか？　そうだ。

それは複雑系か？　そうだ。

雪の結晶を完全に理解できる日はくるのか？　いいや。だが、どこまで行けるか確かめてみよう。

カオスの嵐、吹き荒れよ

雪は雲のなかで生まれる。

宇宙から地球を眺めると、何よりもその青と白に目を奪われる。海と雲だ。陸地の緑と茶色も姿を現すものの、しばしば雲に隠されてしまう。
近くで見ると雲の形には無限ともいえる種類がある。空にかかった雲は刻々と姿を変え、同じパターンがくり返されることなど一度たりともないように思える。雲はおもに水蒸気でできている。低いところの暖かい空気が上昇し、冷やされて凝結したものだ。雲はある程度は空気の動きによってつくられているので、その内部はたいてい空気が激しく動いている。すでに見たとおり、このつねに変化する雲もいろいろな種類に分類できる。おなじみの積雲、積乱雲、巻層雲に層雲。最近になってつけ加えられた細かな分類もある。これらの雲の形がどういう物理法則から生じているかは今ではかなり解明されている。

大気の低層部にかかる雲は、下の地面（または海）と強い作用を及ぼしあっている。地面の温度が高ければ、地面が空気の下層部を暖める。暖められた空気は上昇するが、空気の層全体が一度に上昇することはできない。そのために対称性が破れ、局所的に対流セルができる。セルのなかでは空気が中央部で上昇し、冷えるとセルの縁に沿って降りてくる。上昇する空気は水蒸気を抱えているので、かりに地表付近の湿度が高ければ水蒸気の量はとりわけ多くなる。上昇した空気は冷やされ、冷えるにつれて水蒸気は凝結し、液体の水滴か氷になる。相転移だ。

テレビで天気予報図を見ると、大量の情報をいくつかの単純な概念で表して大気の状

巨大な力がごくごく小さい粒子に作用して雪の結晶はつくられる。大気の状態がちょうどよければ、上空の水蒸気が集まって氷ができる、冷たい空気の大きな塊が暖かい空気とぶつかると、吹雪になる場合がある。地上にいる私たちは、はるか頭上でじつにさまざまな出来事が起きていたことに突如として気づかされる。

態をわかりやすく説明している。風速や風向き、気温、雨や雹《ひょう》や霧が発生する地域、それから前線だ。前線は、温度差の大きいふたつの空気の塊がぶつかったときにできる。前線という概念は第一次世界大戦中に導入された。最新の気象研究ではもっと洗練された別の概念が主流になりつつあるのだが、雪のつくられ方を説明するには都合がいいし、わかりやすいイメージを与えてくれる。

　温暖前線が発生するのは、冷たい空気が居座る領域にもっと暖かい空気の塊が入りこんだときである。暖かい空気は密度が低いので冷たい空気の上に乗りあげる。ふたつのあいだに挟まれて、両方の空気が混じるV字型の領域ができる。この混合ゾーンのなかでは乱流が起きて、二種類の空気の塊をかき混ぜている。混合ゾーンの上では水蒸気を多量に含んだ暖かい空気が上昇せざるをえなくなり、それが冷えるにつれて乱層雲が形成される。乱層雲とは厚く垂れこめた灰色の雲の層で、いわゆる雨雲のことだ。前線より前方のもっと高いところでは高層雲や高積雲ができる。その下の、まだ冷たい空気の塊が残っているところでは層積雲の塊が発生することもある。混合ゾーンの内側にはとりわけ急激な気温変化が起きている箇所があり、そこでは余分な水蒸気が凝結して氷の結晶ができる。氷の結晶は雪の結晶になる場合もあれば、密集して雹《ひょう》の塊になる場合もある。それらが雲のなかを循環し、ついには下に向かって落ちてくる。低いところの気温にもよるが、落ちてきた氷は解けて雨になるか、凍ったまま雹や雪になるかのどちらかだ。雨はたいてい、前線が地面と接するところより前方で降る。

寒冷前線もこれと似ている。ただしこちらは暖かい空気が居座るところに冷たい空気が入ってくるので、冷たい空気は暖かい空気の下にくさびを打ちこむようにもぐりこむ。寒冷前線の少し前方には乱層雲が細い帯状にできる。それより後方の高いところまで雲が上昇すると、高層雲になる。前進する前線の後方では低いところに晴天の積雲が現れ、前線の前方には層積雲の塊が集まる。乱層雲の底からは雨や雹、もしくは雪が落ちてくる。降ってくる場所は、前線が地面と接するところとだいたい一致する。

雪は巻層雲のなかでもつくられる。巻層雲は大気の上のほうにかかる雲だ。暖かい空気が冷たい空気の上に乗っている場合、巻層雲からの雪は空が晴れているのに降ってくる。これは極地方ではよく見られる現象だ。冷たい空気と暖かい空気がぶつかると、冷たい空気が水蒸気で過飽和状態になることがある。すると水蒸気が固まり、針状や柱状の小さな氷となって、きらめきながら漂いおちてくる。これが「ダイヤモンド・ダスト」だ。

雪の結晶、満ちあふれよ

特殊な装置で実験すれば氷の結晶を成長させることができる。その場合、実際の嵐雲の内部よりもはるかに単純な条件を設定する。気温は一定、気圧も一定、といった具合に。こうすれば、どんな要因が結晶の形を左右するかが見きわめられるからだ。その結果、大きな要因は気温と過飽和度のふたつであることがわかっている。

気温は私たちにとってなじみ深い概念である。氷ができるには気温が低くなければいけないというのは誰もが知っている。過飽和とは、空気中に含まれる水蒸気の量に関係する言葉だ。通常は、一定の体積の空気は一定量の水蒸気しか含むことができない。水蒸気の量がこの上限を超えると、余分な水蒸気が凝結して細かい霧状になる。暖かい空気は冷たい空気より水蒸気飽和度が高いので、より多くの水蒸気を含むことができる。飽和状態にある暖かい空気を少しずつ冷やしていくと、「過飽和」と呼ばれる状態になり、通常より低い気温で通常の飽和度より多くの水蒸気を含めるようになる。この状態は安定していないため、状態が急に乱されると（塵の粒子や何らかの変則的な現象によって）変化が起きて正しい飽和度に戻る。余分な水蒸気が吐きだされ、気温がかなり低ければ霧ではなくて氷になる。こうした変化はすべて水分子という系のなかの相転移だ。

氷の結晶はさまざまな形をとる。いちばん単純な角板の六角形がつくられるのは気温

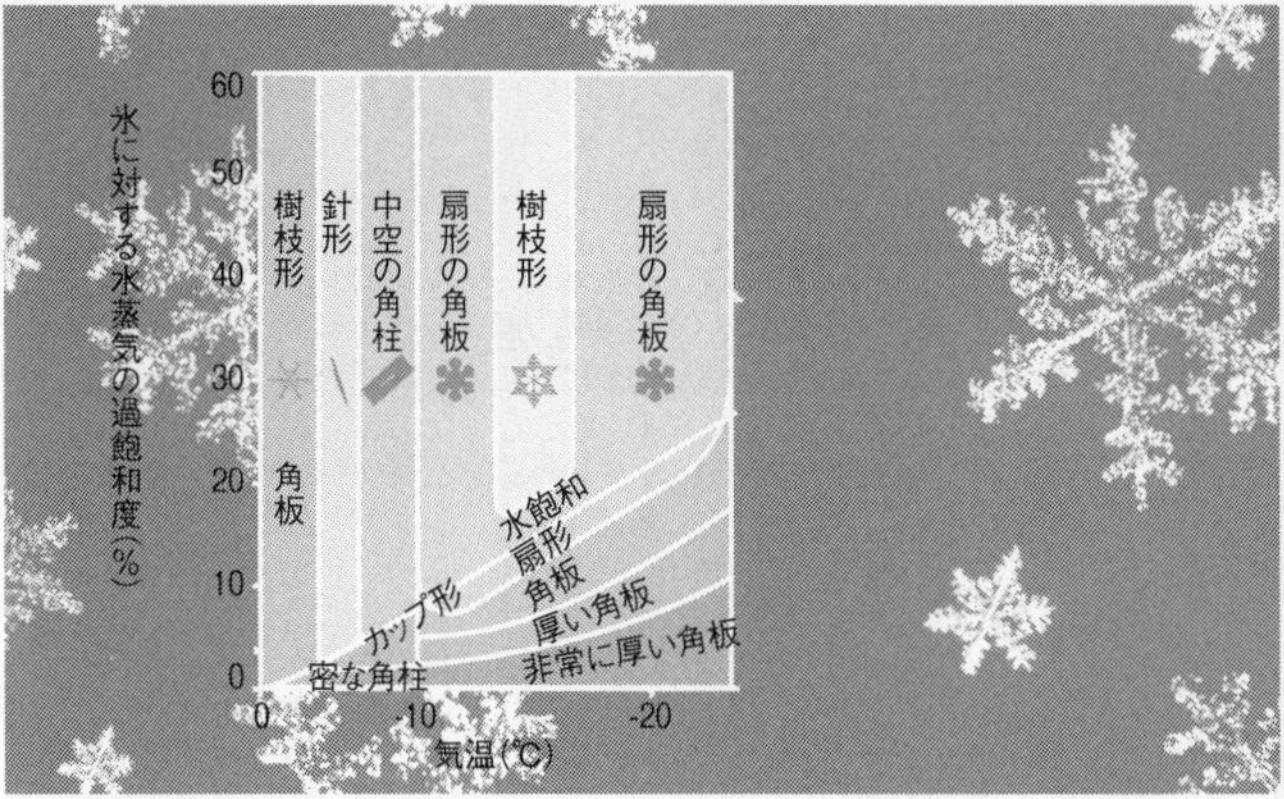

大気の状態が異なると、氷の結晶は違う形になる。最も重要な要因は気温と過飽和度だ。過飽和度は、どれくらいの水蒸気が存在するかを示している。これらの要因を数値化すれば、結晶がおおよそどんな形になるかが判断できる。細かい部分がどうなるかは、雲内部のカオス的な状態によって決まる。

が氷点を少し下回り（〇℃からマイナス三℃）、過飽和度が低い（三〇パーセント未満）ときである。この気温であれば、結晶の直線的な辺が安定して成長できるからだ。多少の邪魔があっても辺は直線のまま成長を続ける。氷の結晶格子は六回対称なので、結晶が成長するときには一本の直線的な辺を六回コピーしている。それで六角形になるわけだ。すでに見たように、氷の結晶は六角形の面に沿った方向に成長するのを好むので（少なくとも極端な環境でないかぎり）、それで平らな六角形の板ができる（9章参照）。

気温が同じでも過飽和度が高いと（三〇パーセント以上）、「マリンズ－セカーカ不安定性」と呼ばれる現象が始まる。直線的な辺がもつ並進対称性が破れ、動的プロセスに分岐が起きるのだ。こうなると、わずかな不規則性が増幅されて辺から突起が生じる。突起が長くなりすぎると直線のままではいられなくなり、そこから横向きに新たな突起が出てくる。この過程はフラクタルな成長プロセスでの先端分岐に似ており（13章参照）、実際に結晶もフラクタルになる。結晶格子がもつ幾何学的な規則性によって、このフラクタルな成長プロセスからはシダの葉のように枝分かれした結晶が生まれる。

過飽和度三〇パーセント前後ではほかにもいろいろな氷の結晶を見ることができる。どういう形になるかは気温しだいだ。今見たような〇℃からマイナス三℃の範囲では結晶は樹枝形になる。マイナス三℃からマイナス五℃のあいだになると結晶は針形になる。マイナス五℃からマイナス八℃では結晶の厚みが増して中空の六角柱ができる。マイナス八℃からマイナス一二℃のあいだと、マイナス一六℃からマイナス二四℃のあいだでは、先端が扇形の角板結晶が観察される。薄い板に対称的な装飾がついているのが特徴だ。マイナス一二℃からマイナス一六℃では樹枝形の結晶が再び登場し、マイナス二四℃より下がると中空の角柱が現れる。過飽和度がもっと低い場合、気温が十分に低ければ結晶は厚くなる傾向にあり、厚くて密な角板や角柱が見られる。

結晶の形はもちろんこれだけではない。だがここで重要なのは、ひとくちに六角形で対称といってもその形は多種多様であること。そして、結晶が雲のなかのどこでつくられ、その場所で大気がどういう状態になっているかが、形に敏感に映しだされるということだ。物理の法則は氷の結晶にさまざまな形を与える。一個の雪の結晶が具体的にどんな形になるかは、途中でどんな形を経てきたかによって決まる。雲のなかをさまよいながら、水分子を集めてきた過程が反映されるのだ。雪の結晶は六回対称性をもちながらも、それ以外の点では途方もなく多種多様である。自然はどうやってそんな器用なことをやってのけるのか。その謎を解く鍵は、規則性（対称性）と不規則性（雲のなかのカオス的プロセス）の組みあわせにあった。雪の結晶の形ひとつにいくつもの深遠なテーマがかかわっている。相転移、対称性の破れ、分岐、フラクタル幾何学、カオス。雪の結晶は、パターン形成の数学を並べたショーケースなのだ。

私は形を待つ

雪の結晶はどんな形をしているだろう。

なりたい形には何でもなれる。もっとも、何かになりたいという欲は雪の結晶にはない。それに、物理的な形をまとっている最中はまだ雪の結晶とはいえない。高くそびえる巨大な水蒸気の雲。雪の結晶はそのなかで生まれる。水素原子二個と酸素原子一個が結びつくが、同じ仲間がいることなど最初はほとんど気づかない。やがて仲間どうしがぶつかりあう。水分子が踊るダンスは物理の法則にのみ導かれ、ごく小さな分子が集団となって複雑だがまとまりのない踊りを踊る。このダンスにはいくつかの統計的なパターンがあって、私たちはそのパターンを気温、気圧、飽和度と呼ぶ。これらのパターンが分子のダンスのお膳立てをし、パターンの特定の組みあわせがダンスのリズムやテンポを変える。初めは離れていた分子どうしが結合し、小さな結晶の種となる。もはや蒸気ではなく固体だ。物質がもつ数学的な規則正しさと、物質を結びつける力。そのふたつが手を携えて小さな氷の宝石をつくる。分子どうしはほぼ完璧な正確さで噛みあっている。分子がつくる構造からは、自然の法則への信頼が透けて見える。なぜならそれは六角形だからだ。

嵐雲は分子がつくる複雑な系である。六角形の塵でできた粒子が、何十億個となくそのなかで沸きたっている。すさまじい対流が粒子を上方に吹きとばし、あちらへこちらへともてあそんだあげく、はるか下方の地面に向けて突きおとす。粒子にはさらに多くの水分子がぶつかり、そこに付着し、結晶格子のあるべき場所に落ちつく。そうして結晶格子は大きくなっていく。ここでもまた、規則が隠れた力を振るっているのがわかる。というのも、無秩序のなかからパターンが浮かびあがってくるからだ。このパターンはさまざまな形をとることができるが、やはり過飽和度と気温という統計的な規則性によってその多様さは刈りこまれていく。雪の結晶が生まれつつあるとき、先端部分は六本が六本ともほぼ同じ条件にさらされる。結晶はあまりにも小さいので、雲のなかの状態に大きなばらつきがあってもそれが反映されるレベルには達しないのだ。それぞれの先端部では分子の規則に従ってほぼ同じ構造がつくられる。だから、どの結晶も当初の六回対称を保っていられる。結晶が置かれた環境に応じて形が刻々と変化するうち、金線細工のように優美で細かな装飾が現れ、そこにまで対称性が及ぶ。雲のなかの水蒸気と空気の動きはカオス的なので、場所によって、また時間によって、つねに変化している。雪のどの一片もほかとは違う軌跡をたどり、独自の歴史を経験する。嵐のなかで続けてきた旅を自分だけの小さな結晶に記録している。

同じ単位を六個コピーした形。一〇億個の六角形の種。一〇億通りの旅。一〇億個の歴史。一〇億個の雪の結晶。一〇億のすべてが同じ六角形のパターンをくり返し、それでいてどのパターンも同じではない。これがケプラーの「六角形の雪片」だ。これだけではない。物理の法則はいくつもの物語を語る。雪の結晶はそのひとつにすぎない。

雪のかけらはあてもなく漂いながら雲の底に向かっていき、やがて機が熟すと落ちてくる。ふわふわとした小片が地面を覆い、低木の茂みを覆い、木々を覆う。世界は氷の結晶に包まれる。

何よりも驚くのは雪の結晶そのものではない。私たちの宇宙はなんと豊かなのか。そこに目を見張らずにはいられない。入りくんだ形をほんの少しばかりつくるだけならまだしも、こんなにおびただしい量の複雑さを生みだすのだから。それに比べたら、この地球全体でさえとるに足らないごく小さな存在でしかない。一個の雪の結晶よりも一個の星のほうがもっと複雑だ。しかも、宇宙には嵐雲のなかの雪の結晶よりたくさんの星がある。

私は数学者である。私が宇宙の豊かさに心動かされるのは、これまでの人生を費やして学んできたからだ。どうすればパターンを見つけられるか、どうすればパターンを理解できるか、どうすればパターンを分析できるか、どうすればパターンを使えるか。そしてどうすれば新しいパターンを見つけられるかを。私は巨人たちの肩の上に立って（さらには肘に寄りかかって）いる。五〇〇〇年に及ぶ数学の歴史を踏みしめている。私がこうして学べるのも、数学が手探りで進んできたおかげだ。私の目にはどんな人にも見えるものが見えている。いくつかの面では私のほうが多くを見ているかもしれない。私にはルールや法則や、規則正しさを読みとく手がかりが見える。幼い私は凍った窓ガラスにシダの葉を見た。大人の今はその窓に、結晶化した分子のフラクタルな成長と自然の力の隠れた対称性を見る。

宇宙の謎がどれだけ解きあかされようとも、その素晴らしさが減じるとは思わない。雪の結晶の美しさは、結晶がどうやってつくられているかを知っても損なわれるわけではない。宇宙は手品師のマジックではなく、トリックがわかったところで台無しになりはしないのだ。だが、何よりも胸に迫るひとつの思いがある――私たちは自分たちの世界の本当の姿をなんて少ししか知らないんだろう。きらめく雪の結晶の確かさに比べて、私が語る物語のなんと貧弱なことか。学ぶべきことがまだまだたくさんある。

雪の結晶はどんな形をしているだろう。

雪の結晶の形だ。

訳者あとがき

著者のイアン・スチュアートはイギリス・ウォーリック大学の数学教授であり、数学の啓蒙書を多数執筆するサイエンスライターでもある。著書は日本でもたくさん紹介されているので、読んだことのある読者も多いだろう。スチュアートの著作の大きなテーマのひとつが、自然界の形や模様にひそむ規則性を浮きぼりにしてその背後にある法則を数学で解きあかすことだ。本書『自然界に隠された美しい数学』もまさにそういう内容の本であり、スチュアートの本に親しんでいる方ならおなじみの概念が顔を出す。パターン形成、対称性、対称性の破れ、カオス、フラクタル。

だが、本書はこれまでのものと比べてかなり平易な語り口でわかりやすく書かれている点が異なる。さらに大きく違うのは、副題にもある「雪の結晶」を中心的なモチーフとして登場させていることだ。雪の結晶がなぜあのような不思議な形になるのかというテーマが太い縦軸として全体を貫いている。

だからといって雪の結晶の謎解明に向けて一直線に進んでいくわけではない。そこはスチュアートのこと、一見関係なさそうないろいろな形やパターンが副次的なモチーフとして次々に絡んでくる。砂丘、波、天体、らせん、動物や貝殻の模様、植物の成長パターン、動物の脚の運び、遺伝子や分子、果ては素粒子からビッグバンまで。個々のエピソードのおもしろさに引きこまれて、本題が何だったかを見失いかけるほどだ。だが、そのつど絶妙なタイミングで雪の結晶との関連が指摘され、読者は本来のテーマに引きもどされて著者の意図に目を開かれる。その匙《さじ》加減たるや心憎いばかりだ。

したがって、全体の構成は本書でも扱っている「らせん形」に近い。本書では今あげたようなモチーフがくり返し現れる。そして現れるたびに新たな情報がつけ足されて少しずつ核心に近づいていく。中心から離れた渦巻きの一点から出発し、同じいくつかの領域を円を描くようにぐるぐるとめぐりながら、少しずつ渦の中心に向かって収斂していくかのようなのだ。

ではなぜ本書の重要なモチーフに雪の結晶が選ばれたのだろうか。それは雪の結晶がスチュアートのテーマを体現する存在だからだ。規則的でありながら、ひとつとして同じものがない多様性を兼ね備えた形。16章でも語られるとおり、雪の結晶は「パターン形成の数学を並べたショーケース」なのである。だから雪の結晶を中心に据えながらも、その根底にあるパターン形成の法則はさまざまな形や模様へと通じていく。雪の結晶に関する謎解きを軸としつつ、多種多様なものの形や模様のなりたちにも触れることができるという、じつに盛りだくさんな内容となっている。

さらに本書で特筆すべき点は、数学とは何か、数学者とは何をする者なのか、数学の美しさとはどのようなものかという大きなテーマが、数々のエピソードを通してほのかに垣間見えることだ。スチュアートの言葉をいくつか拾ってみよう。

パターンがなさそうなところに秩序が隠れているのは珍しいことではない。その秩序を探りあてるための頭の道具が数学なのである。（はじめに）

私たちの精神はパターンを見出すことに関しては高度に進化した目をもっている。数学とは、その心の目を利用するために人間が編みだした体系的でなかば意識的な技法といっていい。（8章）

科学の目的はまさにそこにある――宇宙を動かしている秘密のパターンを見つけだすことだ。人間がパターンを考えるときには数学を用いるのがいちばん便利である。（14章）

数学がそういうものだと教わった記憶はない。訳者は典型的な文系人間の例に漏れず数学では相当に苦労した。いや、惨憺たるものだったというのが正直なところだ。こうした見方に触れたところで赤点の苦い思い出が消えるわけではないし、いきなり数学の美しさがわかったなどと豪語するつもりも毛頭ない。それでも本書を訳す過程で、数学の魅力のほんの一端にせよ感じられたような気がするのだ。だから「科学に興味はあるが数学はちょっと……」という苦手意識をもっている人にも是非この本を読んでほしい。極端な話、少し難しいところは斜め読みでも構わない。ややこしい数式の羅列だけが数学ではないことをわかってもらえると思う。

　本書のもうひとつの魅力は、数学者としてのスチュアートの素顔がところどころに透けて見えることだ。スチュアートは何度か幼い頃の自分をふり返る。身のまわりにある美しく謎めいた形に惹かれた少年時代の心は、きっと今も変わっていないにちがいない。スチュアートの写真を見ると、子供がそのまま大きくなったような好奇心と温かみにあふれる瞳がとても印象的だ。数学者として何十年と研究を重ね、数々の啓蒙書を書いてもなお、自然界の不思議が尽きることはなく、それに対する畏敬の念が薄れることもない。自然と向きあうときの謙虚さが失われないどころか、ときには無力感を覚えることすらあるかもしれない。本書最後の数段落にはそんなスチュアートのむき出しの心が切々と綴られ、読む者の胸にも名状しがたい感動が静かに湧きあがってくる。

　自然や宇宙にひそむパターンを解きあかそうとする数学とその美しさ。自然の不思議に圧倒されながらもその謎に挑みつづける一数学者の思い。そうしたことも併せて感じながら本書を通して数学のおもしろさを再確認して、あるいは新たに発見してもらえたら幸いだ。

本書は *What Shape is a Snowflake?: Magical Numbers in Nature*（The Ivy Press Limited, 2001）の日本語版である。ただし、紙幅の都合で一部セクションをカットしたことをお断りしておく。本書の訳出にあたってはいろいろな方々に助けていただいた。なかでも千葉経済大学の佐々木光俊教授には、お忙しい合間を縫って原稿に目を通していただき、貴重なご指摘とご助言を多数いただいた。この場を借りて心からお礼を申しあげる。

また、本書を訳す機会を与えてくださった河出書房新社の揖木敏男さん、訳者のわがままを快く聞きいれながら編集を担当してくださった九法崇さん、そして非常に綿密なチェックと丁寧なリサーチで訳者の詰めの甘さを補ってくださった校正の方に、深い感謝の意をお伝えしたい。

二〇〇九年六月

梶山あゆみ

ビッグバン、ビッグクランチ

天文学の観測によれば、宇宙はおよそ120～150億年前に無からいきなり誕生したと見られる。宇宙は非常に小さな時空の一点として生まれたのち、急速に膨張した。これが宇宙誕生の「ビッグバン」理論である。いずれ宇宙はビッグバンと反対の道をたどって「ビッグクランチ」で終焉を迎えるかもしれないし、永遠に膨張しつづけるかもしれない。

フラクタル

細部をどれだけ拡大してみても複雑な構造をもつ幾何学的図形のこと。

ブラックホール、事象の地平面

大質量の恒星が自分の重みでつぶれて重力崩壊を起こすと、重力場が強くなりすぎて光が脱出できなくなる。この状態になったら「ブラックホール」である。光が閉じこめられた境界面を「事象の地平面」と呼ぶ。

分岐、カタストロフィー

系に生じたごく小さな変化は、ときに系のふるまいの大きな変化につながる。たとえば、状態が一転してまったく別の状態に移行することがある。曲げられていた枝が急に折れるような場合だ。状態のこうした唐突な変化を「分岐」または「カタストロフィー」と呼ぶ。

量子力学／量子理論

1887年以降、空間と時間の非常に小さなスケールでは、物理の法則が人間のスケールで観察されるものとはかなり異なることが明らかになりはじめた。粒子がときに波としてふるまう場合がある。また、エネルギーのとる値が、固定された小さな単位量の整数倍にしかならない。この単位量を「量子」と呼ぶ。こうした現象から導かれた理論が「量子力学」であり、今では極微のレベルの物理現象を説明する基盤となっている。

体の運動速度が光速に近づくと空間が縮んで時間が遅れる。「一般相対性理論」では、重力が時空の湾曲によって生じるとしている。

対称

「対称」とは、物体を数学的に変換してももとの形と変わらない性質をいう。左右対称（鏡映対象ともいう）では、物体の鏡像をつくっても見かけは変わらない。回転対称（放射対象ともいう）では、物体をいろいろな角度に回転してももとの形と重なる。相似対称では、物体を同じ形のまま拡大・縮小できる。

超対称性、超ひも、万物理論

相対性理論と量子力学を一個の理論に統合し、あらゆる物理現象を説明できるようにするのが物理学者の願いである。こうした理論を「万物理論」と呼ぶ。有力候補のひとつが「超ひも理論」だ。超ひも理論では、素粒子ではなく振動する閉じたひもを万物の基本単位に据える。超ひも理論は「超対称性」という現象を土台にしている。超対称性では、ある種の粒子を数学的に変換して別の仮想粒子に置きかえても、量子力学の法則がそのまま通用する。

同型

二個の数学的構造がまったく同じ抽象的構造をもっていて、その表現のしかたのみが異なる場合、その二個の構造は「同型」であるという。たとえば、「ワン、ツー、スリー……」と「アン、ドゥ、トロワ……」のふたつは違う言葉（英語とフランス語）を用いているが本質的には同じものを指している。タイル張り模様の場合、タイルのすべてがまったく同じパターンで並んでいれば同型と呼び、一部の限定領域内のパターンが別の領域でも見られる場合は局所的に同型と呼ぶ。

熱力学の第二法則

「熱力学」は、気体の熱、温度、圧力、およびその他の数量を扱う理論である。熱力学の基本となるのは、気体の原子を小さな球体ととらえ、それらが互いにぶつかってはね返るモデルだ。物理学者は熱力学にいくつかの法則を認めていて、そのなかで最も有名なのが「第二法則」である。第二法則によれば、あらゆる熱力学系にはエントロピーと呼ばれる量が存在する。普通、エントロピーは「無秩序」と同義と解釈され、時間の経過とともにかならず増大するとされる。

だ。決定論では原則として、現在の状態によって宇宙の未来が完全に決定されていると考える。

周期的サイクル、振動

サイクルとは、一連の事象が同じ順序でくり返し起きることをいう。各回の所要時間が同じ場合は「周期的サイクル」と呼ぶ。たとえば時計の振り子のように、左右に揺れる同じ動きを同じ時間をかけて何度もくり返す場合がそれにあたる。この種の周期的なふるまいを「振動」と呼ぶこともある。

真核生物、原核生物

地球上のあらゆる生物（ウイルスは含まず）は大きくふたつのグループに分けられる。「原核生物」と「真核生物」だ。原核生物はやや「原始的」な単一の細胞でできていて、細胞核や細胞壁をもたない。代表格は細菌である。真核生物は遺伝物質の大部分を細胞核のなかにしまっていて、細胞膜をもっている。真核生物でも単細胞の場合もあれば（アメーバ）多細胞の場合もある（草、カタツムリ、ブタ、人間など）。

セル・オートマトン

「セル・オートマトン」とは、「セル」の列で構成される数学的システムをいう。セルはチェス盤のマス目のような四角形である。各セルにはいくつもの状態をとらせることができ、それらを異なる色で表す。各セルの色がどう変化するかは明確な規則で決められている。隣りあったセルの色がどうなっているかによって、そのセルの色が決まる規則になっている。

双曲多様体

曲がった多次元空間のうち、小領域内の幾何学が非ユークリッド的であるもの。もっと正確にいえば小領域が負の曲率をもつもの。双曲多様体では、同じ点を通るすべての直線が、与えられた直線と平行になる。

相対性理論

有名な「相対性理論」は1905年にアルバート・アインシュタインによって発見された。相対性理論はきわめて大きなスケールを扱い、非常に高速の運動における空間、時間、および重力の物理現象を説明する。極微のスケールの場合と同様に、物理の法則は人間のスケールで観察されるものとは異なる。「特殊相対性理論」によれば、物

用語解説

アトラクター

力学系の状態は時間とともに変化する。この変化を目に見えるかたちで表現するには、関連する変数（その系を特徴づける数量）を図で表すのがひとつの方法だ。時間の経過につれて系の状態はこの図のなかを動いていく。系が動いていく道筋はやがて図のどこかの領域に「落ちつき」、特定の形をつくることが多い。その形を「アトラクター」と呼ぶ。アトラクターは系の長期的なふるまいを幾何学的に表現したものといえる。

渦

「渦」とは、流体のうち回転している一領域を指す。渦は大きい場合もあれば（木星の大赤斑）小さい場合もある（煙の輪）。液体に発生する場合もあれば（渦巻き）気体に発生する場合もある（熱帯低気圧）。

回折像《かいせつ》

X線が結晶を通過するとき、X線どうしが干渉してひとつの像を生みだす。この像は数学的に見て結晶の原子配列と関連しており、「回折像」と呼ばれる。回折像を見れば結晶の構造自体を割りだすことができる。

カオス

明白な偶然性をいっさいもたない厳密な数学的規則に従う系であっても、信じがたいほど複雑なふるまいをする場合がある。ふるまいがでたらめに見えることすらある。こうした系は「決定論的カオス」を示している、もしくは「カオス的である」といわれる。天候はカオスの好例だ。

決定論

アイザック・ニュートンと同時代の科学者たちは、宇宙の物理的現象が数学の方程式で表せることに気づいた。その方程式は、特定の瞬間における系の状態に応じてたったひとつの未来を予測する。このことから着想を得て生まれたのが「決定論」の思想

1972).

Kragh, Helge S., *Dirac: A Scientific Biography* (Cambridge University Press, 1990).

Westfall, Richard S., *Never at Rest: A Biography of Isaac Newton* (Cambridge University Press, 1980).［『アイザック・ニュートン』リチャード・S. ウェストフォール著、田中一郎／大谷隆昶訳、平凡社、1993年］

峻征訳、新潮社、2000年]

フラクタル

Barnsley, Michael, *Fractals Everywhere* (Academic Press, 1998).
Mandelbrot, Benoit, *The Fractal Geometry of Nature* (Freeman, 1992). [『フラクタル幾何学』ベノワ・B.マンデルブロ著、広中平祐監訳、日経サイエンス、1985年]
Peitgen, Heinz-Otto, Jürgens, Hartmut and Saupe, Dietmar, *Chaos and Fractals* (Springer-Verlag, 1992).

分岐とカタストロフィー

Poston, Tim and Stewart, Ian, *Catastrophe Theory and Its Applications* (Pitman, 1978). [『カタストロフィー理論とその応用』ティム・ポストン／イアン・スチュアート著、野口広訳、サイエンス社、1980年]
Zeeman, E. C., *Catastrophe Theory: Selected Papers 1972-77* (Addison-Wesley, 1977).

量子力学

Feynman, Richard P., *QED: The Strange Theory of Light and Matter* (Penguin Books, 1990). [『光と物質のふしぎな理論——私の量子電磁力学』リチャード・P.ファインマン著、釜江常好／大貫昌子訳、岩波書店、2007年]
Gribbin, John, *In Search of Schrödinger's Cat* (Black Swan, 1992). [『シュレーディンガーの猫』ジョン・グリビン著、山崎和夫訳、地人書館、1989年]
Hey, Tony and Walters, Patrick, *The Quantum Universe* (Cambridge University Press, 1987). [『目で楽しむ量子力学の本』トニー・ヘイ／パトリック・ウォーターズ著、大場一郎訳、丸善、1989年]
Hoffman, Banesh, *The Strange Story of the Quantum* (Pelican, 1959). [『量子論の生いたち』バネシュ・ホフマン著、藤本陽一訳、河出書房新社、1970年]

歴史と伝記

Fauvel, John, Flood, Raymond and Wilson, Robin, *Möbius and his Band* (Oxford University Press, 1993). [『メビウスの遺産——数学と天文学』ジョン・フォーベルほか編、山下純一訳、現代数学社、1995年]
Gleick, James, *Genius: Richard Feynman and Modern Physics* (Little, Brown, 1992).
Kline, Morris, *Mathematical Thought from Ancient to Modern Times* (Oxford University Press,

Davies, Paul (ed.), *The New Physics* (Cambridge University Press, 1989).

Layzer, David, *Cosmogenesis: The Growth of Order in the Universe* (Oxford University Press, 1990).

Luminet, Jean-Pierre, *Black Holes* (Cambridge University Press, 1992).

哲学

Barrow, John, *Theories of Everything* (Oxford University Press, 1991).[『万物理論——究極の説明を求めて』ジョン・D.バロー著、林一訳、みすず書房、1999年]

Casti, John L., *Paradigms Lost* (Scribners, 1989).[『パラダイムの迷宮——AI・生命の起源・ET・言語…未解決の謎をめぐる科学の法廷』ジョン・L・キャスティ著、佐々木光俊/小林傳司/杉山滋郎訳、白揚社、1997年]

Casti, John L., *Searching for Certainty: What Science Can Learn about the Future* (Morrow, 1990).

Cohen, Jack and Stewart, Ian, *The Collapse of Chaos* (Viking, 1994).

Davies, Paul, *The Mind of God* (Simon & Shuster, 1992).

Dyson, Freeman, *Disturbing the Universe* (Basic Books, 1979).[『宇宙をかき乱すべきか——ダイソン自伝』フリーマン・ダイソン著、鎮目恭夫訳、筑摩書房、2006年]

Dyson Freeman, *Infinite in All Directions* (Basic Books, 1988).[『多様化世界——生命と技術と政治』フリーマン・ダイソン著、鎮目恭夫訳、みすず書房、2000年]

Kauffman, Stuart A., *At Home in the Universe* (Viking, 1995).[『自己組織化と進化の論理——宇宙を貫く複雑系の法測』スチュアート・カウフマン著、米沢富美子訳、筑摩書房、2008年]

Stewart, Ian and Cohen, Jack, *Figments of Reality* (Cambridge University Press, 1997).

Weinberg, Steven, *Dreams of a Final Theory: The Search for the Fundamental Laws of Nature* (Hutchinson Radius, 1993).[『究極理論への夢——自然界の最終法則を求めて』スティーヴン・ワインバーグ著、小尾信弥/加藤正昭訳、ダイヤモンド社、1994年]

複雑性

Lewin, Roger, *Complexity* (Macmillan, 1992).[『複雑性の科学コンプレクシティへの招待——生命の進化から国家の興亡まですべてを貫く法則』ロジャー・リューイン著、福田素子訳、徳間書店、1993年]

Mainzer, Klaus, *Thinking in Complexity* (Springer-Verlag, 1994).[『複雑系思考』クラウス・マインツァー著、中村量空訳、シュプリンガー・フェアラーク東京、1997年]

Waldrop, Mitchell, *Complexity* (Simon &Shuster, 1992).[『複雑系——科学革命の震源地・サンタフェ研究所の天才たち』M.ミッチェル・ワールドロップ著、田中三彦/遠山

Wolfe, Art and Sleeper, Barbara, *Wild Cats of the World* (Crown, 1995).

数学と自然

Meinhardt, Hans, *The Algorithmic Beauty of Sea Shells* (Springer-Verlag, 1995).

Prusinkiewicz, Przemyslaw and Lindernmayer, Aristid, *The Algorithmic Beauty of Plants* (Springer-Verlag, 1990).

Stewart, Ian, *Nature's Numbers* (Weidenfeld & Nicolson, 1995). [『自然の中に隠された数学』イアン・スチュアート著、吉永良正訳、草思社、1996年]

Stewart, Ian, *Life's Other Secret* (Wiley, 1998). [『生命に隠された秘密——新しい数学の探究』イアン・スチュアート著、林昌樹／勝浦一雄訳、愛智出版、2000年]

Stewart, Ian, and Golubitsky, Martin, *Fearful Symmetry* (Penguin, 1993). [『対称性の破れが世界を創る——神は幾何学を愛したか？』イアン・スチュアート／マーティン・ゴルビツキー著、須田不二夫／三村和男訳、白揚社、1995年]

Thompson, D'Arcy Wentworth, *On Growth and Form* (Cambridge University Press, 1942). [『生物のかたち』ダーシー・トムソン著、柳田友道訳、東京大学出版会、1973年]

生物学

Gambaryan, P. P., *How Mammals Run* (Wiley, 1974).

Goodwin, Brian, *How the Leopard Changed its Spots* (Weidenfeld & Nicolson, 1994). [『DNAだけで生命は解けない——「場」の生命論』ブライアン・グッドウイン著、中村運訳、シュプリンガー・フェアラーク東京、1998年]

Gray, James, *Animal Locomotion* (Weidenfeld & Nicolson, 1968).

Watson, James, *The Double Helix* (Scribner, 1998). [『二重らせん』ジェームス・D. ワトソン著、江上不二夫／中村桂子訳、講談社、1986年]

セル・オートマトン

Berlekamp, Elwyn R., Conway, John H. and Guy, Richard K., *Winning Ways* (Academic Press, 1982).

Gale, David, *Tracking the Automatic Ant* (Springer-Verlag, 1998).

相対性理論と宇宙論

Chown, Marcus, *Afterglow of Creation* (Arrow Books, 1993).

参考文献

カオス

Gleick, James, *Chaos* (Viking, 1987). [『カオス——新しい科学をつくる』ジェイムズ・グリック著、大貫昌子訳、上田睆亮監修、新潮社、1991年]

Hall, Nina (ed.), *The New Scientist Guide to Chaos* (Penguin, 1991). [『カオスの素顔——量子カオス、生命カオス、太陽系カオス…』ニーナ・ホール編、宮崎忠訳、講談社、1994年]

Ruelle, David, *Chance and Chaos* (Princeton University Press, 1991). [『偶然とカオス』D. ルエール著、青木薫訳、岩波書店、1993年]

Stewart, Ian, *Does God Play Dice?* (Penguin, 1997). [『カオス的世界像——非定形の理論から複雑系の科学へ』イアン・スチュアート著、須田不二夫／三村和男訳、白揚社、1998年]

幾何学

Gray, Jeremy, *Ideas of Space* (Oxford University Press, 1979).

Greenberg, Marvin Jay, *Euclidean and non-Euclidean Geometries* (Freeman, 1993).

芸術

Abas, Syed Jan and Salman, Amer Shaker, *Symmetries of Islamic Geometrical Patterns* (World Scientific, 1995).

Critchlow, Keith, *Islamic Patterns* (Shocken, 1976).

Field, Michael J. and Golubitsky, Martin, *Symmetry in Chaos* (Oxford University Press, 1992).

Schattschneider, Doris, *Visions of Symmetry: Notebooks, Periodic Drawings and Related Work of M. C. Escher* (Freeman, 1992). [『エッシャー・変容の芸術——シンメトリーの発見』ドリス・シャットシュナイダー著、梶川泰司訳、日経サイエンス社、1991年]

写真

Abbott, R. Tucker, *Seashells of the World* (Golden Press, 1985).

Weidensaul, Scott, *Fossil Identifier* (Quintet, 1992).

Espenak, 53左, 83 Quest, 口絵3下 Alfred Pasieka, 口絵4Mehau Kulyk, 102 CNRI, 109 Hans-Ulrich Osterwalder, 127 J. C. Revy, 189, 193 John Mead, 240 Phillipe Plailly, 252 右上 Andrew McClenaghan, 255 Alfred Pasieka, 262 US Geo Survey, 304 Mehau Kulyk, 333

The StockMarket
口絵6左上2枚, 口絵5, 口絵6下左右2枚, 124下, 221左

Dr. J. M. T. Thompson
257
Instabilities and Catastrophes in Science and Engineering by J. M. T. Thompson（John Wiley and Sons, 1982）［邦訳は『不安定性とカタストロフ』吉澤修治／柳田英二訳、産業図書、1985年］より転載。

図版出典

（数字は掲載ページ数）

AKG, London
147左

Paul Bourke
口絵7下

Bridgeman Art Library, London
288

Corbis
43 Science Pictures Ltd/David Spear, 43 Papilio, 43 Lester V. Bergman, 60, 65左 Bettmann, 65 Jeffrey L. Rotman, 91右 James C. Amos, 91左 Frank Lane Pictures, 109 Digital Art, 121 Lawson Wood, 124上 Rick Doyle, 129 Patrick Johns, 144 David Reed, 177 Ecoscene, 179 Geoffrey Clements, 199 Farrell Grehan, 231 Gunter Marx Photography, 250 Bettmann, 296 Stephen Frink

Couette Taylor
164

M.C.Escher
147右 : M. C. Escher's "Circle Limit IV" © 2001 Cordon Art B.V. -Baarn-Holland. All rights reserved.

Michael Field
307
Symmetry in Chaos by Michael Field and Marty Golubitsky,（Oxford University Press, 1992）内で解説されたアイデアに基づきMichael Fieldが作成。

Garden Picture Library
217

GettyOne-Stone
82 Gary Braasch, 87右 Paul Cherfils, 89 Angela Wyant, 口絵3中央Gerban Oppermans, 116 Spike Walker, 口絵6 Tim Davies, 口絵8 Rich Iwasaki, 236 David Burder, 267右 Earth Imagins, 267中央／左 NPA, 298 Stephen Kraseman, 328, 329

Hans Meinhardt
214, 273参照：http://www.eb.tuebingen.mpg.de/abt/.4/theory/html

NASA
68左, 72右, 131, 167, 191, 221右, 281, 304, 321

Alice O'Toole and Thomas Vetter
104

Science Photo Library
口絵1 Pekka Parviaiven, 333 Dr. Fred

本書は単行本『自然界の秘められたデザイン』（二〇〇九年七月、新装版二〇一五年一〇月）として小社から刊行されたものを文庫化したものである。

自然界《しぜんかい》に隠《かく》された美《うつく》しい数学《すうがく》

二〇二一年二月一〇日　初版印刷
二〇二一年二月二〇日　初版発行

著　者　I・スチュアート
訳　者　梶山《かじやま》あゆみ
発行者　小野寺優
発行所　株式会社河出書房新社
〒一五一－〇〇五一
東京都渋谷区千駄ヶ谷二－三二－二
電話〇三－三四〇四－八六一一（編集）
〇三－三四〇四－一二〇一（営業）
http://www.kawade.co.jp/

ロゴ・表紙デザイン　粟津潔
本文フォーマット　佐々木暁
印刷・製本　中央精版印刷株式会社

Printed in Japan　ISBN978-4-309-46729-0

河出文庫

植物はそこまで知っている

ダニエル・チャモヴィッツ　矢野真千子〔訳〕　46438-1

見てもいるし、覚えてもいる！　科学の最前線が解き明かす驚異の能力！
視覚、聴覚、嗅覚、位置感覚、そして記憶——多くの感覚を駆使して高度
に生きる植物たちの「知られざる世界」。

感染地図

スティーヴン・ジョンソン　矢野真千子〔訳〕　46458-9

150年前のロンドンを「見えない敵」が襲った！　大疫病禍の感染源究明
に挑む壮大で壮絶な実験は、やがて独創的な「地図」に結実する。スリル
あふれる医学＝歴史ノンフィクション。

人間はどこまで耐えられるのか

フランセス・アッシュクロフト　矢羽野薫〔訳〕　46303-2

死ぬか生きるかの極限状況を科学する！　どのくらい高く登れるか、どの
くらい深く潜れるか、暑さと寒さ、速さなど、肉体的な「人間の限界」を
著者自身も体を張って果敢に調べ抜いた驚異の生理学。

この世界を知るための　人類と科学の400万年史

レナード・ムロディナウ　水谷淳〔訳〕　46720-7

人類はなぜ科学を生み出せたのか？　ヒトの誕生から言語の獲得、古代ギ
リシャの哲学者、ニュートンやアインシュタイン、量子の奇妙な世界の発
見まで、世界を見る目を一変させる決定版科学史！

この世界が消えたあとの　科学文明のつくりかた

ルイス・ダートネル　東郷えりか〔訳〕　46480-0

ゼロからどうすれば文明を再建できるのか？　穀物の栽培や紡績、製鉄、
発電、電気通信など、生活を取り巻く科学技術について知り、「科学とは
何か？」を考える、世界十五カ国で刊行のベストセラー！

犬はあなたをこう見ている

ジョン・ブラッドショー　西田美緒子〔訳〕　46426-8

どうすれば人と犬の関係はより良いものとなるのだろうか？　犬の世界に
は序列があるとする常識を覆し、動物行動学の第一人者が科学的な視点か
ら犬の感情や思考、知能、行動を解き明かす全米ベストセラー！

著訳者名の後の数字はISBNコードです。頭に「978-4-309」を付け、お近くの書店にてご注文下さい。